碳酸盐岩缝洞型油藏提高采收率基础理论

康志江　鲁新便　张 允◎著

中国石化出版社

图书在版编目（CIP）数据

碳酸盐岩缝洞型油藏提高采收率基础理论/康志江，鲁新便，张允著．—北京：中国石化出版社，2020.9
ISBN 978-7-5114-5932-9

Ⅰ.①碳… Ⅱ.①康…②鲁…③张… Ⅲ.①碳酸盐－岩油气藏－提高采收率－基础理论 Ⅳ.①TE344

中国版本图书馆 CIP 数据核字（2020）第 159298 号

未经本社书面授权，本书任何部分不得被复制、抄袭，或者以任何形式或任何方式传播。版权所有，侵权必究。

中国石化出版社出版发行

地址：北京市东城区安定门外大街 58 号
邮编：100011 电话：(010)57512500
发行部电话：(010)57512575
http://www.sinopec-press.com
E-mail:press@sinopec.com
北京富泰印刷有限责任公司印刷
全国各地新华书店经销

*

787×1092 毫米 16 开本 16.25 印张 381 千字
2020 年 11 月第 1 版 2020 年 11 月第 1 次印刷
定价:138.00 元

序

FOREWORD

康志江教授撰写的《碳酸盐岩缝洞型油藏提高采收率基础理论》是作者在碳酸盐岩巨大缝洞型油藏提高采收率领域多年积累的科学研究技术开发成果及其现场应用经验基础上总结提炼而成的专业著作。该书阐述了该领域在理论和技术方面的最新成果和发展趋势,具有鲜明的特色。

1. 创新性强。该书首次建立了采用覆膜树脂砂激光烧结制作物理模型的3D打印技术,实现缝洞形状和尺寸可控,孔隙度、渗透率和润湿性可控。建立了缝洞型油藏变重数值模拟方法,研发新一代数值模拟软件 KarstSim(V2.0)。揭示了缝洞型油藏剩余油类型、分布规律及形成机制;提出换向驱油、变强度注水、气水协同等改善水驱方式,首次提出注氮气"洞顶驱"是缝洞型油藏提高采收率有效技术,揭示单井注氮气驱替洞顶阁楼油及井组注氮气提高采收率机理。

2. 系统性强。该书将物理实验与理论计算紧密结合,系统性地精细研究缝洞型碳酸盐岩剩余油,建立了剩余油分析计算方法,研究了注水、注气开采剩余油提高采收率机理。针对不同的剩余油类型,采取了6种不同的特殊的注水注气方式和多种先进注采参数优化技术,制定了改善水驱技术政策。分析了洞顶剩余油模式的潜力,评价了底水驱后6种注入体系提高采收率技术的适应性,确定了氮气是驱替洞顶油的最佳介质。建立了一种用气驱扩大水驱后波及体积开采剩余油的有效技术,发展了缝洞油藏气驱前缘理论,形成了新的气驱波及评价技术;建立了不同储集体抑制气窜临界产量预测技术,深入揭示了缝洞型油藏注气提高采收率机理,为缝洞型油藏注气提高采收率提供了重要决策依据。

3. 实用性强。该书阐述的理论和技术已在中国新疆塔河油田生产现场成功应用，效果十分显著。

康志江教授的这部专业著作内容新颖，图文并茂，不仅学术价值高，而且应用意义大，是石油天然气勘探开发领域的科技人员及院校师生的重要参考书籍。

2020 年 9 月

前 言
PREFACE

目前，碳酸盐岩油气藏储量约占世界已探明储量中的50%，产量占60%以上。我国海相沉积岩分布面积多达$450\times10^4 km^2$，油气资源量大于$300\times10^8 t$油当量，石油资源量约$150\times10^8 t$，海相碳酸盐岩油藏开发是我国增储上产的重要领域。中国下古生界奥陶系碳酸盐岩缝洞型油藏，地质时代古老、多期构造运动、多期岩溶、多期充填及垮塌改造，油气成藏十分复杂，缝洞储集体具有强非均质性与离散性。由于埋藏深，地球物理储集体识别与预测不准确性强，此类复杂油藏高效开发是世界性难题，没有可借鉴的成果经验。经过多年研究与实践，科研人员建立了碳酸盐岩缝洞型油藏提高采收率理论及方法，有效指导复杂油藏科学开发。

本书共分六章：第一章介绍海相碳酸盐岩油藏岩溶储集体地质特征，分述了岩溶分布、洞穴形态、充填类型及缝洞系统等特征；第二章揭示缝洞型油藏剩余油形成机制，基于物理实验与数值实验，阐明充填介质内剩余油、阁楼油、盲端油、边角油、绕流油等剩余油类型及形成机理；第三章揭示缝洞型油藏改善水驱提高采收率机理，通过物理模拟实验，针对不同剩余油类型，阐明了变强度注水、周期注水、脉冲注水、换向驱油、表活剂注水、注水转注气等改善水驱方式动用剩余油机理；第四章揭示单井注气提高采收率机理，提出洞顶气驱机理与方法，评价了注氮气、聚合物、弱凝胶、泡沫等驱油效果；第五章揭示井组气驱提高采收率机理，阐明了氮气驱、气水协同动用剩余油力学机制，分析了不同缝洞体注气波及与气驱前缘规律，配套形成了气窜预警与风险评估方法；第六章介绍了改善水驱与注氮气理论方法的应用效果，提出了缝洞型油藏提高采收率发展方向与战略。

本书研究成果得到了国家科技重大专项（2016ZX0514）、国家自然科学基金项目（51674285）、国家自然科学联合基金项目（U19B6003）的资助，在此一并感谢。

本书在编写过程中，得到了中国石化科技部、石油勘探开发研究院、西北油气分公司及石油物探技术研究院领导与专家大力支持和帮助；特别得到李阳院士、计秉玉、刘中春、魏荷花、宋传真，中国石油大学（北京）的侯吉瑞、刘慧卿和中国石油大学（华东）李爱芬、姚军等专家鼎力指导与帮助，在此一并感谢。

本书由康志江、鲁新便、张允统一设计和定稿，第一章由康志江执笔；第二章由康志江、赵艳艳、张冬丽执笔；第三章由康志江、李爱芬、郑松青执笔；第四章由张允、张慧、程倩、康志江执笔；第五章由鲁新便、刘中春、宋传真、朱桂良、张允、程倩、张慧、马翠玉、袁诺执笔；第六章由康志江、张允执笔。

由于编者水平所限，文中如有不妥之处，敬请批评指正。

目录
CONTENTS

第一章　海相碳酸盐岩岩溶地质特征 （1）
第一节　溶岩特征 （1）
第二节　岩溶洞穴形态 （2）
第三节　岩溶洞穴分类 （5）
第四节　岩溶内沉积或堆积 （6）
第五节　塔河油田碳酸盐岩缝洞系统 （8）

第二章　碳酸盐岩缝洞型油藏剩余油形成机制 （12）
第一节　基于三维（3D）打印的物理实验技术 （12）
第二节　不同结构缝洞体剩余油形成机制 （40）
第三节　基于数值模拟的剩余油类型分析 （58）
第四节　典型单元剩余油评价 （61）
第五节　本章小结 （76）

第三章　碳酸盐岩缝洞型油藏改善水驱机理 （77）
第一节　周期注水/脉冲注水改善水驱 （77）
第二节　换向驱油改善水驱 （83）
第三节　注水转注气改善水驱 （89）
第四节　注隔板调剖改善水驱 （92）
第五节　表活剂注水改善水驱 （95）
第六节　变强度注水改善水驱 （96）
第七节　不同改善注水方式动用剩余油机理 （104）
第八节　注采井组注水开发机理 （108）
第九节　改善水驱技术政策 （124）

第四章　碳酸盐岩缝洞型油藏单井注氮气提高采收率机理 （143）

第一节　注气洞顶驱的提出 （143）
第二节　不同注入介质机理与优选 （147）

第五章　缝洞型油藏井组注氮气提高采收率技术 （152）

第一节　氮气驱提高采收率机理 （152）
第二节　氮气驱波及规律及评价方法 （172）
第三节　注入气与原油的作用机理 （200）
第四节　气窜形成机理及气窜预警 （227）

第六章　应用效果与发展战略 （246）

第一节　应用效果 （246）
第二节　发展战略 （246）

参考文献 （248）

第一章 海相碳酸盐岩岩溶地质特征

我国古生界海相碳酸盐岩岩溶十分发育、分布广泛，具有多时代、多期、多类型的特征。

第一节 溶岩特征

一、多期性

我国碳酸盐岩溶岩在时间上具有多时代，长期性、阶段性、继承性和新生性的发育特征。中国南方地区，特别是桂林地区地表可见。晚古生代末的海西构造运动之后，经历了印支期、燕山期、喜马拉雅期的岩溶作用，每个时期都有岩溶形成，以晚三叠世、晚白垩世及第四纪为主要发育期。

在不同岩溶发育期，时空上岩系呈连续叠复或间断性岩溶，以至全区广泛分布各时期的岩溶，如太平岩顶部、大埠断陷谷、茅茅头大岩、朝阳铁山洞等地，都有两期以上的岩溶叠复出现，这是不同时期同一地段的地壳长期或阶段性下降的结果（见表1-1）。

表1-1 中国南方主要岩溶省（区）喀斯特化阶段划分对比

地区		湖北	贵州	云南	广西
第一喀斯特化期	白垩纪末—渐新（中新）世	鄂西期 标高1300~2100m，山脊天际线，喀斯特洼地，槽谷	大娄山期 标高1600~2500m，残丘洼地，红色砾岩堆积	高原期 标高2500m以上，天际线，最高分水岭，洼地漏斗峰林	凤凰期（峰丛期） 标高500m以上，以峰丛地形为特征

续表

地区		湖北	贵州	云南	广西
第二喀斯特化期	渐新（中新）世—更新世初	山盆期 标高 800～1200m，开阔谷地，洼地坟丘，叠置洼地漏斗	山盆期 标高 1000～1500m，大型洼地、坡立谷、洞穴、峰林地形，可分两个亚期	石林期 标高 1500～2000m，地形平坦开阔，大型洼地、坡立谷、峰林地形，高原面上分布石林	峰林期 标高 500m 以上，以峰林地形为特征
第三喀斯特化期	更新世—全新世	三峡期 地壳强烈抬升，河谷深切，多层洞穴	乌江期 河谷深切、反平衡剖面，阶地及成层洞穴，厚的包气带形成	南盘江期 标高 300～400m，峡谷、洞穴	孤峰期（红水河期） 河流显著下切，孤峰，洞穴

二、广泛性

我国溶岩分布广泛，几乎遍布全国大部分地区，并具多样性特点，以桂林地区为代表，叙述如下。

分布特征：在峰丛洼地和峰林平原区的岩溶，经改造后常残留在洼地的某些部位、峰间垭口，或构成峰体的某些部分，甚至组成峰体。

区内已发现 380 多处岩溶。这些岩溶的分布高程主要集中在 250～350m，其次在 400～500m 和 150m 上下的平原面附近，高程 500m 以上者，分散零星，规模小。

多样性：岩溶露头大小不一，形态各异。它们的形成主要受断裂和水系控制的影响，呈北北东方向及北东南方向分布为主。岩溶的分布呈一定组合形式：线型、露头呈长条状伸延，或沿长轴方向断续分布；点线型，露头呈不规则状、等轴状或长轴不明显，但均呈定向排列；复合型，露头呈不规则状或似等轴状，沿一定方向断续分布，并间夹长条（轴）状露头，或者沿一定方向断续分布，但间夹延伸方向不明显的露头。总体来看，在长距离内，岩溶的分布以复合型为主，反之，分别为前两类。

此外，在局部地段这三类除上述 4 个方向分布外，在局部地段和单个露头的延伸方向，还常呈近南北向、近东西向和北北西向。这些虽然延长不一，但很普遍，显然这与配套断裂、裂隙的控制有关。总之，岩溶分布方向与区域构造体系方向一致，从组合看，受控于断裂裂隙系统。

第二节　岩溶洞穴形态

以桂林附近的岩溶洞穴为代表，根据主通道的空间分布状态，岩溶洞穴可分为横向和竖向及其过渡类型。竖向洞穴主要发育于峰丛洼地区，常以落水洞和竖井形式存在。横向洞穴主要发育于峰林平原区，其空间形态主要有 4 种：廊道型、厅堂型、倾斜型、迷宫型。现主要论述这 4 种形态的洞穴及其岩性控制（表 1-2）。

表 1-2 桂林地区灰岩洞穴水蚀大形态类型表

形态类型		主要形态特征	一般尺寸/m	主要形成作用
1. 廊道型		长度大于宽度的 5 倍（$L/b>5$）		
	单一通道	无或少分支，无主次通道之分	$L = 15 \sim 1500$	溶蚀、侵蚀
	树枝状通道	由主通道及枝状通道组成	$L > 1000$	溶蚀、侵蚀
	羽状通道	支通道位于主通道一侧，由构造的特有形式控制	$L > 500$	
	环形通道	环形圈闭的通道，无主次之分	$L > 200$	溶蚀、混合
	迷宫式通道	网状且规模等同的通道系统	$L > 500$	溶蚀、侵蚀
2. 厅堂型		长度宽度相近，或差别小于 5 倍		
	厅堂	水平天板，高度较低	$h > 20$	溶蚀、多有崩塌
	穹洞	穹形天板，高度较高	$h > 15$	溶蚀、崩塌
3. 倾斜型		通道中或出现厅堂，厅堂常出现通道分支		溶蚀、混合崩塌
单一型	扁孔形（a）	$b/h>5$ 的扁口状形态，水平天板，弧形侧壁	$b = 2 \sim 4$ $h = 0.2 \sim 0.8$	溶蚀、混合溶蚀
	似圆形（b）	圆形断面，天板侧壁无明显分界	$D < 2$	溶蚀、混合溶蚀
	椭圆形（c）	水平或略呈拱形天板，弧形侧壁，高度多小于宽度（$D_r/D_l = 0.3 \sim 0.8$）	$D_r = 3 \sim 5$ $D_l = 2 \sim 10$	溶蚀、混合溶蚀
	矩形及梯形（d）	水平天板、竖直侧壁，高度大于宽度	$b = 10 \sim 40$ $h = 15 \sim 50$	侵蚀、溶蚀、崩塌
	裂隙形（e）	沿构造裂隙分布，呈缝隙状或宽缝状，断面多不规则	差异较大	溶蚀
	峡谷形（f）	高度大于宽度 5 倍以上的峡谷形断面	$b = 1 \sim 5$ $h = 3 \sim 15$	
复合型	锁孔形（g）	上部椭圆形，下部峡谷形或矩形的复合形态	$b = 1 \sim 3$ $h = 4 \sim 10$	溶蚀、侵蚀
	工字形（h）	上、下部为椭圆或扁形，中间矩形的复合形态	$b = 2 \sim 4$ $h = 3 \sim 8$	
	串珠形（i）	侧向膨大的断面较窄的断面组合	b 多变	
4. 迷宫型		斜井或竖井状，成因复杂	$D = 2 \sim 10$ $h > 5$	溶蚀、侵蚀、崩塌构造

注：L 为长度，h 为高度，b 为宽度，D 为直径，D_r 为短轴直径，D_l 为长轴直径。

一、廊道型

洞穴长度多倍于宽度，都有一个延伸方向比较稳定的主通道。有时主通道一侧或两侧发育一些支洞，但支洞的长度和规模均远不如主洞。本区峰林石山中的大部分洞穴都属于这一形式，如七星岩洞穴、茅茅头大岩洞穴、飞丝岩洞穴、南汐山泗洲岩洞穴、岩门底炮兵岩洞穴、甲宅太平岩洞穴和罗田大岩洞穴等。

这些洞穴的形态特点主要为：洞道一般比较平直，洞口和横断面大部呈扁的矩形或椭圆形，洞顶一般比较平整，洞壁溶蚀形态较发育。

廊道型洞穴绝大部分发育于融县组中上部厚层亮晶颗粒灰岩中，岩层产状比较平缓，节理裂隙纵横延伸较好。

二、厅堂型

洞穴长度与宽度接近，洞壁一般比较简单，很少有溶蚀形态，上部常呈参差齿状，洞顶比较平整。

这种洞穴主要发育于融县组亮晶颗粒灰岩或其微晶化灰岩中，特别是在两组节理裂隙或断层的交会处，岩层产状平缓。

这种洞穴可以形成一个单独的大厅堂（如芦笛岩），也可以是在廊道型洞穴中局部膨大而成的小厅堂（如穿山和南汐山洞穴系统）。

三、倾斜型

该类型包括喀斯特漏斗、落水洞、竖井、天坑等，是地表水沿着裂缝不断溶蚀形成的地表水流入地下的进口。形状大小各异，底部有崩积物。其主要成因是侵蚀作用和重力作用。

四、迷宫型

洞穴呈网状交织分布，没有一个明显的主通道，也没有固定的延伸方向。各通道不规则交汇分叉，互相连通，还有斜向洞穴上下交替发育，构成一个复杂的洞穴系统。洞口、洞壁和洞顶的形状均极不规则。山体外部常有较多的洞口，形成蜂窝状洞穴群。

这种洞穴在本区发育不普遍，比较典型的例子是阳朔公园内的碧莲洞。它发育于东岗岭组中下部斑块状灰质白云岩以及中薄层泥晶生物灰岩和白云岩互层的岩石中。岩体中节理裂隙发育不规则或无定向，并受褶皱和断层影响，岩层产生不协调挠曲。

从洞穴长度和空间规模来看，廊道型洞穴一般都属于大中型洞穴；厅堂型洞穴长度一般不是很大，但洞体规模较大，多数属于大中型洞穴；迷宫型洞穴，虽然总长度较大，但通道都比较狭窄，高度也不大，故洞穴空间规模一般并不很大；倾斜型洞穴，一般都属于小型洞穴。不同形态和大小洞穴的稳定性评价条件不同，而稳定性评价条件中，离不开围岩的工程地质和岩体力学性质。

第三节　岩溶洞穴分类

一、潜流带洞穴

潜流带洞穴发育于地下水位以下，在全充水条件下形成。

从阳朔碧莲洞的形态及其他地区的实例来看，可以认为潜流带洞穴具以下几点主要特征：①平面形态为交织网状，错综复杂；②通道往往沿层面发育；③通道断面表现为椭圆形或圆形；④在纵断面上，上升通道和下降的倾斜通道交替出现；⑤洞顶及侧壁发育有大量溶蚀小形态，尤其混合溶蚀成因的开筒、石钟等十分常见（表1-3）。

表1-3　岩溶洞穴分类表

Ford and Ewers（1978）	Warwick（1976）	Sweeting（1972）	Waltham（1981）	桂林地区的洞穴类型
1. 渗流带洞穴 2. 潜流带洞穴 3. 地下水位洞 4. 孤立的洞穴 5. 自流洞穴	1. 简单的进水洞穴 2. 复杂的进水洞穴 3. 与地表有极少联系或无联系的洞穴系统 4. 简单的出水洞穴 5. 复杂的出水洞穴 6. 充水的洞穴系统	1. 潜流带洞穴 2. 渗流带和地下水位洞穴 3. 垂直洞穴 （1）入水（吞没） （2）出水（吐水）	1. 渗流带洞穴 2. 深潜流带洞穴 3. 浅潜流带洞穴 4. 地下水位洞穴 5. 迷宫洞穴	1. 潜流带洞穴 2. 渗流带洞穴 （1）典型的渗流带洞穴 （2）复杂的渗流带洞穴 3. 地下水位洞穴 （1）峰丛洼地区的地下河洞穴 （2）峰林平原区的地下河洞穴 （3）脚洞

二、渗流带洞穴

渗流带洞穴是探查和研究较多的一种洞穴类型，是由渗流水的溶蚀和侵蚀作用所形成的，基本上不存在早期的潜水阶段。在本区，这类洞穴主要分布于岩溶高地和斜坡带中，表现为规模较小的落水洞，垂直深度一般不足百米，通道常为崩坍岩块或黏土所堵塞，人不易进入。它们的共同特点：①通道简单，往往是单一通道；②通道多是沿张开节理竖向或斜向发育；③横断面形状高而狭；④纵断面比降大，主要由连续下降的竖井状通道所组成，通道向一个方向倾斜，没有与总的倾斜方向相反的反坡；⑤洞穴次生化学沉积物不发育，尤其滴石类石钟乳少见。

三、地下水位洞穴

地下水位洞穴是在接近或位于地下水位处由溶蚀和侵蚀作用所造成的。它最基本的特点就在于，其生成和地下水位有关。主洞穴通道基本平行于等压面，一般是向地方性侵蚀基准面的地表干流和缓倾斜。这一地带位于潜流带的最上部，具备最有利于溶蚀的各种条件。一般来说，此洞穴中的水经常是在压力下流动并受到节理、裂隙等地质因素的控制，所以水流流路往往是追踪水位差，即沿最短的水文径流动，而不是沿着通向泉口的最短路径流动。有的研究者，如 Waltham（1981），试图将地下水位洞穴和浅潜流带洞穴分开。但要真正将两者予以区分，在理论上和实际上还存在许多困难，我们现今将它们统称为地下水位洞穴。

地下水位洞穴以热带溶峰林平原最为发育，主要表现为峰林平原中的脚洞、地下河洞穴和伏流洞穴。另外，将峰丛山区的长、大的地下河和伏流地归入此类，因为它们往往和地方性地下水位十分接近；两者之间的关系是互有联系又互相依赖，地下河力图在地下水位附近形成，而一旦形成之后，对当地地下水位又起控制作用。

本区峰丛中现有仍在继续发育中的地下河洞穴的典型代表，即兴坪角田大岩伏流洞穴和冠岩地下河洞穴。罗田大岩现已成为干洞，属于早期地下河洞穴的典型代表。它们的共同特点可以归纳以下几点：①地下河集水面积大，洞穴规模大；②洞穴的主支流形态分明，大小相差很大，主洞穴通道单一，断面形状和大小变化不大；③通道的弯曲度较小。

第四节　岩溶内沉积或堆积

在岩溶分布的广大地区，地下岩溶洞穴、孔隙极其发育，其中广泛发育洞穴沉积或堆积物。这类由洞穴沉积-堆积作用所形成的沉积物（岩石系列），被称为岩溶内沉积建造。根据内沉积-堆积物的物质组分及其形成分析，也可将岩溶内沉积分为三大亚类六个次亚类，三大亚类即流水机械沉积、重力崩塌堆积、化学沉积。

一、流水机械沉积

在岩溶作用过程中，由流水作用将地表、地下的黏土、砾石或岩块、碎屑等物质搬运到地下岩溶空间中经沉积－堆积作用而形成的沉积建造。按其组分可分为：

1. 砂砾石类沉积

在岩溶洞穴中经流水作用，洞穴底部普遍沉积砂砾石（岩）建造，为典型的岩溶地下河沉积。其砾石具有一定的磨圆度，砾径5～20cm，大者50～100cm。成分以邻近的碳酸盐岩为主，其次为外源的砂岩、粉砂岩或硅质岩等。砾间填隙物为碎屑、钙泥质、粉砂泥等。

2. 土类沉积

在岩溶洞穴的地下河道、洞穴底部的积水泄或地下湖中，普遍可见亚砂土、亚黏土或黏土等沉积物。亚砂土、亚黏土层沉积主要在地下河道的砂砾石层之上。古岩溶地下河沉积的亚砂土、亚黏土物质，多含钙泥质，经胶结成岩作用成为钙质砂－粉砂岩、砂质页（黏土）岩建造。

3. 钙（碎、晶）屑沉积

该沉积是指由岩溶地下水携带的碳酸盐灰泥、岩屑、白云石（岩）晶（碎）屑、石英砂粒、铁泥质等沉积物，搬运到水动力极弱或静态的岩溶地下湖盆或溶潭中沉积，经固结成岩而形成岩溶钙屑灰岩、砂屑灰岩或含砾钙屑灰岩，具微细纹层或水平层理构造。

4. 溶蚀残余物质堆积

碳酸盐岩洞穴围岩在溶蚀作用过程中，碳酸钙溶于水被带走，而不溶残余物 SiO_2 和泥质，则在岩溶洞穴的低洼地带或积水泄中充填、堆积（残积），溶蚀残积黏土主要为（红色）黏性大类。

二、重力崩（坍）塌堆积

岩溶洞穴在发育过程中，均伴随有崩（坍）塌作用，因此崩（坍）塌堆积物广泛发育于各时期形成的洞穴中。洞穴崩（坍）塌堆积物由大小不等的碳酸盐岩碎石块以及石笋、石柱或钟乳石等倒塌或脱落块（体）组成，块石呈方形、长方形及不规则形，棱角明显，大小混杂堆积，形成架空构造，无分选和磨圆，未经水流搬动。

三、化学沉（淀）积

岩溶洞穴被抬升，脱离地下水面而处于包气带之后，在渗流水的作用下，广泛形成洞穴次生化学沉积物，如石笋、钟乳石、流石坝等沉积物。按其形成时渗流水的运动方式、沉积（堆）积作用特点，可相应分为重力水化学沉积和非重力水化学沉积。

1. 重力水化学沉积

重力水化学沉积包括：滴水沉积的钟乳石、鹅管、石笋、石柱等滴石类；流水（化学）沉积的石幔或石幕、石旗、石盾、（流）石瀑布、流石坝、石梯田、钙板等次生化学沉积；飞溅水在石柱和笋上沉淀的棕榈片以及石磨菇、石花瓣和叶片等沉积物；池水沉积的方解石晶花、晶霜、小边石、穴珠或钙板等沉积物。

2. 非重力水沉积

非重力水沉积包括：次生毛细水在洞壁或石笋、钟乳石等表面的形成石花、石枝、石葡萄和石毛等淀（沉）积物；凝结水在洞壁上形成卷曲石和"爆米花"小石球或枝的次生化学沉积。

第五节　塔河油田碳酸盐岩缝洞系统

塔河油田碳酸盐岩缝洞系统的形成主要受古岩溶作用和构造作用控制，主要经历了加里东中期表生岩溶、海西早期裸露风化岩溶和埋藏期层状岩溶等三期岩溶作用过程；海西早期裸露风化岩溶是缝洞系统的主要形成时期，该期的古岩溶地貌和古水动力条件是缝洞系统发育的主要影响因素；缝洞系统经历了被不断埋藏所产生的溶蚀和充填改造作用，深部热液作用进一步改造溶蚀孔洞性质；塔河油田碳酸盐岩缝洞系统具有类型多样、大小悬殊和分布规律复杂的特点。

塔河油田奥陶系缝洞储集体形成条件与控制因素：碳酸盐岩岩石性质与层组结构、构造格局、地形地貌条件和水动力条件，奥陶系中下统鹰山组和中统一间房组为岩溶发育的主要层位。鹰山组 O_{1y}^5 段下层和 O_{1y}^2 段厚层泥微晶灰岩中古岩溶发育最为强烈，大型古岩溶缝洞系统多出现在这些层位中。

古岩溶发育演化特征：主要经历了加里东中期表生岩溶、海西早期裸露风化岩溶和埋藏期层状岩溶等三个旋回、四个期次岩溶作用过程。加里东中期表生岩溶发育于奥陶系中统一间房组，构造运动使沉积台地振荡抬升，在浅地表形成了小溶洞和溶蚀缝洞为主的顺层岩溶。海西早期裸露风化岩溶主要发育于中下奥陶统鹰山组，并对一间房组表生岩溶进行了改造；构造运动使沉积台地大幅抬升，碳酸盐岩长时间广泛暴露地表，经受强烈剥蚀，发生了强烈岩溶作用，形成了规模较大的以岩溶洞穴和宽大溶缝为主的裸露风化岩溶。埋藏岩溶为奥陶系碳酸盐岩被不断埋藏后所产生的溶蚀和充填改造作用。

以岩溶发育程度和地下水运动方式为依据，将岩溶缝洞系统在垂向上划分为表层岩溶带、垂向渗滤溶蚀带、径流溶蚀带和潜流溶蚀带四个带。表层岩溶带为可溶岩层地表面附近的岩溶发育带，岩溶作用相对强烈，岩溶化程度较高，表现为在可溶岩地表以下附近的一定深度范围内，存在着一个以溶沟、溶槽、溶缝、溶隙、溶痕、溶穴、溶管和溶孔等岩溶个体形态组合而成的强岩溶化层；垂向渗滤带为地下水沿断层或裂隙向下渗滤，对碳酸盐岩进行淋滤、溶蚀，以形成一系列垂直或高角度的溶缝或溶洞为特点，溶蚀空间横向连通性相对较弱，洞内以机械垮塌半充填物为主。在地下水补给区发育厚度较大；径流溶蚀带为地下水径流带，地下水流速相对较快，形成一系列近水平的溶缝、溶洞和岩溶管道系统，也形成相当多的机械或化学充填、半充填物质。此带的特点是：溶蚀空间规模相对较大，岩溶空间横向连通性较好，岩溶发育极不均一；潜流溶蚀带位于地下水径流带之下，地下水流速相对较慢，地下水沿断层或裂隙潜流对碳酸盐岩进行溶蚀，溶蚀空间规模相对较小，岩溶发育极不均匀，后期机械充填相对较弱，化学沉积作用相对较强，整体岩溶相对不发育。但在不同地貌部位，岩溶垂向带具有不同的发育特征。

根据塔河油田海相碳酸盐岩缝洞系统发育特征及其与油气储集关系的差异，将缝洞系统分为单支管道型、管道网络型、构造廊道型、厅堂型、竖井型、溶洞型、溶蚀孔洞型、溶蚀缝型、礁滩溶孔型和白云岩孔洞型10种类型，分别建立了缝洞系统结构模式和地质地球物理响应模式。

一、单支管道地下河系统结构模式

主洞体直径2～10m，长度1～30km。仅发育有一个主进水口和一个主排泄口的地下河管道，由管道主体和洞体周边影响带构成断面结构，呈"条状二元结构"。单支管道系统地震波场正演模拟表明，小型洞穴反射特征表现为串珠状反射特征，大型洞穴反射特征表现为似层状反射特征，缝洞顶界面反射较清晰，缝洞单元底部反射同相轴存在时间下拉现象。对于水平洞穴廊道缝洞单元内反射同相轴表现为连续反射特征。通过类比桂林现代岩溶和塔北露头区奥陶系古岩溶缝洞系统，结合古地貌特征和地震属性分析，认为在塔河油田试验区内的TK424－TK476－T403－TK419古地下河与桂林罗锦响水岩－天井洞类似，属于由多个厅堂串连而成的单支管道系统。

二、地下河管道网络系统结构模式

由主管道及其周边的溶蚀影响带组成，总体上呈枝状分布，由主管道和至少1条支管道组成，中间还发育有大量的落水洞、竖井、天窗等岩溶形态。平面分布一般呈枝状，垂向上具有多层性，除河道主体外，管网之间次级岩溶形态也十分丰富，其结构为"网状多元结构"。地下河管道网络系统由主管道及其周边的溶蚀影响带组成，总体上呈枝状分布，由主管道和至少1条支管道组成，中间还发育有大量的落水洞、竖井、天窗等岩溶形态。地下河发育在径流溶蚀带，主管道长度一般>10km，支管道一般>1km；在发育规模上，主管道大于支管道，且上级支管道总比下级支管道大且长。正演模拟显示，地下河管道网络系统具有明显的"串珠状"反射特征，并可与井下岩溶反射特征对比。从振幅属性分析，由于洞反射对高频能量的吸收，在较低频率（30Hz、40Hz）时，能量强；在较高频率（60Hz、80Hz）时，能量弱。

三、构造廊道型地下河系统结构模式

构造廊道型地下河管道的高宽比大于5，在平面上一般沿断裂构造带曲折延伸，垂向空间很大；洞体两侧影响带特别是次级构造缝十分发育，呈现"折状三元结构"。廊道型地下河系统由管道主体、洞体周边影响带和Ⅰ级构造缝构成，在Ⅰ级缝之间Ⅱ级缝；在平面上延伸距离明显受构造影响，长一般1~5km。管道主体洞体高5~50m，宽1~10m；洞周边影响带宽度没有单管道系统均匀，洞底溶蚀影响带厚度小，而洞边溶蚀影响带反而变宽。

四、厅堂型洞穴系统结构模式

厅堂型洞穴系统包括厅堂主体、落水洞或溶蚀缝等；厅堂主体直径50~数百米；高10~50m；洞顶为较平的天板或穹形，洞内发育大量的崩塌堆积物和次生化学沉积物；厅堂型洞穴呈离散状分布。厅堂型洞穴可分为6个溶蚀带，洞穴系统具有明显的"串珠状"反射特征。

五、溶洞型结构模式

溶洞及其周边各类裂缝共同构成一个独立的缝洞系统。以溶洞主体为中心，两侧近等间距的分布着不同级别的构造裂缝。除部分小型溶洞（洞主体小于50cm）外，相对较大的溶洞顶部发育有洞顶溶蚀垮塌破碎带及洞顶溶蚀垮塌影响带，两侧为洞侧溶蚀破裂影响带，底部为洞底溶蚀影响带。分散溶洞，厚度在2~5m之间。

六、竖井型洞穴系统结构模式

竖井型洞穴是以向下发育为主的岩溶形态，包括竖井、落水洞和天窗等；一般发育于表层岩溶带和垂向渗滤带等厚度较大的地区。多发育于峰丛山区，峰林平原区极少发育。竖井型洞穴系统由竖井主洞体和周边溶蚀影响带组成；洞主体直径2~20m，深10m~数百米。竖井型洞穴的电阻率和声波时差、孔隙度等也呈锯齿状变化。

七、溶蚀孔洞系统结构模式

溶蚀孔洞系统是由溶蚀作用形成的不规则孔、洞及其周边的溶蚀缝一起构成层状或带状缝洞系统。孔径 0.2~20cm，孔洞延伸 2~10cm。溶蚀孔洞周边的缝一般具有明显的扩溶现象。通过岩心观察，在塔河油田井下也发现了大量的溶蚀孔洞。溶蚀孔洞沿节理和构造裂缝扩溶发育，形态不规则，孔径 2mm~20cm，以 5~10mm 数量最多，局部密集发育；多被方解石或钙泥全充填，方解石偶见重结晶现象；部分溶蚀洞未充填，是良好的油气储集体。

八、断控破碎带溶蚀缝洞系统结构模式

深大断裂控制的溶蚀缝洞在宏观级别上可划分为三级：Ⅰ级溶蚀缝宽 10~50cm，间距 8~15m，延伸距离 50m~数百米；在地表可发育成大的沟谷，沿Ⅰ级溶蚀缝发育也常小型洞穴。Ⅱ级裂缝缝宽 2~10cm，间距 1~5m，延伸长度可达几米至几十米；在地表发育成支沟，宽 5~20m，沟深 40~100m，多为缝隙密集带或断裂破裂带。Ⅲ级裂缝位于两条Ⅱ级裂缝之间，宽 1~5cm，间距 10~30cm，延伸距离 1~10m。在Ⅲ级裂缝间同样发育有近等间距分布的Ⅳ级构造溶蚀裂缝洞，在不同岩性中Ⅳ级裂缝宽 1~10mm、间距 1~5cm，延伸距离 10~50cm。

九、礁滩溶孔洞型结构模式

礁滩溶蚀孔洞系统由溶蚀孔与周边的溶蚀裂缝共同构成，溶蚀孔多为不规则圆形，孔径 0.5~10cm，孔隙度 5%~30%。一般呈层状、带状分布，局部溶蚀强烈呈"蜂窝状"，充填程度较低。溶蚀缝宽 1~5mm，延伸长度 10~50mm；具有一定方向性，局部呈网状发育。

十、白云岩溶蚀孔洞系统结构模式

白云岩溶蚀孔洞系统由溶蚀孔与周边的微裂缝共同构成，溶蚀孔规模较小，近圆形，孔径 0.01~5mm，孔隙度 4%~19%。溶蚀孔一般呈层状、似层状分布，局部溶蚀强烈呈"蜂窝状"，充填程度较低。微裂缝宽 0.01~1mm，延伸长度 10~50mm；具有一定方向性，局部呈网状发育。

第二章
碳酸盐岩缝洞型油藏剩余油形成机制

剩余油是指已投入开发的油气藏中尚未采出的石油，对于剩余油的挖潜开采是油气藏提高采收率的关键所在。在传统砂岩油藏中，剩余油气主要受断层、储层非均质性、夹层以及微构造等因素控制，其剩余油评价和开采方法相对比较成熟。而在海相碳酸盐岩缝洞型油气藏中，由于储层非均质性极强，缝洞发育特征复杂，剩余油气的赋存规律与砂岩油气藏截然不同。针对缝洞型油气藏的储层特征，进行缝洞型油气藏物理模拟实验与数值模拟实验，研究剩余油分布规律及形成机制具有重要意义。

物理实验揭示了注水后的5类剩余油类型，即溶洞模型充填介质内剩余油、阁楼型剩余油、盲端剩余油、洞内边角剩余油、注入水绕流剩余油。数值实验揭示了6类剩余油类型，即洞定剩余油、低幅残丘剩余油、岩溶河道剩余油、高导流通道屏蔽剩余油、无井控剩余油、充填洞穴中的剩余油。基于 KarstSim 缝洞型油藏数值模拟软件，预测缝洞单元剩余油丰度、不同储集体类型剩余油、井周剩余油、井间剩余油及未井控剩余油，明确开发过程中原油储量动用及剩余油气形成机制，为提高采收率方法制定奠定了储量基础。

第一节　基于三维（3D）打印的物理实验技术

如何建立缝洞型油气藏多尺度特征的物理实验模型是研究缝洞型油气藏剩余油赋存规律和形成机制的首要问题。在总结以往实验的基础上，研究人员创新性地提出了采用覆膜树脂砂进行激光烧结制作物理模型的技术。该技术基于3D打印原理，可以精细、精准地对地质模型、地质剖面进行复刻，为研究剩余油形成机制奠定坚实基础。

一、复杂多尺度缝洞模型制作

（一）二维复杂缝洞模型制作

在露头考察、地质模型及剖面分析的基础上，基于相似准则原理，利用计算机辅助设计软件（CAD）设计缝洞型油藏数字模型，并利用 3D 打印技术进行物理实验模型的制作。通过对一系列物理模型的水驱油实验，得到缝洞型油藏水驱剩余油的主要赋存规律，对剩余油形成机制进行分析评价。

根据地质模型的细致分析获取缝洞组合剖面或根据对缝洞油藏的基本认识，利用计算机辅助设计软件（CAD）设计缝洞模型，并利用 3D 打印技术制作模型基质部分，利用环氧树脂胶胶结的石英砂制作充填介质，利用有机玻璃板对其进行封装，最终完成模型制作。

二维复杂缝洞模型 STL 文件构建方法：利用 3D 打印技术制作二维复杂物理实验模型的前提是获得缝洞组合剖面并建立 STL 文件。其中，获得二维缝洞组合剖面的主要方法是已有地质模型中抽化。

塔河油田 T615 地质模型中选取了典型缝洞组合剖面，获得二维缝洞组合剖面图，步骤如下所示。

（1）利用 petrel 软件打开 T615 单元地质模型，白色代表基质，红色代表地下河，绿色代表裂缝，黄色代表孤立溶洞，蓝色代表溶孔，如图 2-1 所示。

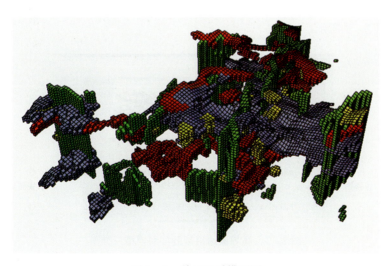

图 2-1 单元地质模型图

（2）通过对 T615 单元三维地质模型进行详细的分析，依据典型缝洞组合模型设计原则，总结典型缝洞组合模式，如图 2-2 所示。

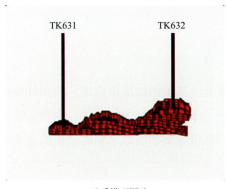
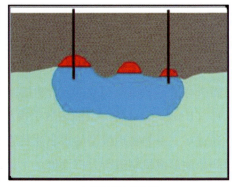

(a) 地质模型图片　　　　　　　　　　　　(b) 缝洞组合概念图

图 2-2　低幅残丘型溶洞

建立缝洞模型 STL 文件的步骤如下所示。

(1) 在三维制图软件（如 Rhinoceros）中，以二维缝洞剖面概念图为背景图，在软件内绘制裂缝和溶洞的完整轮廓（对于线条规则、构造简单的模型，可直接绘制缝洞轮廓），并沿纵向拉伸成体。

(2) 调整概念模型体的大小，使其最大长度不超过 30cm，最大宽度不超过 30cm，厚度为 1cm。

(3) 在缩放后的模型体周围绘制一个长宽高为 30cm × 30cm × 1cm 的长方体，完全覆盖原模型，并对两个模型进行布尔差集运算，得到存在缝洞特征中空的长方体模型，其中中空部分表示裂缝或溶洞，实体部分表示基质。设计的其中一种典型缝洞组合模型三维视图如图 2-3 所示。

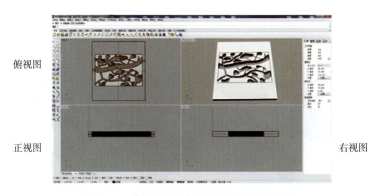

图 2-3　高导流通道裂缝溶洞模型三维图

(4) 导出文件为 STL 格式。

上述步骤为长宽高为 30cm × 30cm × 1cm 模型 STL 文件的建立方法，其他规模模型的制作方法类似。

除了通过地质剖面构建缝洞模型的 STL 文件，还可以根据对缝洞型油藏的基本认识，绘制规则缝洞组合的 STL 文件。本文在对 T615 地质模型的充分分析以及对缝洞型油藏的基本认识上，构建了 8 类二维复杂缝洞模型 STL 文件（图 2-4~图 2-11），并在后续过程中进行了相应的 3D 打印、模型制作以及水驱实验。

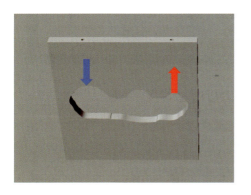

图 2-4　低幅残丘模型

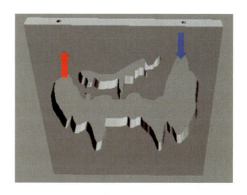

图 2-5　裂缝连通顶部溶洞模型

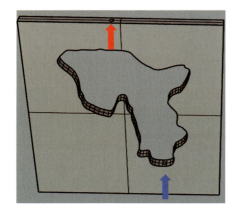

图 2-6　二维不规则单洞模型

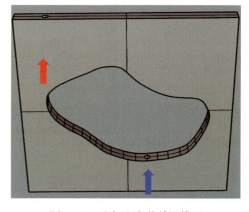

图 2-7　边部生产井单洞模型

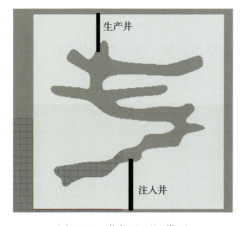

图 2-8　曲折地下河模型

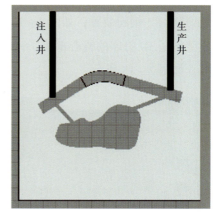

图 2-9　河道双缝沟通溶洞模型

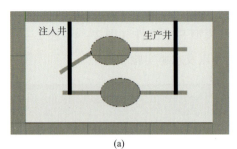
(a)
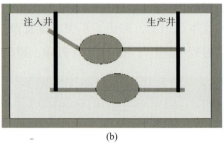
(b)

图 2-10 双层并联缝洞模型

双层并联缝洞模型四条裂缝开度均为 2.5mm，模型（a）注入井侧上层裂缝倾角为上翘 30°，模型（b）为下压 30°

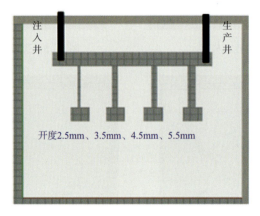

图 2-11 河道单缝沟通溶洞模型

上述模型大小均为 15cm×15cm×15cm。

3D 打印设备为 AFS-360 型 3D 打印机，设备共有 4 个部分：控制器（电脑）、成型机、制冷装置和通风机（设备后端）。成型机为主机部分，内有成型缸、料缸、加热箱（内有加热管）、铺粉装置，如图 2-12 所示。

成型室是 3D 打印的核心部位，主要设备包括激光源、加热箱、成型缸、料缸铺粉装置等，如图 2-13 所示。

图 2-12 3D 打印机（SLS）

图 2-13 3D 打印机内部

3D打印机内部料缸里放入树脂砂粉末材料，应用铺粉装置将料缸、成型缸里的砂子铺平。在计算机控制下激光器发出的激光按照模型当前层的信息进行扫描，激光扫描烧结形成固体，激光未扫描的区域仍是粉末，其可以作为下层零件的支撑。

完成零件可将这部分未扫描的砂子去除。激光烧结完一层，厚成型缸下移0.2mm，料缸上移0.2mm，再进行铺粉，进而继续扫描砂体。重复以上过程直到打印最后一层，就成功地制作了三维模型，如图2-14所示。

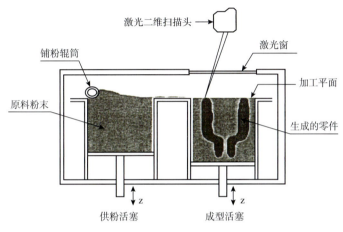

图2-14　3D打印示意图

选择性激光烧结过程通过重复滚筒铺粉与选择性激光烧结，直到打印最后一层，就成功地制作了三维模型。北京隆源3D打印机AFS-360型设备配置参数如表2-1所示。

表2-1　AFS-360型设备配置参数表

类　别	参　数
成型室体积	65L（360mm×360mm×500mm）
激光功率	CO_2 射频30W/50W
分层厚度	0.08~0.3mm
扫描速度	2000mm/s
成型速度	60~100cm^3/h
控制系统	奔腾工控机，即时主流配置
操作系统	WindowsNT/2000/xp
数据处理软件	Magics RP（Materialise）
运行环境	380V，50Hz±2%，8kW，18~30℃，RH（相对湿度）≤90%
设备外形	2060mm×930mm×1830mm

3D建模后得到的STL格式文件不能直接进行3D打印，还需要对其进行切片处理、

轨迹扫描处理,得到 AFI 格式文件,才能在 3D 打印操作系统打开,从而进行打印。而且,在打印结束后,需要对打印模型进行一系列后处理操作才能达到实验要求。

3D 打印模型制作流程图如图 2-15 所示。

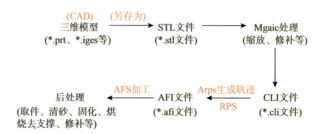

图 2-15 3D 打印模型制作流程图

操作步骤如下所示。

第一步,利用 Magic 软件处理 STL 模型文件 *.stl,设置好模型坐标原点,然后进行切片处理,生成 CLI 格式的切片文件 *.cli(图 2-16),切片层厚一般设置为 0.2mm。

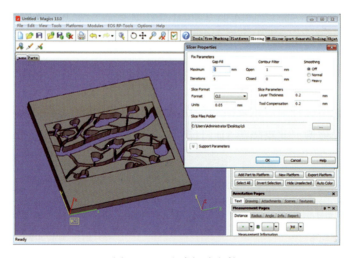

图 2-16 生成切片文件

标准操作方法为:①将文件"*.stl"导入 Magics 软件,调整模型角度及位置,使模型完全在第一象限。②调整好模型位置后,按照切片厚度为 0.2mm 的参数对模型切片,并生成 *.cli 文件(将此文件复制一份存为"*副本.cli",作为边框文件备用)。

第二步,在快速成型机(3D 打印机)上,利用 Arps 软件对 CLI 文件进行轨迹扫描处理,使其生成轨迹文件"*.afi"。

标准操作方法为:将"*.cli"文件导入成型机上的 Arps 软件中,再加载边框文件"*副本.cli",设置扫描轨迹参数(一般按默认值,不做改动),然后生成轨迹文件"*.afi"。

第三步，将文件"*.afi"导入3D打印机系统软件Arps，并完成打印准备工作，完成3D打印。

标准操作方法为：①设备准备：先将料缸装满足够的树脂砂，并将料缸和成型缸的砂面大致处理平整，然后用吸尘器将挡板外的磁导轨（内外两条）上的砂子全部清理干净，再用棉布或卫生纸再清理一遍，防止"小车"（铺粉装置）在导轨上行走时，砂子将导轨磨损（磁导轨如图2-17所示），最后利用软件进行铺粉，使砂面完全平整（若有砂溢出，需及时清理），如果一次无法铺平，可多次铺粉。②设置打印参数并完成打印：打开3D打印机系统软件AFSwin程序，导入轨迹文件"*.afi"，并调整位置（可同时打印多个相同或不相同模型），设置打印参数，并一次性打开冷却设备、通风设备、加热设备、激光设备、照明设备等，然后开始打印，并检查打印过程中设备是否正常运行。设置扫描线扫描速度为2.450m/s，边框速度设为0.495m/s，支撑速度设为2.972m/s。这是因为，边框为模型的边界，所以扫描速度要小一些来增加模型强度；由于支撑只是辅助，后期要处理掉，所以扫描速度要大一些，使强度低一些。激光功率内部扫描线69%（激光功率50W），激光功率值边框扫描线37%，激光功率值支撑线扫描线17%。这是因为，激光功率大容易引起变形，所以边框扫描线激光功率要小于内部扫描线。打印前要设置温度控制曲线，打印前铺粉5层，打印后铺粉2层，起始温度设置为65℃，中间温度设置为68℃，结束时温度设置为65℃。

图2-17 磁导轨图

第四步，待模型打印结束并开门冷却1h后取出，依次进行除砂、过火、烧结等一系列后期处理操作，如图2-18~图2-20所示。

除砂即利用软毛刷将模型表面附着的未被激光烧结的覆膜树脂砂清扫干净；过火即用装载液化丁烷气的喷枪对清扫后的物理模型表面来回烘烤，直至模型颜色明显变深，从而使模型表面硬度得以提高；烧结即将模型放在烘箱中以190℃的温度加热5h，使模型内部硬度得以提高。

图2-18 除砂　　　　　　　图2-19 过火　　　　　　　图2-20 烧结

经过后期处理的模型相比刚打印后，表面和内部硬度都明显提高。但利用3D打印机制作岩心，进行孔渗测试得知，打印模型孔隙度为40%左右，渗透率在$2000\times10^{-3}\mu m^2$左右，其孔渗与实际缝洞型油藏基质相差较大，需要进一步进行降孔降渗处理。

模型基质处理方法（降渗）：由于模型的不规则性，所以通过3D打印岩心进行降孔降渗处理及测试，得到符合要求的降孔降渗方法，将其应用到实验所用物理模型基质的处理中。

图2-21 硅溶胶溶液

通过调研、筛选，本研究选择硅溶胶对3D打印模型进行降孔降渗，使之接近缝洞型油藏基质孔渗。硅溶胶属胶体溶液（图2-21），无臭、无毒，分子式可表示为$mSiO_2 \cdot nH_2O$，其存在以下特征，非常符合实验需要：①胶体粒子微细（10～20nm），有相当大的比表面积，粒子本身无色透明，不影响被覆盖物的本色。②黏度较低，水能渗透的地方都能渗透，因此和其他物质混合时分散性和渗透性都非常好。③当硅溶胶水分蒸发时，胶体粒子牢固地附着在物体表面，粒子间形成硅氧结合，是很好的黏合剂。

1. 实验条件

实验仪器：恒温箱、岩心夹持器、六通阀、中间容器、ISCO泵、压力采集器等。

实验介质：3D打印岩心，如图2-22所示。

实验用氮气：实验温度，对应氮气黏度0.0179mPa·s。

实验用硅溶胶：二氧化硅胶体微粒（$mSiO_2 \cdot nH_2O$），温度在72～83℃会发生固化。

实验温度：17.5℃。

图 2-22　3D 打印测试岩心

2. 实验方法

1）3D 打印岩心渗透率测试实验

选取 120~100 目（直径 0.125~0.150mm）砂子，利用 3D 打印打印岩心，然后测试岩心的性能。岩心孔隙度采用气体膨胀法测出；渗透率采用稳态法测出，其中实验气体为氮气，围压 1.2MPa，上游压力 20kPa，下游通大气，流量采用皂泡流量计计量。

未降孔降渗的岩心孔渗参数见表 2-2。

表 2-2　岩心孔渗参数

序号	岩心编号	长度/cm	直径/cm	孔隙度/%	氮气气测渗透率/$10^{-3}\mu m^2$（0.015MPa）
1	2-2	3.036	2.500	40.1247	2046.039
2	2-3	3.042	2.508	39.7126	1948.368
3	2-4	3.040	2.500	39.9847	1807.055
4	2-5	3.046	2.510	40.2268	2024.410
5	2-6	3.024	2.500	40.3124	1958.210

注：实验温度为 17.5℃，对应氮气黏度 0.0179mPa·s。

覆膜树脂砂直接打印的模型孔隙度约为 40%，气测渗透率约为 $2000\times10^{-3}\mu m^2$。

2）降低基质渗透率实验

硅溶胶是二氧化硅胶体微粒（$mSiO_2 \cdot nH_2O$）。在水中均匀扩散形成的胶体溶液无臭、无毒，外观为乳白色半透明液体；温度在 72~83℃会发生固化。

硅溶胶渗入 3D 打印的岩心/模型可用来降低其基质渗透率。胶体吸附扩散到模型空隙中，通过高温处理可得到高强度、高致密度、致密的成型物理实验岩心/模型。

实验处理过程：岩心抽真空饱和胶；电热鼓风干燥箱温度控制在 72~83℃范围内烘干 12h。硅溶胶凝聚成凝胶后重新测岩样孔、渗参数。

3. 实验流程

渗透率测试流程如图 2-23 所示。

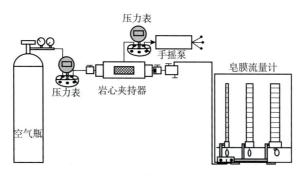

图 2-23 测渗透率流程图

渗透率采用稳态法测出,其中实验气体为氮气,围压 1.2MPa,上游压力 20kPa,下游通大气,流量采用皂泡流量计计量。

将岩心放入抽真空实验装置中,岩心抽真空饱和胶 24h,如图 2-24 所示。

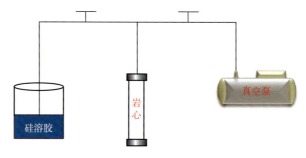

图 2-24 硅溶胶充入岩心流程图

4. 实验结果

根据前面介绍的实验条件、实验方法、实验流程及实验步骤进行实验。渗胶处理后岩心孔渗参数见表 2-3。

表 2-3 渗胶处理后岩心孔渗参数

序号	岩心编号	孔隙度/%	注胶后孔隙度	氮气气测渗透率/$10^{-3}\mu m^2$ (0.015MPa)	注胶后气测渗透率/$10^{-3}\mu m^2$
1	2-2	40.1247	4.0254	2046.039	0.256
2	2-3	39.7126	3.8542	1948.368	0.217
3	2-4	39.9847	4.1569	1807.055	0.198
4	2-5	40.2268	3.9425	2024.410	0.231
5	2-6	40.3124	4.3594	1958.210	0.186

综上所述:岩心渗透率降至 $0.2 \times 10^{-3} \mu m^2$ 左右,孔隙度降至 4% 左右,故可用此方法对模型进行处理,处理后的模型可满足实验要求。

充填介质制作方法：利用3D打印机打印的模型模拟的是缝洞型油藏基质，裂缝和溶洞不进行打印，但是很多裂缝、溶洞都存在不同类型、不同程度的充填。缝洞内的充填物质一般都是被泥沙或化学沉积等物质固结的，因此本研究也采用固结的多孔介质来模拟充填物，以符合实际储层特征。

不同润湿性的多孔介质制作：为了保证亲水和亲油充填介质具有相同的孔隙度和渗透率特征，均采用相同胶砂比进行充填介质的制作。其中，亲油充填介质采用常规的E51环氧树脂胶结，亲水充填介质则采用化学改性后的环氧树脂胶结。改性过程如下：

$$\text{wwwCH-CH}_2 + \text{NH}_2\text{CH}_2\text{COOH} \longrightarrow \text{wwwCH-CH}_2 - \underset{\underset{\text{CH}_2\text{COOH}}{|}}{\text{N}} - \text{CH-CHwww}} \tag{2-1}$$

1. 改性环氧树脂表面润湿性

将普通环氧树脂E44和改性后的环氧树脂分别与DETA（二乙烯三胺）按1∶1混合充分搅拌，并在玻璃片上均匀涂抹一层，然后放置于50℃恒温箱中固化12h。完全固化后，测定固化物表面与油水的润湿角。油相采用煤油（加苏丹红染色），水相采用5%（质量浓度）的标准盐水。实验温度为25℃，实验步骤及方法按照行业标准SYT 5153—2007《油藏岩石润湿性测定方法》中的接触角法进行，但此处将石英薄片换成带环氧树脂固化物涂层的玻璃片。测量结果如图2-25所示。

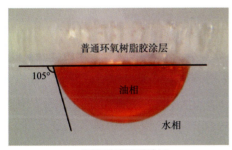
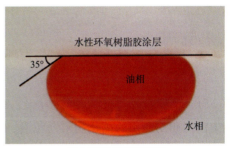

图2-25　油水在不同环氧树脂胶涂层表面的润湿角

根据测量结果，普通环氧树脂的固化物表面接触角约为105°，正好处于弱亲油与亲油的临界值。而改性后环氧树脂胶固化物表面接触角则达到了35°，为亲水级别，且亲水性较强。这说明化学改性过程对环氧树脂固化物表面性质有着很大的影响。

2. 多孔介质润湿性测试

胶结颗粒选择100~120目白色石英砂，胶（包含固化剂）与砂的质量比为0.15∶1。胶结步骤为：将环氧树脂、固化剂与石英砂按比例称取，并迅速混合搅拌；搅拌均匀后放置于岩心模具中加压（2MPa）；然后在50℃条件下固化时间12h；最后将岩心冷却取出，并将岩心端面磨平处理。

（1）接触角法测试：将胶结岩心切割成 3mm 左右的岩心薄片，按上述润湿角测定方法进行油水接触角测定，实验条件相同。测试结果见图 2-26。

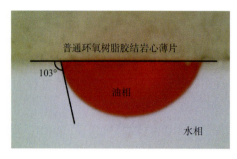 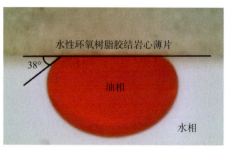

图 2-26 普通环氧树脂和水性环氧树脂胶结岩心薄片的润湿角

普通环氧树脂胶结的岩心呈亲油性质，油相会向岩心薄片内缓慢地自发渗吸，因此只能测定煤油刚接触岩心薄片后的接触角。

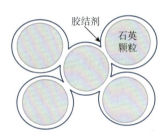

图 2-27 环氧树脂胶结岩心过程二维示意图

普通环氧树脂胶结岩心薄片的表面接触角约为 103°，为弱亲油级别（接近亲油）。而改性后环氧树脂胶结岩心薄片的表面接触角则为 38°，为亲水级别，且亲水性较强。分析接触角测试结果可以得出，胶结岩心薄片的油水接触角与环氧树脂胶结物的接触角非常接近。因为石英本身为亲水介质，但是与环氧树脂和固化剂充分混合后，胶结剂会在颗粒表面形成薄膜，混合后的石英砂在模具中受压相互接触在一起

（图 2-27），颗粒表面的胶结剂发生固化，从而将松散的石英砂胶结成岩心。因此胶结岩心的表面性质与所用的固化剂密切相关。

（2）自吸法测试：按照行业标准 SYT 5153—2007《油藏岩石润湿性测定方法》中的自吸法，测定不同类型胶结岩心的润湿性。油相采用煤油（加苏丹红染色），水相采用 5%（质量浓度）的标准盐水，实验温度为 20℃（表 2-4）。

表 2-4 自吸法测定胶结岩心润湿性结果

岩心编号	孔隙度/%	渗透率/μm^2	束缚水饱和度	饱和油体积/mL	V_{o1}/mL	V_{o2}/mL	V_{w1}/mL	V_{w2}/mL	W_w	W_o	I
W120	35.41	2.61	0.185	8.97	4.35	2.20	0.20	5.70	0.66	0.03	0.63
O120	36.75	2.96	0.201	10.46	1.55	4.05	2.95	2.70	0.28	0.52	-0.25

注：W120 为改性环氧树脂胶结岩心；O120 为普通环氧树脂胶结岩心；W_w 为水湿指数；W_o 为油湿指数；I 为相对润湿指数。

根据测试结果可以看出：改性环氧树脂胶结岩心的相对润湿指数为0.63，属于亲水级别，且亲水性较强；而普通环氧树脂胶结的岩心则为-0.25，属于弱亲油级别（接近亲油）。这与岩心薄片接触角的测定结果一致。同时，两者的孔隙度与渗透率也非常相近，这也说明两者的孔喉结构也基本一致。

3. 不同润湿性多孔介质的制作

仍采用上述胶砂比，而在普通环氧树脂内加入不同比例的改性环氧树脂，即可得到不同润湿性的充填介质。采用自吸法测试得到岩心润湿性如图2-28所示。

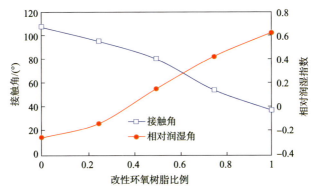

图2-28　不同环氧树脂比例下的润湿性变化

不同孔渗的多孔介质制作：由于不同缝洞充填介质的渗透率不同，为真实模拟实际储层充填介质，通过不断调整胶砂比制作不同渗透率岩心。利用相同的胶砂比，制作亲水岩心和亲油岩心，通过稳态法，得到一系列渗透率数据，如表2-5所示（上游压力20kPa，围压2.5MPa）。其中亲油岩心采用常规的E15环氧树脂胶制得，亲水岩心采用改性环氧树脂胶制得。

表2-5　不同胶砂比制得岩心渗透率表

组号	石英砂目数	环氧树脂胶比例	亲油岩心渗透率/$10^{-3}\mu m^2$	亲水岩心渗透率/$10^{-3}\mu m^2$
1	160~180	15%	108.8	113.5
2	140~150	7%	1125.2	1328.3
3	100~120	7%	2483.6	2631.8
4	120~140	1%	3329	3516.2

通过表2-5可以发现，在相同的胶砂比条件下，利用不同类型环氧树脂胶制得的岩心渗透率差异不大，存在的些许误差可能由系统误差导致。

选取组号为1的两块岩心，在完全饱和5%盐水时，进行核磁共振分析，分别得到它们的T2谱。结果如图2-29所示。

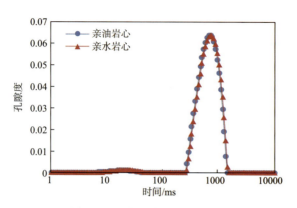

图 2-29　核磁共振 T2 谱曲线

由于两类岩心采用的胶砂比和目数一致，因此孔隙结构非常接近，测得的 T2 谱基本重合。

通过对不同胶砂比、不同环氧树脂胶类型制得岩心的孔渗分析可以发现，不管是亲油型环氧树脂胶还是亲水型环氧树脂胶，只要胶砂比一定，制作的多孔介质的孔渗就一定，可以通过改变胶砂比来改变孔渗。

模型充填及封装：通过 3D 打印制作模型模拟缝洞型油藏的基质部分，而不同的缝洞储集体不仅缝洞结构不同，其充填特征也不同，存在无充填缝洞、充填缝洞、半充填缝洞等。对于无充填缝洞，可直接对模型进行钻井封装；对于充填缝洞或半充填缝洞，需要根据充填介质的孔渗及润湿性等特征对打印模型基质进行充填后再进行封装。封装所用材料为有机玻璃板和环氧树脂胶。

无充填模型封装：首选利用电钻在模型合适位置进行打井（井也可在模型设计时构建），井眼直径为 3mm，并插入塑料管线（管线不伸进缝洞即可），然后将模型两侧利用 30min 凝固的环氧树脂胶粘上有机玻璃板，最后利用 5min 凝固的环氧树脂胶将塑料管线与模型固定，并对模型四周密封，部分无充填二维物理模型如图 2-30 所示。

(a)低幅残丘溶洞模型

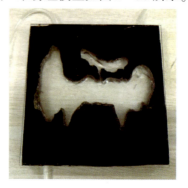
(b)裂缝连通顶部溶洞模型

图 2-30　未充填二维物理模型

二维充填/半充填模型充填及封装方法：二维充填/半充填模型封装方法与无充填模型的封装方法基本相同，但充填模型在黏合第一块有机玻璃板后，需要对模型充填方能黏合第二块有机玻璃板。充填介质利用环氧树脂胶与石英砂混合制作，根据充填介质孔渗及润湿性的不同，环氧树脂胶种类、胶砂比存在差异。部分充填二维物理模型如图2-31所示。

图2-31 全充填二维不规则单洞模型

（二）三维复杂缝洞模型制作

三维复杂缝洞模型构建方法包括直接法和数据建模法，其中，直接法是根据地质模型拆分成具体小模块，再对每个模块进行拼接的方法；数据建模法是利用地质模型网格坐标点逆向建立模型的方法。数据建模法的基本思路是：获取地质模型网格坐标，提取溶洞表面坐标，根据表面坐标进行逆向建模，筛选缝洞结构完成三维模型构建。

直接法构建三维缝洞模型：根据现场提供的地质模型（Grid、Egrid或Grdecl等文件均可），在其三维视图中选取其中部分溶洞，获取溶洞的三个视图（前视、俯视和侧视）；然后在Rhinoceros 5软件中根据三个视图构建该溶洞的几何模型。

通过对缝洞单元不同溶洞和裂缝的构建及组合，形成完整的几何模型，最后将模型放在能够完全包裹模型的长方体中放样切割，得到三维缝洞几何模型文件（STL格式），如图2-32所示。

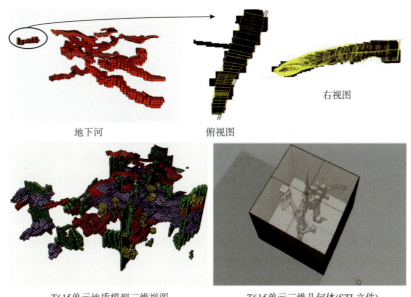

图2-32 构建模型流程参考图

数据建模法构建三维缝洞模型：数据建模法是利用地质模型网格坐标构建三维缝洞模型的方法。本文利用 T615 缝洞油藏地质模型进行数据建模构造三维缝洞模型，模型如图 2–33 所示。

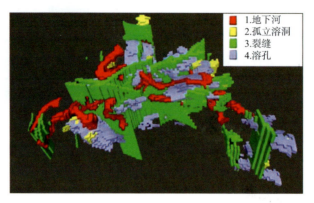

图 2–33　T615 缝洞油藏地质模型

（三）提取地质模型网格坐标

从地质模型 Petrel 中导出地质模型网络坐标。表 2–6 为从 Petrel 地质模型中导出网格中心点 XYZ 坐标。第四列数据表示地质类型，数字 –99 代表无效点，数字 0 代表基质的网格坐标，数字 1 代表地下河的网格坐标，数字 2 代表孤立溶洞的网格坐标，数字 3 代表裂缝的网格坐标，数字 4 代表溶孔的网格坐标。

表 2–6　地质模型网格中心原始坐标

X 坐标	Y 坐标	Z 坐标	类型
15235327	4575245	–4784.54	0
15235327	4575270	–4784.04	1
15235327	4575295	–4783.43	1
15235352	4575295	–4784.25	4
15235352	4575320	–4783.1	1
15235352	4575345	–4781.97	1
15235352	4575370	–4781.51	2
15235377	4575370	–4782.54	1
15235377	4575395	–4782.4	3
15235377	4575420	–4782.4	–99

获取溶洞表面坐标：利用 Matlab 编程提取地质模型中溶洞网格的坐标，并获取溶洞表面网格坐标，其主要分为四个步骤。

第一步，删除无效点、基质部分数据点以及裂缝部分数据点，即判断每个数据点的第四列数值，若数值为 –99、0 或 3，则剔除该数据点，若数值为 1、2 或 4，则保留该数据点。

第二步，删除所有数据点的第四列数据。

第三步，删除溶洞内部数据点，即判断每个数据点相邻点的个数，如果相邻点个数等于6，说明该点是内部点，则删除；如果相邻点个数小于6，说明该点为表面点，则保留。

第四步，最终保留数据点组成完整的溶洞表面坐标。

提取溶洞表面网络坐标的流程图如图2-34所示。

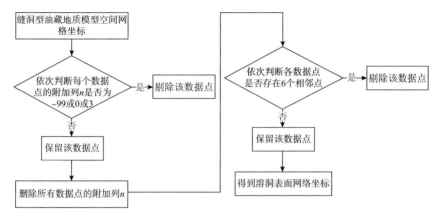

图2-34 提取溶洞表面坐标流程图

基于逆向建模构建三维数字模型：利用溶洞表面坐标进行逆向建模，得到三维溶洞数字模型，其过程在三维建模软件Solidworks中进行，主要包括噪声数据剔除、平滑处理、生成曲面、生成实体等。

数据建模发构造三维数字模型的步骤如图2-35所示。

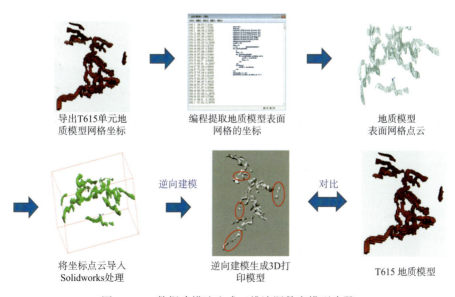

图2-35 数据建模法生成三维溶洞数字模型步骤

针对逆向建模后模型出现不连续的情况，对不连续部位，利用局部网格优化的方法可使其连续，如图2-36所示。

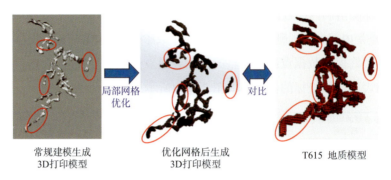

图2-36 局部网格优化后溶洞实体模型对比

筛选缝洞结构完成三维模型构建：结合地质模型中裂缝位置、开度，筛选典型缝洞，筛选方法如图2-37所示。

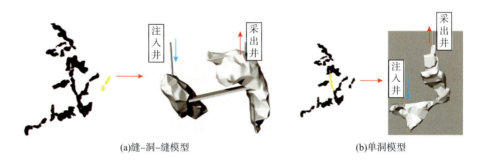

图2-37 选取部分三维模型示意图

根据对T615地质模型的分析，筛选出4种典型三维缝洞模型，构建三维数字模型，并在后续过程中进行了相应的3D打印、模型制作以及水驱实验（图2-38～图2-41）。

图2-38 三维不规则单洞模型　　　　图2-39 三维多层溶洞模型

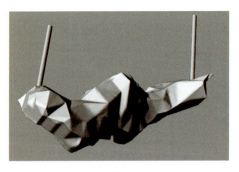
图 2-40　三维井间凸起模型

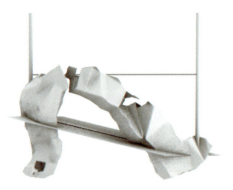
图 2-41　三维双缝洞模型

三维双缝洞模型上层裂缝开度为 0.5mm，下层裂缝开度为 3mm。

最后，在缝洞原位置处构造一个长方体模型，使其完全覆盖原缝洞模型，并进行布尔差集运算，即得到存在缝洞特征中空的长方体模型，导出 STL 格式文件，完成三维物理模型建模。构建的三维物理模型尺寸均为 15cm×15cm×15cm。

（四）三维缝洞模型饱和度检测方法

二维缝洞模型两面贯穿，能够达到可视化，可对油、水染色，可直接肉眼观察油水界面及注入水波及状况。但是对于三维缝洞模型，裂缝、溶洞完全在模型内部，肉眼无法直接观察驱替过程中的油水界面及注入水波状况。为了实现三维缝洞模型内油水界面检测和油水饱和度的定量描述，采用电阻率探针来测量充填介质内油水饱和度，实现了三维缝洞模型内的剩余油饱和度的定量检测。

未充填以及充填介质内水相与油相电阻关系的标定是使用以下材料来完成的：5% NaCl 溶液、经苏丹红染色后的纯煤油、120~140 目的玻璃珠（充填介质）、LCR 数字电桥（测量仪器）。标定过程如图 2-42 所示。

(a)5%盐水电阻测量

(b)纯煤油电阻测量

图 2-42　不同介质电阻测量

(c) 充填介质饱和水电阻测量　　　　　　(d) 充填介质饱和油电阻测量

图 2-42　不同介质电阻测量（续）

在充填介质内含水饱和度与电阻关系的标定是将油和水按照一定的比例倒入装有玻璃珠的烧杯中，充分搅拌后，在油水分层之前迅速测量充填介质内的电阻。

经过上述实验过程的多次测量，得到了无充填缝洞模型、充填缝洞模型内饱和度和测量电阻的关系。

（1）没有充填介质时测得的油的电阻为 $100\times10^4\Omega$，水的电阻大约为 799.9Ω。由此可知，当电阻很大时表示测的为油相，电阻为 1000Ω 以下时为水相，用此可以判断非充填三维模型水驱油过程中的油水界面。

（2）有充填介质时，含水饱和度与电阻之间的关系如表 2-7 所示。

表 2-7　充填介质内含水饱和度与电阻的关系

含水饱和度	电阻/Ω
0	100
0.2	49.56
0.5	4.73
0.8	1.42
1	0.079

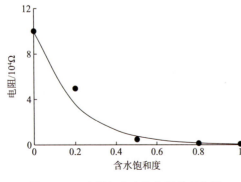

图 2-43　电阻与含水饱和度关系曲线

根据表 2-7 做出充填介质内含水饱和度与电阻的关系曲线如图 2-43 所示。

通过上述关系曲线可得到含水饱和度和电阻率之间的一一对应关系，从而可通过测得电阻率计算含水饱和度，进而得到三维不可视模型中油水分布变化。

（五）国内外同类技术对比

1. 3D打印制作缝洞型油藏物理实验模型技术

首创性地提出了采用覆膜树脂砂为原料，利用3D打印技术制作缝洞型油藏物理实验模型的方法。该方法相较于传统的大理石模型、玻璃刻蚀模型、有机玻璃模型、全直径岩心模型等在粗糙度、精细度、成本等方面具有明显优势，对比如表2-8所示。

表2-8　缝洞型油藏物理实验模型制作技术对比

实验模型	模拟粗糙储层壁面	构造复杂缝洞形态	模型制作精细	批量生产	成本较低
大理石模型	×	×	×	×	×
玻璃刻蚀模型	×	√	√	×	×
全直径岩心模型	√	√	×	×	×
有机玻璃模型	×	×	×	×	×
3D打印模型	√	√	√	√	√

2. 数据建模建立三维缝洞油气藏数字模型方法

利用数据建模法建立三维缝洞油藏数字模型的技术为国际首创。

二、实验参数设计的相似准则

随着近年来缝洞介质注水开发物理模拟实验的开展，部分学者分别建立了用于指导注水开发缝洞单元物理模拟的相似准则，但是不同学者的侧重点不同。结合方程分析法和量纲分析法，考虑溶洞内充填程度，简化所需参数，推导缝洞介质物理模拟的相似准则群，选取主要相似准则数指导实验参数设计。

（一）方程分析法

1. 假设条件

（1）油藏中存在油水两相流动，由于塔河缝洞型油藏的原油属于低饱和压力原油，开发过程中地层压力始终远大于泡点压力，因此忽略油藏中溶解气的存在。

（2）假设在注水开发过程中，注采平衡。

（3）考虑溶洞充填。

（4）主要考虑低度充填或未充填的0.1~3mm尺度的裂缝，暂不考虑裂缝充填程度。

2. 数学模型

数学模型包括连续性方程、运动方程、饱和度方程、辅助方程、定解条件和初始条件。

1）连续性方程

$$-\frac{\partial}{\partial x}(\rho_i u_{ix}) - \frac{\partial}{\partial y}(\rho_i u_{iy}) - \frac{\partial}{\partial z}(\rho_i u_{iz}) + \frac{q_i}{\mathrm{d}x\mathrm{d}y\mathrm{d}z} = \frac{\partial(\phi_T \rho_i S_i)}{\partial t} \quad (i = \mathrm{o}, \mathrm{w}) \quad (2-2)$$

式中　ρ_o——油相密度，$\mathrm{g/cm}^3$；

ρ_w——水相密度，$\mathrm{g/cm}^3$；

$u_{\mathrm{o}x}$——油相在 x 方向的流速，$\mathrm{cm/s}$；

$u_{\mathrm{w}x}$——水相在 x 方向的流速，$\mathrm{cm/s}$；

$u_{\mathrm{o}y}$——油相在 y 方向的流速，$\mathrm{cm/s}$；

$u_{\mathrm{w}y}$——水相在 y 方向的流速，$\mathrm{cm/s}$；

$u_{\mathrm{o}z}$——油相在 z 方向的流速，$\mathrm{cm/s}$；

$u_{\mathrm{w}z}$——水相在 z 方向的流速，$\mathrm{cm/s}$；

q_o——油相流入（流出）的质量流量，$\mathrm{g/s}$；

q_w——水相流入（流出）的质量流量，$\mathrm{g/s}$；

ϕ_T——储集体总孔隙度；

S_o——油相饱和度；

S_w——水相饱和度；

t——时间，s。

2）运动方程

当 $(x, y, z) \in$ 裂缝时，流体流动可以用达西定律形式进行描述：

$$u_{ix} = -\frac{Kk_{ri}}{\mu_i}\frac{\partial p_i}{\partial x} \quad (2-3)$$

$$u_{iy} = -\frac{Kk_{ri}}{\mu_i}\frac{\partial p_i}{\partial y} \quad (2-4)$$

$$u_{iz} = -\frac{Kk_{ri}}{\mu_i}\left(\frac{\partial p_i}{\partial z} - \rho_i g\right) \quad (2-5)$$

其中，裂缝的等效渗透率可以用立方定律进行近似计算：

$$K = \frac{b^2}{12} \quad (2-6)$$

式中　K——绝对渗透率，$\mathrm{\mu m}^2$；

k_{ro}——油的相对渗透率；

k_{rw}——水的相对渗透率；

μ_o——油的黏度，$\mathrm{mPa \cdot s}$；

μ_w——水的黏度，$\mathrm{mPa \cdot s}$；

p_o——油相压力，MPa；

p_w——水相压力，MPa；

g——重力加速度，m/s²；

b——裂缝开度，μm。

当 $(x, y, z) \in$ 溶洞时，流体流动可以用 N–S 方程进行描述：

$$\left\{\begin{array}{l} -\dfrac{1}{\rho}\dfrac{\partial p}{\partial x} + \dfrac{\mu}{\rho}\nabla^2 u_x = \dfrac{\mathrm{d}u_x}{\mathrm{d}t} \\ -\dfrac{1}{\rho}\dfrac{\partial p}{\partial y} + \dfrac{\mu}{\rho}\nabla^2 u_y = \dfrac{\mathrm{d}u_y}{\mathrm{d}t} \\ g - \dfrac{1}{\rho}\dfrac{\partial p}{\partial z} + \dfrac{\mu}{\rho}\nabla^2 u_z = \dfrac{\mathrm{d}u_z}{\mathrm{d}t} \end{array}\right\} \quad (2-7)$$

式中　$\nabla^2 u_x$、$\nabla^2 u_y$、$\nabla^2 u_z$——拉普拉斯算子。

将式（2–7）中三个等式分别乘以 $\mathrm{d}x$、$\mathrm{d}y$、$\mathrm{d}z$，然后相加可得：

$$g\mathrm{d}z - \dfrac{\mathrm{d}p_i}{\rho} + \dfrac{\mu}{\rho}(\nabla^2 u_{ix}\mathrm{d}x + \nabla^2 u_{iy}\mathrm{d}y + \nabla^2 u_{iz}\mathrm{d}z) = \dfrac{1}{2}\mathrm{d}(u_i^2) \quad (i = \mathrm{o}, \mathrm{w}) \quad (2-8)$$

式中　u_o——油相流速，cm/s；

u_w——水相流速，cm/s。

3）饱和度方程

$$S_w + S_o = 1 \quad (2-9)$$

4）辅助方程

考虑溶洞内的充填程度以及充填介质内的毛管力：

$$p_c = p_o - p_w \quad (2-10)$$

采出量：

$$q_i = \pi D^2 u_i \quad (2-11)$$

注入量：

$$I = \dfrac{q_o}{\rho_o} + \dfrac{q_w}{\rho_w} \quad (2-12)$$

式中　D——井眼半径，m；

I——注水量，m³/d。

3. 归一化处理

为了得到更一般的形式，且便于推导，采用归一化的饱和度和归一化的相对渗透率，重新写出上述有关方程。

无因次项的归一化：

$$\bar{S}_o = \dfrac{S_o - S_{or}}{\Delta S} \quad (2-13)$$

$$\bar{S}_w = \frac{S_w - S_{wc}}{\Delta S} \tag{2-14}$$

$$\Delta S = 1 - S_{or} - S_{wc} \tag{2-15}$$

$$\bar{k}_{ro} = \frac{k_{ro}}{k_{rowc}} \tag{2-16}$$

$$\bar{k}_{rw} = \frac{k_{rw}}{k_{rwor}} \tag{2-17}$$

式中 $\bar{S}_o$ ——归一化后的油相饱和度；

$\bar{S}_w$ ——归一化后的水相饱和度；

ΔS ——可动流体饱和度；

S_{wc} ——束缚水饱和度；

S_{or} ——残余油饱和度；

$\bar{k}_{ro}$ ——归一化后的油的相对渗透率；

$\bar{k}_{rw}$ ——归一化后的水的相对渗透率；

k_{rowc} ——束缚水饱和度下的油的相对渗透率；

k_{rwor} ——残余油饱和度下的水的相对渗透率。

方程的修正将式（2-13）、式（2-14）代入连续性方程得：

$$-\frac{\partial}{\partial x}(\rho_i u_{ix}) - \frac{\partial}{\partial y}(\rho_i u_{iy}) - \frac{\partial}{\partial z}(\rho_i u_{iz}) + \frac{q_i}{dxdydz} = \Delta S \frac{\partial(\phi_T \rho_i \bar{S}_i)}{\partial t} \quad (i = o, w) \tag{2-18}$$

将式（2-16）、式（2-17）代入运动方程得：

$$u_{ix} = -\frac{Kk_i^* \bar{k}_{ri}}{\mu_i} \frac{\partial p_i}{\partial x} \quad (i = o, w) \tag{2-19}$$

$$u_{iy} = -\frac{Kk_i^* \bar{k}_{ri}}{\mu_i} \frac{\partial p_i}{\partial y} \tag{2-20}$$

$$u_{iz} = -\frac{Kk_i^* \bar{k}_{ri}}{\mu_i}\left(\frac{\partial p_i}{\partial z} - \rho_i g\right) \tag{2-21}$$

$$k_i^* = k_{rowc} \quad (i = o) \tag{2-22}$$

$$k_i^* = k_{rwor} \quad (i = w) \tag{2-23}$$

饱和度方程为：

$$\bar{S}_w + \bar{S}_o = 1 \tag{2-24}$$

4. 相似准则推导

以式（2-18）的油相运动方程为例，以下是相似准则的推导方法及过程：

将式（2-18）第一项除以第五项得：$\dfrac{\Delta u_o \Delta t}{\Delta L \phi_T \Delta S \bar{S}_o}$（其中假设速度 u_o 在 L 方向上）。

将式（2-18）第一项除以第四项得：$\dfrac{\rho \Delta u_o L^2}{q_o}$。

将式（2-18）第四项除以第五项得：$\dfrac{q_o \Delta t}{\phi_T \Delta S \rho_o \Delta \bar{S}_o \Delta L^3}$。

由于式（2-18）第二、三项与第一项的因次相同，不再做处理；这样就推导出3个准则，同理将其他方程按照这种方法进行处理，最终可以得到一系列相似准则。

此外，无因次参数本身就属于相似准则，比如：$\bar{S}_w$、$\bar{S}_o$、$\bar{k}_{ro}$、$\bar{k}_{rw}$、ϕ_T、ΔS、ϕ_R、R_P。因此对推导出来的相似准则进行处理，例如 $\dfrac{\Delta u_o \Delta t}{\Delta L \phi_T \Delta S \Delta \bar{S}_o}$，去掉本身为无量纲的参数 ΔS、$\bar{S}_o$、ϕ_T，得 $\dfrac{\Delta u_o \Delta t}{\Delta L}$。

最终通过方程分析法得到的相似准则群如下：$\pi_1 = \dfrac{\Delta u_o \Delta t}{\Delta L}$、$\pi_2 = \dfrac{u_o}{u_w}$、$\pi_3 = \dfrac{q_o \Delta t}{\rho_o \Delta L^3}$、$\pi_4 = \dfrac{\rho_o}{\rho_w}$、$\pi_5 = \dfrac{q_o}{q_w}$、$\pi_6 = \dfrac{u_o \mu_o \Delta L}{K \Delta p}$、$\pi_7 = \dfrac{\Delta p}{\rho_o g \Delta L}$、$\pi_8 = \dfrac{\mu_o}{\mu_w}$、$\pi_9 = \dfrac{\Delta p}{\rho_o \Delta u_o^2}$、$\pi_{10} = \dfrac{K}{b^2}$、$\pi_{11} = \phi_T$、$\pi_{12} = \dfrac{q_o}{\rho_o D^2 u_o}$、$\pi_{13} = \dfrac{i \rho_o}{q_o}$、$\pi_{14} = \bar{k}_{ro}$、$\pi_{15} = \bar{k}_{rw}$、$\pi_{16} = \Delta S$、$\pi_{17} = \Delta \bar{S}_w$、$\pi_{18} = \Delta \bar{S}_o$。

一般情况下，方程分析法推导的相似准则数并不完整，可以通过量纲分析方法补充漏掉的相似准则。

（二）量纲分析法

基本量纲包括压力 p、长度 L、时间 t。选定包括三个基本量纲的变量 ρ、u、L 作为基本参数群。描述缝洞单元中油水两相的流动需要以下26个物理量及其量纲如表2-9所示：ρ_o、ρ_w、μ_o、μ_w、u_o、u_w、t、L、q_o、q_w、i、K、p、g、b、ΔS、$\bar{S}_w$、$\bar{S}_o$、$\bar{k}_{ro}$、$\bar{k}_{rw}$、ϕ_T、ϕ_p、R_P、n_f、n_v、D。根据 π 定理，应该有 $26-3=23$ 个相似准则。因此方程分析法缺少了6个相似准则。

表2-9 缝洞介质两相流动涉及的物理量及其量纲

分类	序号	物理量名称	符号	量纲
基本量纲	1	压力	P	P
	2	长度	L	L
	3	时间	t	t

续表

分类	序号	物理量名称	符号	量纲
有因次物理量	4	油流速	u_o	Lt^{-1}
	5	水流速	u_w	Lt^{-1}
	6	油密度	ρ_o	$PL^{-2}t^2$
	7	水密度	ρ_w	$PL^{-2}t^2$
	8	油黏度	μ_o	Pt
	9	水黏度	μ_w	Pt
	10	重力加速度	g	L/t^2
	11	油相质量流量	q_o	PLt
	12	水相质量流量	q_w	PLt
	13	渗透率	K	L^{-2}
	14	毛管力	p_c	P
	15	裂缝密度	n_f	L^{-1}
	16	溶洞密度	n_v	L^{-3}
	17	裂缝张开度	b	L
	18	井筒半径	D	L
	19	注入井注入量	i	L^3t^{-1}
无因次物理量	20	归一化油相相对渗透率	$\bar{k}_{ro}$	
	21	归一化水相相对渗透率	$\bar{k}_{rw}$	
	22	可流动饱和度	ΔS	
	23	归一化含油饱和度	$\bar{S}_o$	
	24	归一化含水饱和度	$\bar{S}_w$	
	25	储层孔隙度	ϕ_T	
	26	充填介质孔隙度	ϕ_P	
	27	溶洞充填程度	R_P	

由于塔河缝洞型油藏的主要储集空间为大型溶洞和裂缝,且分布具有随机性,非均质性极强,常规砂岩油藏使用的长宽高参数对缝洞储层适用性并不强,因此这里不予考虑,只使用长度 L 作为基准量纲及后面溶洞尺寸设计参数。

以时间 t 为例,选取 ρ_o、u_o、L 作为基本参数:

$$\pi_1 = (PL^{-2}t^2)^a (Lt^{-1})^b (L)^c t = P^a L^{-2a+b+c} t^{2a-b+1} \tag{2-25}$$

令各基本量纲的指数为零,求解方程组得 $a=0$,$b=1$,$c=-1$,这样就找到了第一个相似准则:$\pi_1 = \dfrac{u_o t}{L}$。用同样的方法,可以得到每个有因次变量对应的相似准则:

$q_o: \pi_2 = \dfrac{q_o}{\rho_o u_o L^2}$；$\mu_o: \pi_3 = \dfrac{\mu_o}{\rho_o u_o L}$；$K: \pi_4 = \dfrac{K}{L^2}$；$P: \pi_5 = \dfrac{p}{\rho_o u_o^2}$；$g: \pi_6 = \dfrac{gL}{u_o^2}$；$n_v: \pi_7 = n_v L^3$；$n_f: \pi_8 = n_f L$；$i: \pi_9 = \dfrac{i}{u_o L^2}$。

存在以下因次相同的物理量组合的相似准则：$\pi_{10} = \dfrac{u_o}{u_w}$、$\pi_{11} = \dfrac{q_o}{q_w}$、$\pi_{12} = \dfrac{\rho_o}{\rho_w}$、$\pi_{13} = \dfrac{\mu_o}{\mu_w}$、$\pi_{14} = \dfrac{b}{L}$、$\pi_{15} = \dfrac{D}{L}$。

其他无因次参数，本身就是相似准则：$\pi_{16} = \overline{S}_w$、$\pi_{17} = \overline{S}_o$、$\pi_{18} = \overline{k}_{ro}$、$\pi_{19} = \overline{k}_{rw}$、$\pi_{20} = \phi_T$、$\pi_{21} = \Delta S$、$\pi_{22} = \phi_P$、$\pi_{23} = R_P$。

对于毛管力采用 J 函数表示，可得 $\pi_{24} = \dfrac{P_c}{\sigma\cos\theta\sqrt{\phi_P/k}}$。

通过量纲分析法得到了 24 个相似准则，对比分析发现，补齐的 5 个相似准则为 $n_v L^3$、$n_f L$、ϕ_P、R_P、$\dfrac{b}{\Delta L}$。

由于两种方法推导的准则群可以相互转化，因此以物理意义更明确的方程分析法得到的相似准则为基础，建立完整的相似准则群为：$\pi_1 = \dfrac{\Delta u_o \Delta t}{\Delta L}$、$\pi_2 = \dfrac{u_o}{u_w}$、$\pi_3 = \dfrac{q_o \Delta t}{\rho_o \Delta L^3}$、$\pi_4 = \dfrac{\rho_o}{\rho_w}$、$\pi_5 = \dfrac{q_o}{q_w}$、$\pi_6 = \dfrac{u_o \mu_o \Delta L}{K \Delta p}$、$\pi_7 = \dfrac{\Delta p}{\rho_o g \Delta L}$、$\pi_8 = \dfrac{\mu_o}{\mu_w}$、$\pi_9 = \dfrac{\Delta p}{\rho_o \Delta u_o^2}$、$\pi_{10} = \dfrac{K}{b^2}$、$\pi_{11} = \phi$、$\pi_{12} = \dfrac{q_o}{\rho_o D^2 u_o}$、$\pi_{13} = \dfrac{i\rho_o}{q_o}$、$\pi_{14} = \overline{k}_{ro}$、$\pi_{15} = \overline{k}_{rw}$、$\pi_{16} = \Delta S$、$\pi_{17} = \Delta \overline{S}_w$、$\pi_{18} = \Delta \overline{S}_o$、$\pi_{19} = n_v \Delta L^3$、$\pi_{20} = n_f \Delta L$、$\pi_{21} = \dfrac{b}{\Delta L}$、$\pi_{22} = \phi_P$、$\pi_{23} = R_P$、$\pi_{24} = \dfrac{P_c}{\sigma\cos\theta\sqrt{\phi_P/k}}$。

（三）主要相似准则选取

物理模拟不能完全考虑所有参数，只能针对主要参数进行研究。本研究的物理模拟的重点应该为各种作用力关系、充填介质物性等。因此根据动力相似和运动相似对上述相似准则群进行筛选、整理、分析，首先根据动力相似，选取 $\dfrac{u_o \mu_o \Delta L}{K \Delta p}$ 和 $\dfrac{\Delta p}{\rho_o g \Delta L}$。根据运动相似的要求，选取 $\dfrac{\rho_o u_o \Delta L}{\mu_o}$。根据充填介质物性和裂缝开度的相似，选取 $\dfrac{K}{b^2}$。最终得到 4 个能够反映缝洞单元注水开发主要特征的相似准则（表 2-10）。

表 2-10 物理模拟的主要相似准则

序号	相似准则	物理意义	来源
1	$\dfrac{u_o \mu_o \Delta L}{K \Delta p}$	黏滞力与驱替压差之比	π_6
2	$\dfrac{\Delta p}{\rho_o g \Delta L}$	驱替压力与重力之比	π_7
3	$\dfrac{\rho_o u_o \Delta L}{\mu_o}$	惯性力与黏滞力的比值（雷诺数）	$(\pi_6 \pi_9 \pi_{10} \pi_{21}^2)^{-1}$
4	$\dfrac{K}{b^2}$	渗透率与裂缝宽度之比	π_{10}

第二节 不同结构缝洞体剩余油形成机制

研究人员建立了二维、三维复杂缝洞模型 STL 数据体，利用 3D 打印技术制作了一系列物理实验模型，并进行稳定水驱实验，研究了不同缝洞结构、不同充填特征下的剩余油分布，并对其形成机制进行分析。

实验设备：平流泵、毛细管黏度计、摄像机、六通阀、压力表、中间容器、油水分离器、LCR 数字电桥（电阻率测定装置）等。

实验流体：实验用油为煤油（用苏丹红染红色），20℃下煤油密度为 0.80g/cm³，黏度为 2.1mPa·s；实验用水为蒸馏水（无色），20℃下蒸馏水密度为 1.0g/cm³，黏度为 1.0mPa·s，与煤油界面张力为 25.0mN/m。

实验温度为 20℃，压力为大气压。实验流程如图 2-44 所示。

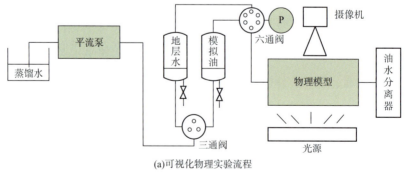

(a) 可视化物理实验流程

图 2-44 实验流程图

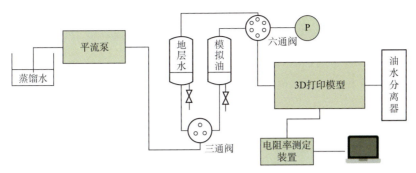

(b) 不可视化物理实验流程

图 2-44 实验流程图（续）

实验步骤如下：

（1）用电子秤称量实验模型干重，然后用真空泵将模型抽真空，完全饱和模拟油。然后再称量模型湿重，利用重量差和模拟油密度计算饱和模拟油的体积。

（2）按照实验流程图搭建实验仪器，检查流程漏失情况。若存在漏失，应在实验开始前根据漏失原因及时弥补。

（3）设定平流泵流速并根据实验方案进行水驱油实验。

（4）通过摄像机实时记录水驱过程中的油水分布变化或用 LCR 数字电桥对驱替过程各点电阻率进行检测。

一、规则溶洞模型充填介质内剩余油

1. 实验参数

对底水驱的规则溶洞模型中进行稳定注水实验，研究其剩余油分布规律，实验方案如表 2-11 所示。

表 2-11 规则溶洞模型实验方案

实验模型	实验编号	充填模式	注采井位	注入速度/(mL/min)	实验规则
规则溶洞模型	GZD01	50%	底水	2	
	GZD02	75%	底水	2	

2. 50%充填的规则溶洞中剩余油分布

根据实验方案 GZD01，对 50%充填的规则溶洞模型以 2mL/min 的注入速度进行底水驱物理模拟实验，通过摄像机拍摄，选取水驱前后油水分布如图 2-45 所示。

(a)饱和油　　　　　　　　(b)水驱后

图2-45　50%充填的规则溶洞模型水驱后油水分布

3. 75%充填的规则溶洞中剩余油分布

根据实验方案GZD02，对75%充填的规则溶洞模型以2mL/min的注入速度进行底水驱物理模拟实验，通过摄像机拍摄，选取水驱前后油水分布如图2-46所示。

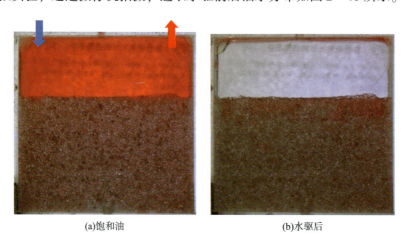

(a)饱和油　　　　　　　　(b)水驱后

图2-46　75%充填的规则溶洞模型水驱后油水分布

图中红色代表油相，白色代表水相。从图2-46中可以看出，溶洞未充填区域中的油几乎被水完全驱出，而在充填区域内，充填介质内残存少量无法驱出的剩余油。这种水波及过的区域内不能驱出的剩余油成为水驱残余油。该类剩余油形成的原因是受毛管力堵塞或油吸附在充填介质颗粒表面导致的。

二、二维不规则单洞模型充填介质内剩余油

1. 实验参数

对底水驱的二维不规则单洞模型中进行稳定注水实验，研究其剩余油分布规律，实

验方案如表 2-12 所示。

表 2-12 二维不规则单洞模型方案表

实验模型	实验编号	注采井位	充填模式	注入速度/(mL/min)	水驱状态
二维不规则单洞模型	BGZ01	底水	全充	2	稳定
	BGZ02	底水	全充	10	稳定

2. 实验结果及分析

针对二维不规则单洞模型，分别采用注入速度为 2mL/min 和 10mL/min 的速度进行底水驱替，通过摄像机的拍摄，实时记录驱替过程中的油水分布，选取完全饱和油、油井见水时刻、驱替完成时刻的油水分布如图 2-47、图 2-48 所示。

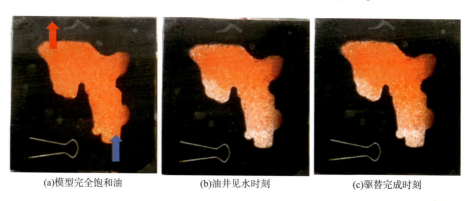

图 2-47 二维不规则单洞模型 2mL/min 驱替时油水分布情况

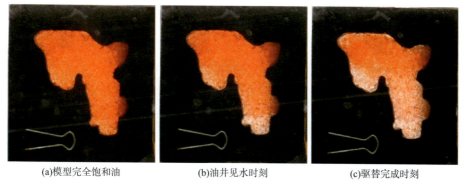

图 2-48 二维不规则单洞模型 10mL/min 驱替时油水分布情况

通过上述两个速度下水驱后油水分布可以发现，在一定速度下水驱后，溶洞底部注入水驱替效果较好，而在溶洞上部驱替效果相对较差。存在这个现象是由于底水锥进导致的，由于采出井井口处的压力降较大，底水上升一段距离后，发生底水锥进，水流沿着一定的通道流出井口，使溶洞中上部位大部分剩余油无法被波及。

三、三维不规则单洞模型充填介质内剩余油

1. 实验参数

对底水驱的三维不规则单洞模型中进行稳定注水实验,研究其剩余油分布规律,实验方案如表2-13所示。

表2-13 三维不规则单洞模型方案表

实验模型	实验编号	注采井位	充填模式	注入速度/(mL/min)	水驱状态
三维不规则单洞模型	SD01	底水	全充	10	稳定

2. 实验结果及分析

针对三维不规则单洞模型,采用10mL/min的注入速度进行稳定底水驱替通过摄像机的拍摄,实时记录驱替过程中的油水分布,选取完全饱和油、油井见水时刻、驱替完成时刻的油水分布如图2-49所示。

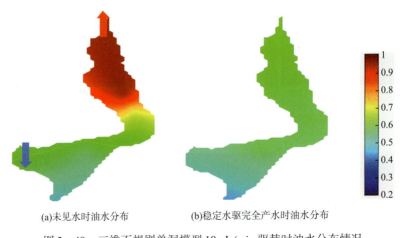

(a)未见水时油水分布　　(b)稳定水驱完全产水时油水分布

图2-49　三维不规则单洞模型10mL/min驱替时油水分布情况

从图2-49中可以看出,在稳定水驱过程中,其油水分布变化规律表现为,任何时刻,溶洞上部剩余油相对较多,溶洞下部剩余油相对较少。存在这个现象是由于底水锥进导致的,由于采出井井口处的压力降较大,底水上升一段距离后,发生底水锥进,水流沿着一定的通道流出井口,使溶洞中上部位大部分剩余油无法被波及。

四、阁楼型剩余油形成机制

(一)裂缝连通顶部溶洞模型阁楼型剩余油

1. 实验参数

在高注高采的裂缝连通顶部溶洞模型中进行稳定注水实验,研究其剩余油分布规

律，实验方案如表2-14所示。

表2-14 裂缝连通顶部溶洞模型方案表

实验模型	实验编号	注采井位	充填模式	注入速度/(mL/min)
裂缝连通顶部溶洞模型	Db01	高注高采	不充填	2
	Db02	高注高采	全充填	10
	Db03	高注高采	全充填	20

2. **不充填裂缝连通顶部溶洞模型水驱实验结果及分析**

针对不充填的裂缝连通顶部溶洞模型，采用2mL/min的速度进行驱替，通过摄像机的拍摄，实时记录驱替过程中的油水分布，截取水驱前后的剩余油分布变化，如图2-50所示。

(a)饱和油时刻　　　　　　　(b)驱替结束采出井完全产水

图2-50 不充填裂缝连通顶部溶洞模型2mL/min驱替时油水分布情况

在不充填裂缝连通顶部溶洞模型内，水驱过程中的注入水进入溶洞后首先流向注入井底部，并在溶洞底部逐渐向采出井侧流动，当油水界面达到水平后缓慢抬升，逐渐将溶洞内大部分油驱出，但是在高部位注入井周围和井间的"阁楼处"始终存在大量的剩余油。

产生上述现象是由于油水密度差而引起重力分异导致的，注入井周围的剩余油存在是注入水的下沉和油的上浮共同作用的结果；而井间"阁楼处"的剩余油是由于井间"阁楼处"构造部位较高，注入水难以向上波及，同时在其中也没有有效的注采压差导致的。

3. **充填裂缝连通顶部溶洞模型水驱实验结果及分析**

针对全充填的裂缝连通顶部溶洞模型，分别采用10mL/min和20mL/min的速度进行驱替，通过摄像机的拍摄，实时记录驱替过程中的油水分布，截取水驱前后的剩余油分布变化，如图2-51、图2-52所示。

(a) t=0min　　　　　(b) 见水时刻(t=3.5min)　　　　(c) 驱替结束(t=5.5min)

图 2–51　全充填裂缝连通顶部溶洞模型 10mL/min 驱替时油水分布情况

(a) t=0min　　　　　(b) 见水时刻(t=1.5min)　　　　(c) 驱替结束(t=3min)

图 2–52　全充填裂缝连通顶部溶洞模型 20mL/min 驱替时油水分布情况

从图 2–51、图 2–52 中可以发现，在全充填裂缝连通顶部溶洞模型内，除了在溶洞内充填介质中存在部分剩余油外，在高部位注入井和井间"阁楼处"也存在大量剩余油，其形成的原因与未充填的裂缝连通顶部溶洞模型类似，同样是由油水密度差引起的重力分异决定的。

（二）低幅残丘溶洞模型阁楼型剩余油

1. 实验参数

对于无充填的低幅残丘型溶洞，采用稳定注水研究油水分布变化规律和生产变化规律，设计实验方案如表 2–15 所示。

表 2–15　低幅残丘模型稳定注水实验方案

实验模型	实验编号	注采井位	充填模式	注入速度/(mL/min)
低幅残丘模溶洞模型	Df01	高注高采	不充填	2

2. 实验结果及分析

针对不充填的低幅残丘溶洞模型，采用 2mL/min 的速度进行驱替，通过摄像机的拍摄，实时记录驱替过程中的油水分布，截取水驱前后的剩余油分布变化，如图 2-53 所示。

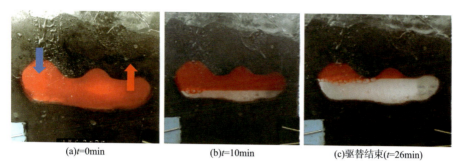

(a)t=0min　　　　　　　(b)t=10min　　　　　　(c)驱替结束(t=26min)

图 2-53　不充填低幅残丘溶洞模型 2mL/min 驱替时油水分布情况

在不充填低幅残丘溶洞模型内，其水驱过程大致为：注入水进入溶洞后首先流向注入井底部，并在溶洞底部逐渐向采出井侧流动，当油水界面达到水平后缓慢抬升，逐渐将溶洞内大部分油驱出，但是在注入井周围和井间的小残丘处始终存在大量的剩余油。

产生上述现象是由于油水密度差而引起重力分异导致的，注入井周围的剩余油存在是注入水的下沉和油的上浮共同作用的结果；而中间小残丘处的剩余油是由于井口处压力降较大，小残丘处压力降较小，水流受压力影响流出井口而不进入小残丘内，从而导致剩余油的存在。

（三）三维井间凸起模型阁楼型剩余油

1. 实验参数

在高注高采的三维井间凸起模型中进行稳定注水实验，研究其剩余油分布规律，实验方案如表 2-16 所示。

表 2-16　三维井间凸起模型水驱实验方案

实验模型	实验编号	注采井位	充填模式	注入速度/(mL/min)
三维井间凸起模型	St01	高注高采	不充填	10
	St02	高注高采	不充填	20
	St03	高注高采	全充填	10

2. 不充填三维井间凸起模型水驱实验结果及分析

对于未填充的三维井间凸起模型，分别以注入速度为 10mL/min 和 20mL/min 进行稳定水驱，根据实验过程中实时测得的电阻率数据，作出驱替各个阶段的油水分布情况图如图 2-54、图 2-55 所示。

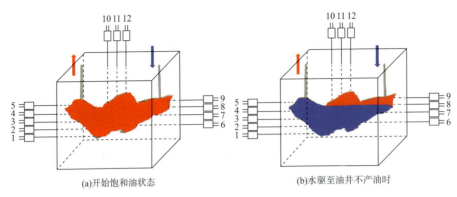

图 2-54　注入速度为 10mL/min 时油水分布情况

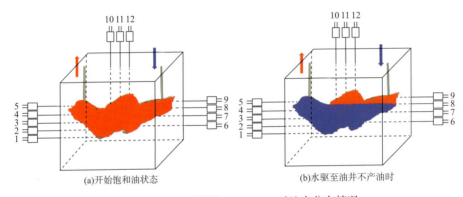

图 2-55　注入速度为 20mL/min 时油水分布情况

通过对比两种注入速度下的水驱结果可以发现：对于不充填的井间单凸起溶洞模型，注入速度的不同对水驱后剩余油分布影响不大；而在一定注入速度下，当稳定水驱至油井完全产水后，在溶洞的注入井周围及中间凸起处存在大量难以被采出的剩余油。其剩余油形成原因与未充填的裂缝连通顶部溶洞模型及低幅残丘溶洞模型一致。

3. 全充填三维井间凸起模型水驱实验结果及分析

对全充填的三维井间凸起模型以 10mL/min 的注入速度进行高注高采物理模拟实验，利用 LCR 数字电桥对水驱过程中溶洞内部电阻率进行实时检测，通过阿尔齐公式转化成含油饱和度得到水驱过程油水分布剖面，选取水驱前后油水分布剖面如图 2-56 所示。

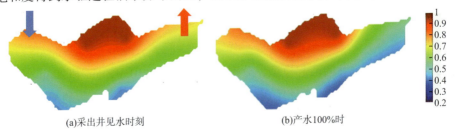

图 2-56　全充填的三维井间凸起模型水驱后油水分布

从图 2-56 中可以发现，在全充填裂缝连通顶部溶洞模型内，除了在溶洞内充填介质中存在部分剩余油外，在井间凸起处和高部位注入井周围也存在大量剩余油

出现上述现象的原因是：注入水从注入井进入溶洞后，由于油水密度差使水逐渐在溶洞底部聚集，在注入井周围水向下聚集，油向上漂浮，使注入井周围的剩余油较多；随着注入水的不断增加，溶洞底部聚集的水越来越多，使溶洞底部的含油饱和度较低；并且注入水在溶洞底部不断向采出井侧波及，使溶洞下部的剩余油越来越少；而当大部分注入水到达采出井附近溶洞底部后，由于采出井口压力降较大，注入水主要在采出井井口处上升，而在溶洞中部上升幅度较小，并难以达到溶洞凸起处，导致溶洞凸起处含油饱和度达到100%。

（四）边部生产井单洞模型阁楼型剩余油

1. 实验参数

在高注高采的边部生产井单洞模型中进行稳定注水实验，研究其剩余油分布规律，实验方案如表 2-17 所示。

表 2-17　边部生产井单洞模型水驱实验方案

实验模型	实验编号	注采井位	充填模式	注入速度/(mL/min)
边部生产井单洞模型	BB01	底水	半充填	5
	BB02	底水	全充填	5

2. 半充填边部生产井单洞模型剩余油分布

针对半充填边部生产井单洞模型，以 5mL/min 的注入速度进行驱替，通过摄像机的拍摄，实时记录驱替过程中的油水分布，记录水驱前后剩余油分布变化，如图 2-57 所示。

(a)初始油水分布

(b)驱替完成时刻

图 2-57　半充填边部生产井模型水驱过程油水分布

通过图2-57可以发现，在半充填情况下，底水上升过程中锥进现象非常严重，驱替之初，底水向上和两边波及，不断扩大波及范围，但当底水到达注入位置正上方的界面耦合处后，充填区域波及范围不再增加，注入水在非充填区域逐渐向井口波及。存在这种现象的原因是：充填与不充填耦合界面压力大致相同，底水驱替过程中，驱替压力的主要方向为垂直向上，所以在底水注入的垂直方向上的压力差相对较大，底水尽可能沿着压力差较大的方向流动，导致锥进现象的产生，影响非充填区域的波及效果；又因为充填介质为亲油性，水驱油的过程为非润湿相驱替润湿相，毛管力为阻力，而油水重力差小于毛管力，使非充填区域的水无法向下进入充填区域，进一步导致波及效果较差。

3. 全充填边部生产井单洞模型剩余油分布

针对全充填边部生产井单洞模型，以 5mL/min 的注入速度进行驱替，通过摄像机的拍摄，实时记录驱替过程中的油水分布，记录水驱前后剩余油分布变化，如图2-58所示。

(a)初始油水分布　　　　　　　　　　(b)驱替完成时刻

图2-58　全充填边部生产井模型水驱过程油水分布

而在全充填时，通过图2-58可以发现，剩余油主要存在于溶洞右侧（采出井的对侧）和溶洞上部（采出井口上部）区域。溶洞右侧存在剩余油的原因是井口处压力降较大，底水尽可能向井口流动导致井口对侧容易出现波及缺口；而溶洞上部存在剩余油是井口处压力降较大和重力分异共同作用的结果。

五、盲端剩余油形成机制

（一）裂缝水平连通溶洞模型盲端剩余油

1. 实验参数

在底水驱的裂缝水平连通溶洞模型中进行稳定注水实验，研究其剩余油分布规律，实验方案如表2-18所示。

表2-18 裂缝水平连通溶洞模型水驱实验方案

实验模型	实验编号	注采井位	充填模式	裂缝开度/mm	注入速度/(mL/min)
裂缝水平连通溶洞模型	Ls01	底水	不充填	0.5	5
	Ls02	底水	不充填	1.2	5

2. 实验结果及分析

针对裂缝水平连通溶洞模型，以0.5mL/min的注入速度进行驱替，不同开度裂缝条件下模型内剩余油分布情况如图2-59所示。

(a) 0.5mm模型注水　　　　　(b) 1.2mm模型注水

图2-59　不同裂缝开度下水驱及活性剂驱后剩余油

从图2-59中可以看出，注入水无法进入开度0.5mm及更小开度的裂缝，左侧盲端溶洞内的剩余油无法置换；但当裂缝开度为1.2mm时，蒸馏水则可以进入裂缝，置换盲端溶洞内的剩余油。毛管力是水相进入裂缝的阻力，只有当右侧溶洞内的油水界面达到一定高度，密度差产生的重力压差大于裂缝入口处的毛管力时，水才能从底部进入裂缝。因此裂缝开度较小时，油水界面达到最高时产生的压差也无法克服毛管力，水无法进入裂缝，使得裂缝和盲端溶洞中形成大量剩余油。裂缝开度较大时，水相突破毛管力进入裂缝，置换盲端溶洞内的剩余油，仅在洞顶和裂缝内存在剩余油。

（二）河道单缝连通溶洞模型盲端剩余油

1. 实验参数

在底水驱的河道单缝连通溶洞模型中进行稳定注水实验，研究其剩余油分布规律，实验方案如表2-19所示。

表2-19　河道单缝连通溶洞模型水驱实验方案

实验模型	实验编号	注采井位	充填模式	注入速度/(mL/min)
河道单缝连通溶洞模型	Hd01	高注高采	不充填	65

2. 实验结果及分析

针对不充填河道单缝连通溶洞模型，以65mL/min的注入速度进行驱替，通过摄像机的拍摄，实时记录稳定产水后剩余油分布的分布情况，如图2-60所示。

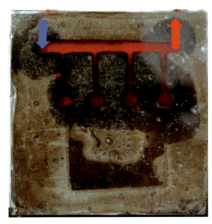 

(a) $t=0$ 时刻　　　　　　　　　　(b) 驱替结束时刻

图 2-60　实验过程中油水分布

根据水驱过程中剩余油的分布图可以看出，当注入速度为 65mL/min 时，4.5mm 和 5.5mm 开度裂缝下连通的溶洞中的油被驱出，3.5mm 和 2.5mm 开度裂缝下连通的溶洞中的油未被驱出，这说明在 65mL/min 的注入速度下，注入水可以通过 4.5mm 及以上开度的裂缝，不能通过 3.5mm 及以下开度的裂缝。产生上述现象原因是：较大的注入速度削弱了重力分异的影响；同时，裂缝壁面为亲油润湿性，毛管力为水驱油阻力，裂缝开度相对较小，毛管阻力较大，注入水难以进入裂缝置换溶洞内的剩余油，从而形成裂缝控制的盲端剩余油。

六、洞内边角剩余油形成机制

（一）曲折地下河溶洞模型边角剩余油

1. 实验参数

对底水驱的曲折地下河溶洞中进行稳定注水实验，研究其剩余油分布规律，实验方案如表 2-20 所示。

表 2-20　曲折地下河溶洞模型实验设计方案表

实验模型	实验编号	充填模式	注入速度/(mL/min)	驱替方式
曲折地下河溶洞模型	Dxh01	未充填	2	稳定注水

2. 实验结果及分析

针对不充填的曲折地下河溶洞模型，以 2mL/min 的注入速度进行驱替，通过摄像机的拍摄，实时记录稳定产水后剩余油分布的分布情况，如图 2-61 所示。

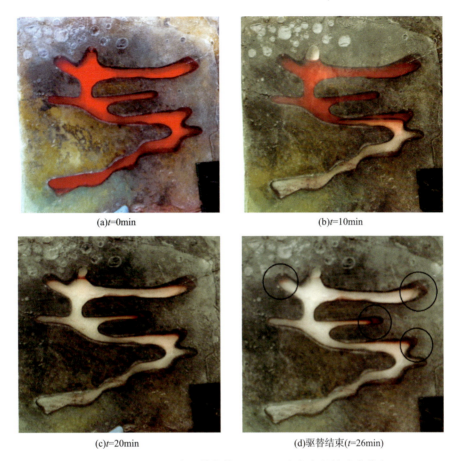

图2-61 地下河型溶洞储集体2mL/min稳定水驱的油水分布

通过水驱过程中的油水分布图可以发现,随着注入水的不断注入,油水界面慢慢移动,但是在分支河道的尽头仍然存在部分剩余油无法被采出,如图2-61中的标注位置。该位置处的剩余油成为边角剩余油,是由于该位置孔隙狭窄、注采压差较小、注入水难以波及而形成的。

(二) 三维多层溶洞模型边角剩余油

1. 实验参数

在低注高采的三维多层溶洞模型中进行稳定注水实验,研究其剩余油分布规律,实验方案如表2-21所示。

表2-21 三维多层溶洞模型方案表

实验模型	实验编号	注采井位	充填模式	注入速度/(mL/min)	水驱状态
三维多层溶洞模型	DC01	低注	全充填	10	稳定

2. 实验结果及分析

对全充填的三维多层溶洞模型以 10mL/min 的注入速度进行高注高采物理模拟实验，利用 LCR 数字电桥对水驱过程中溶洞内部电阻率进行实时检测，通过阿尔齐公式转化成含油饱和度得到水驱过程油水分布剖面，选取水驱前后油水分布剖面如图 2-62 所示。

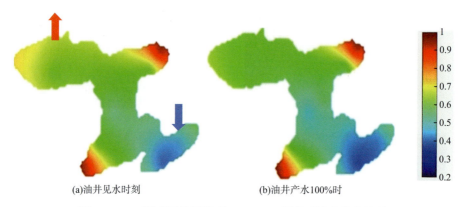

(a)油井见水时刻　　　　　　　　(b)油井产水100%时

图 2-62　三维多层溶洞模型 10mL/min 驱替时油水分布情况

从油水分布图可以看出，在驱替结束后，两层溶洞边角位置存在一块明显的红色区域。该位置含油饱和度为 100%，说明注入水没有波及，在该处存在难以驱出的剩余油，即为洞内边角剩余油。

七、注入水绕流剩余油形成机制

（一）双层并联缝洞模型绕流油

1. 实验方案

对高注高采的不充填双层并联缝洞模型中进行稳定注水实验，研究其剩余油分布规律，实验方案如表 2-22 所示。

表 2-22　双层并联缝洞模型水驱实验方案

实验模型	实验编号	充填模式	注采井位	裂缝倾角	注入速度/(mL/min)
双层并联缝洞模型	Bl01	不充填	高注高采	上翘30°	2
	Bl02	不充填	高注高采	下压30°	2

2. 水驱结果及分析

根据实验方案 Bl01，对裂缝上翘的双层并联缝洞模型以 2mL/min 的注入速度进行水驱物理模拟实验，通过摄像机拍摄，选取水驱过程中部分时刻油水分布如图 2-63 所示。

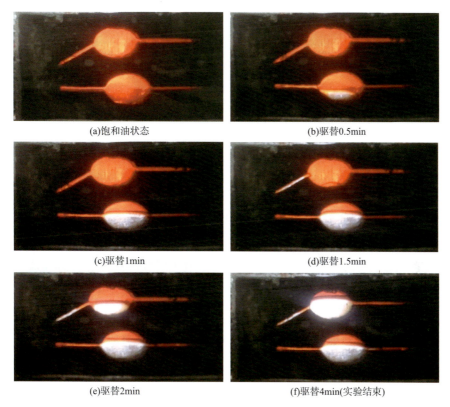

图 2-63 裂缝上翘的双层并联缝洞模型水驱过程油水分布

根据实验方案 Bl02，对裂缝下压的双层并联缝洞模型以 2mL/min 的注入速度进行水驱物理模拟实验，通过摄像机拍摄，选取水驱过程中部分时刻油水分布如图 2-64 所示。

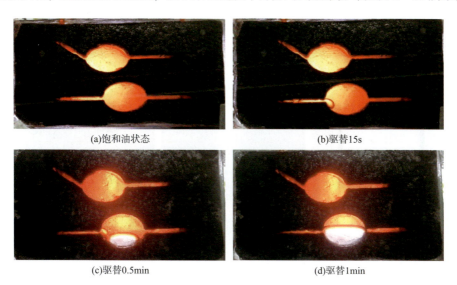

图 2-64 裂缝下压的双层并联缝洞模型水驱过程油水分布

(e)驱替2min　　　　　　　　　　　　(f)驱替4min

图2-64　裂缝下压的双层并联缝洞模型水驱过程油水分布（续）

通过对比两类模型水驱过程中油水分布情况可以发现，在多层的并联缝洞中，连通上部溶洞的裂缝倾角影响上部溶洞中剩余油的动用效果，在一定的注入速度下，当上层注入侧的裂缝上倾时，注入水能够进入上层溶洞从而使其中的剩余油得到一定程度的动用；而当上层注入侧的裂缝下倾时，注入水却难以进入上层溶洞，在上层溶洞中形成注入水绕流剩余油。

这种差别的形成是由于裂缝入口高度决定的，裂缝上翘模型中，裂缝入口较低，裂缝入口处的压力较大（受重力影响），注入水能够进入上层溶洞；而在裂缝下压模型中，裂缝入口较高，裂缝入口处的压力较小，注入水不能克服裂缝给予的毛管力，从而形成注入水绕流剩余油。

（二）河道双缝连通溶洞模型绕流油

在高注高采的不充填河道双缝连通溶洞中进行稳定注水实验，研究其剩余油分布规律，实验方案如表2-23所示。

表2-23　河道双缝连通溶洞模型水驱实验方案

实验模型	实验编号	充填模式	注采井位	注入速度/(mL/min)
河道双缝连通溶洞	Hs01	不充填	高注高采	2

根据实验方案Hs01，对河道双缝连通溶洞模型以2mL/min的注入速度进行水驱物理模拟实验，通过摄像机拍摄，选取水驱前后油水分布如图2-65所示。

(a)模型示意图　　　　(b)饱和水状态　　　　(c)驱替后油水分布

图2-65　河道双缝连通溶洞模型水驱过程油水分布

通过图2-65可以发现，在河道双缝连通溶洞模型中，以2mL/min的注入速度进行水驱后，在河道中存在部分附着在壁面的油膜，且注入水无法通过裂缝进入下部溶洞，只在河道内流动，在溶洞内形成注入水绕流剩余油。存在这种现象原因是缝洞间的连通关系决定的，在河道内存在高速连通通道，油水沿高速通道绕流，在连通性相对较差的溶洞内形成注入水绕流剩余油。

（三）三维双缝洞模型绕流油

1. 实验参数

对低注高采的全充填三维双缝洞模型中进行稳定注水实验，研究其剩余油分布规律，实验方案如表2-24所示。

表2-24 三维双缝溶洞模型水驱实验方案

实验模型	实验编号	充填模式	注采井位	裂缝开度/mm	注入速度/(mL/min)
三维双缝洞模型	Sf01	全充填	低注高采	上0.5，下2.5	5
	Sf02	全充填	低注高采	上0.5，下2.5	20

2. 水驱结果及分析

根据实验方案Sf01，对全充填的三维双缝洞模型以5mL/min的注入速度进行低注高采物理模拟实验，利用LCR数字电桥对水驱过程中溶洞内部电阻率进行实时检测，通过阿尔齐公式转化成含油饱和度得到水驱过程油水分布剖面，选取水驱前后油水分布剖面如图2-66所示。

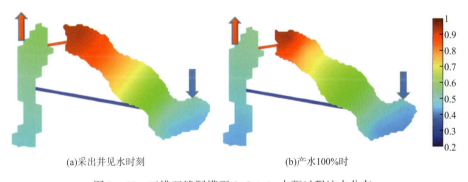

(a) 采出井见水时刻　　　　　　　(b) 产水100%时

图2-66　三维双缝洞模型5mL/min水驱过程油水分布

根据实验方案Sf02，对全充填的三维双缝洞模型以5mL/min的注入速度进行低注高采物理模拟实验，利用LCR数字电桥对水驱过程中溶洞内部电阻率进行实时检测，通过阿尔齐公式转化成含油饱和度得到水驱过程油水分布剖面，选取水驱见水和结束时油水分布剖面如图2-67所示。

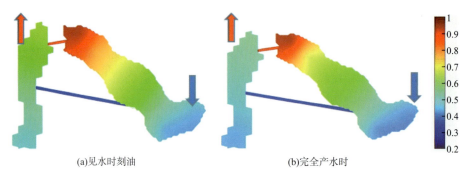

图 2-67　三维双缝洞模型 20mL/min 水驱过程油水分布

通过观察两个水驱速度下的三维双缝洞模型水驱后剩余油分布，可以发现，在注入井侧溶洞顶部存在大量红色区域，即为含油饱和度 100% 区域，说明注入水无法到达该溶洞顶部。形成这种现象的原因是，上部裂缝开度较小，连通性较差导致注入水沿着下部裂缝流动，在注入井侧溶洞顶部形成注入水绕流剩余油。

第三节　基于数值模拟的剩余油类型分析

储集体类型的多样性导致油田开发过程中剩余油分布十分复杂。结合物理实验，通过数值模拟技术、模拟生产动态，研究人员揭示了缝洞型油藏 6 种剩余油类型，即洞定剩余油、低幅残丘剩余油、岩溶河道剩余油、高导流通道屏蔽剩余油、无井控剩余油、充填洞穴中的剩余油。

一、洞顶剩余油

洞顶油是缝洞型油藏剩余油存在的主要形式之一，处在溶洞的上部。洞顶油的主要形成条件是，油水的重力分异作用导致原油聚集在溶洞顶部，随着油水界面的上升，原油被封存在洞顶的圈闭区域（图 2-68）。洞顶油的多少取决于井与溶洞、裂缝与溶洞匹配关系，底水（注水）只能驱替到井与洞或缝与洞的连接点，无法有效驱替到洞顶，在洞顶形成了剩余油，只有当生产井位于溶洞顶部时，才可将洞顶油全部采出。

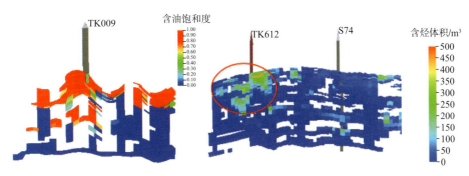

图 2-68 洞顶剩余油

二、低幅残丘型剩余油

低幅残丘型剩余油是指无井控的低幅残丘中因注入水波及不到而未采出的剩余油。受海西期的大气淋滤与岩溶作用，T74 顶面形成了大量的岩溶残丘。随着开发的进行，油水界面上升至低幅残丘溢出点时，无井控的低幅残丘内原油无法采出且注入水难以波及，从而形成低幅残丘型剩余油。

三、岩溶河道型剩余油

1. 支流河道型剩余油

支流河道剩余油是指古岩溶暗河系统中，与强水淹的干流河道相连的高部位无井控支流河道中的剩余油。

2. 管道末端型

管道末端型剩余油是指岩溶管道末端由于无井控制，且注入水难以波及而富集的未被采出的剩余油。

注水开发时，注入水沿着岩溶管道将原油驱替至采油井以及岩溶管道末端，当岩溶管道末端无井控时，在管道末端形成大量的剩余油。

3. 河道局部高部位型

河道局部高部位型剩余油是指油水界面上升至溢出点岩溶河道局部高部位中未采出的剩余油（图 2-69）。

在开发过程中，当注入水或底水上升，油水界面升高至岩溶管道顶部的溢出点时，油水界面不再升高，始终保持在溢出点的高度，溢出点以上的局部高点内的原油无法被采出，形成了河道局部高部位型剩余油。

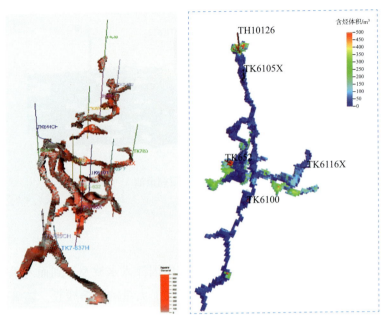

图 2-69 河道剩余油

四、高导流通道屏蔽剩余油

此类剩余油分布受断裂分布和发育情况控制。断裂带附近溶蚀孔缝及溶洞中存在大量的剩余油。形成原因主要是，随着底水的上升，主断裂带形成优势通道。断裂两侧的孔缝及溶洞中由于未受到波及，富集了大量的剩余油（图 2-70）。

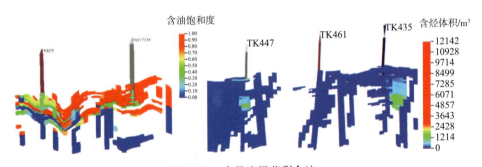

图 2-70 高导流屏蔽剩余油

五、无井控剩余油

无井控剩余油是指缝洞体内部或缝洞单元边部注采未波及的剩余油，主要是由于压降未波及该区域而形成的剩余油（图 2-71）。

图 2-71 无井控剩余油

六、充填洞穴中的剩余油

充填洞穴相当于高渗透性的孔隙型储层，渗流过程中毛管力、润湿性、重力均发挥作用。在水驱过程中，由于充填介质的非均质性，水的指进作用造成了充填洞穴内剩余油。

第四节 典型单元剩余油评价

基于 KarstSim 缝洞型油藏数值模拟软件，预测缝洞单元剩余油丰度、不同储集体类型剩余油、井周剩余油、井间剩余油及未井控剩余油，明确开发过程中原油储量动用情况，评价剩余油类型、分布与潜力，为提高采收率方法制定奠定储量基础。

一、剩余储量丰度评价

储量丰度指油藏单位含油范围的地质储量（单位：$10t/m^2$）。油田储量丰度分为：高丰度（>300）、中丰度（100~300）、低丰度（<100）、特低丰度（<50）。综合考虑了有效厚度、剩余油饱和度以及原油体积系数等参数的影响，能准确定量反映剩余油的富集分布情况，典型单元可以看出溶洞储集体剩余储量丰度高（图2-72）。

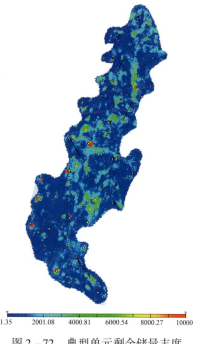

图 2-72 典型单元剩余储量丰度

二、不同储集体类型与剩余储量评价

典型单元剩余储量主要在溶洞、溶孔和大尺度裂缝中，见表 2－25。

表 2－25　不同储集体的剩余储量

储集体类型	原始地质储量		采出量		剩余地质储量		采出程度/%
	储量/$10^4 m^3$	百分比/%	储量/$10^4 m^3$	百分比/%	储量/$10^4 m^3$	百分比/%	
基质	1.87	0.11	0.13	0.05	1.73	0.13	7.46
溶孔	685.61	41.75	49.71	19.37	635.90	45.90	7.25
大尺度裂缝	331.71	20.20	75.88	29.57	255.82	18.46	22.88
溶洞	533.97	32.52	109.35	42.61	424.61	30.65	20.48
地下河	88.99	5.42	21.44	8.36	67.54	4.88	24.10
合计	1642.15	100	256.63	100	1385.52	100	15.63

溶洞储集体剩余油储量在 34～43 层最多，表层、中深部均有采出，深部最大。溶孔储集体剩余油在表层及 56～60 层最多，纵向采出程度中部、深部相对较大。大尺度裂缝储集体剩余油相对均一，深部采出程度最大。暗河储集体剩余油主要富集在深部，深部采出多（图 2－73～图 2－76）。

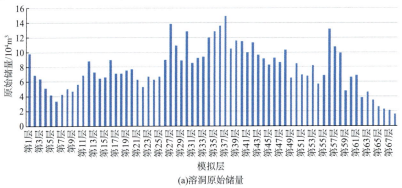

(a)溶洞原始储量

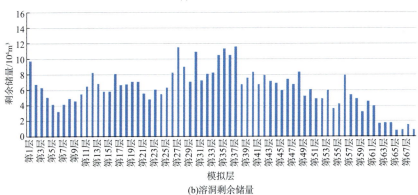

(b)溶洞剩余储量

图 2－73　溶洞储集体原始储量、剩余储量和采出程度

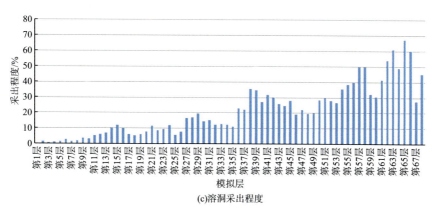

(c)溶洞采出程度

图 2-73 溶洞储集体原始储量、剩余储量和采出程度（续）

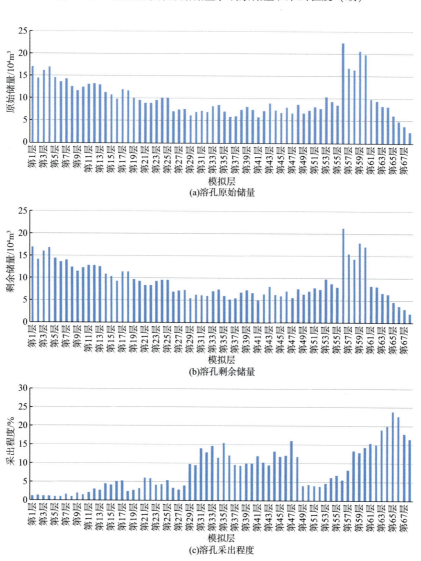

图 2-74 溶孔储集体原始储量、剩余储量和采出程度

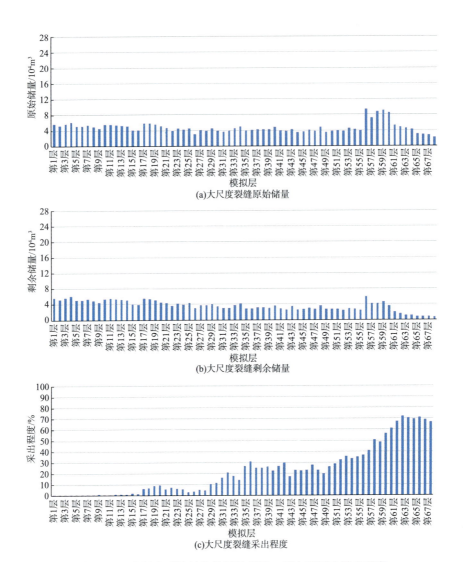

图 2-75 大尺度裂缝储集体原始储量、剩余储量和采出程度

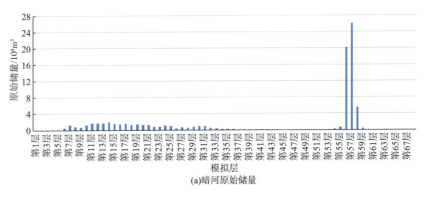

图 2-76 暗河储集体原始储量、剩余储量和采出程度

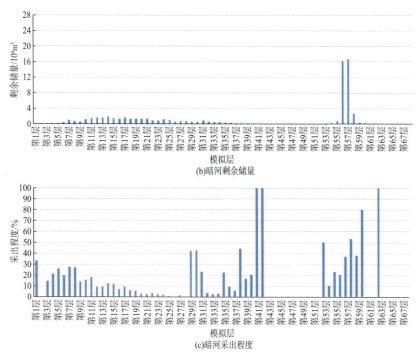

(b) 暗河剩余储量

(c) 暗河采出程度

图 2-76　暗河储集体原始储量、剩余储量和采出程度（续）

三、剩余油饱和度、含烃体积评价

1. 不同深度剩余油饱和度、含烃体积评价

主要从上、中、下三个层段进行评价。第 1 层剩余油饱和度较高，主要集中在溶孔和溶洞中，溶孔含烃体积较低（图 2-77）。第 21 层剩余油饱和度较高，主要集中在溶

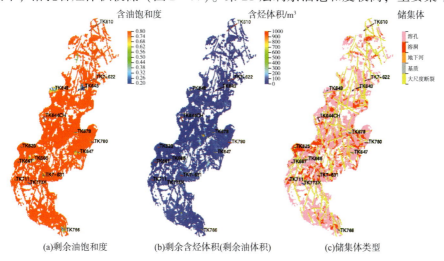

(a) 剩余油饱和度　　(b) 剩余含烃体积(剩余油体积)　　(c) 储集体类型

图 2-77　第 1 层剩余油饱和度和剩余油体积

洞中（图2-78）。第40层剩余油饱和度较高，主要富集在溶洞中，溶孔、暗河中的剩余油富集程度不高（图2-79）。第51层南部剩余油饱和度较高，主要富集在溶洞中（图2-80）。第64层以下基本上已水淹。

2. 不同储集体内剩余油饱和度、含烃体积评价

溶洞是剩余油富集的储集体，剩储量占单元剩余储量的30.65%，是最主要的潜力区。溶洞见水深度受完井深度控制，油水界面差异较大（图2-81）。

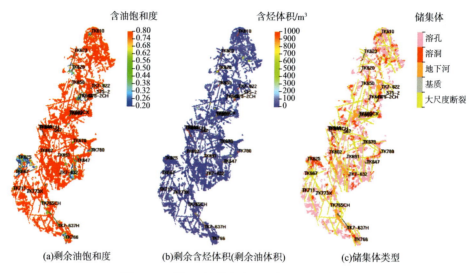

(a)剩余油饱和度　　(b)剩余含烃体积(剩余油体积)　　(c)储集体类型

图2-78　第21层剩余油饱和度和剩余油体积

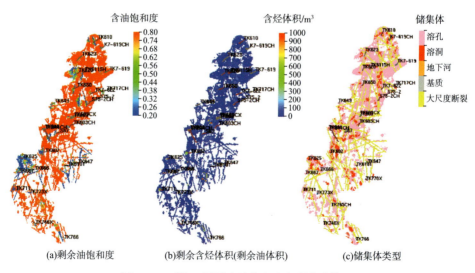

(a)剩余油饱和度　　(b)剩余含烃体积(剩余油体积)　　(c)储集体类型

图2-79　第40层剩余油饱和度和剩余油体积

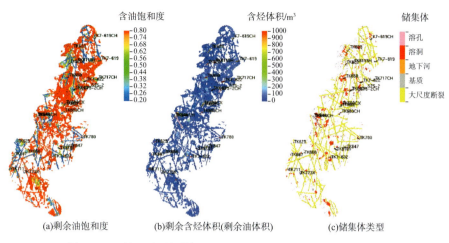

图 2-80　第 51 层的剩余油饱和度、剩余油体积和储集体类型

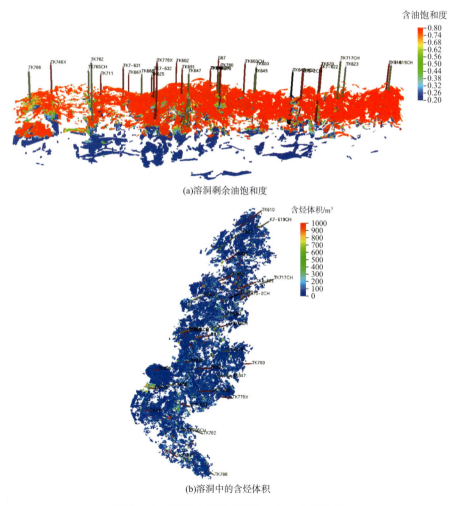

图 2-81　溶洞中的剩余油饱和度、含烃体积

暗河储集剩余油储量 $67.54 \times 10^4 m^3$，占单元剩余油储量的 4.88%，整体井控程度不高，进山深度较大，南北走向暗河剩余油富集程度不高，东西走向暗河剩余油富集（图 2-82）。

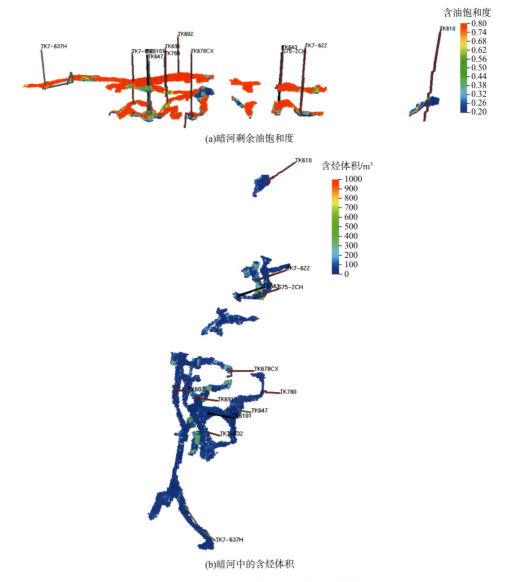

(a) 暗河剩余油饱和度

(b) 暗河中的含烃体积

图 2-82 暗河中的剩余油饱和度、含烃体积

溶孔中的剩余油饱和度普遍较高，但丰度低，剩余油富集程度低，油水界面受完井深度控制（图 2-83）。

大尺度裂缝底部已经水淹，上部剩余油较高，但含烃体积较低（图 2-84）。

第二章 碳酸盐岩缝洞型油藏剩余油形成机制

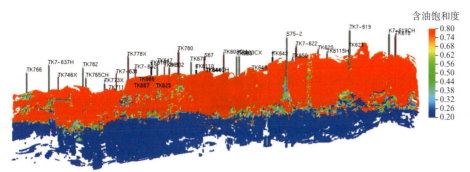

(a)溶孔剩余油饱和度

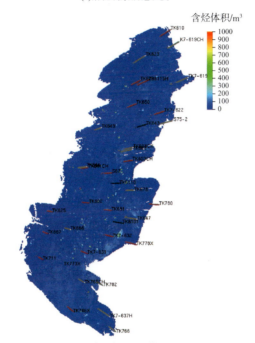

(b)溶孔中的含烃体积

图2-83 溶孔中的剩余油饱和度、含烃体积

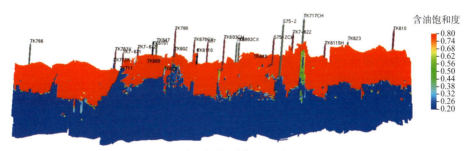

(a)大尺度裂缝剩余油饱和度

图2-84 大尺度裂缝中的剩余油饱和度、含烃体积

69

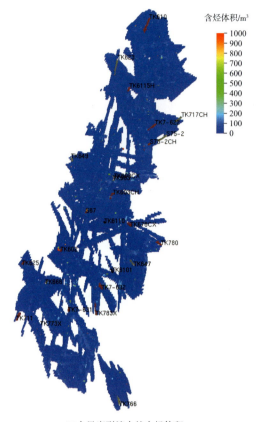

(b)大尺度裂缝中的含烃体积

图2-84 大尺度裂缝中的剩余油饱和度、含烃体积（续）

四、井周剩余油评价

井周剩余油是指井筒100m半径范围内的剩余油（如果钻到溶洞或暗河，应把完整的溶洞和暗河包括进来），目的是评价井周纵向的剩余油特征，指导生产层位调整、侧钻、单井注水替油及单井气顶驱等措施挖潜。

1. 平面上剩余油评价

在平面上剩余油评价过程中，井周含烃体积和剩余油饱和度见图2-85。

2. 纵向上剩余油评价

（1）S67井。S67井剩余油主要在溶洞中（图2-86）。

（2）TK602井。TK602井剩余油主要在暗河及中部溶洞中（图2-87）。

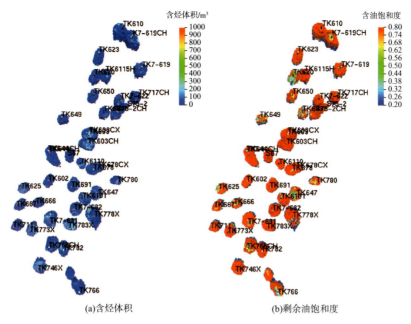

图 2-85　井周含烃体积和剩余油饱和度

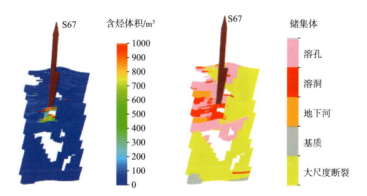

图 2-86　S67 井剖面含烃体积和储集体类型

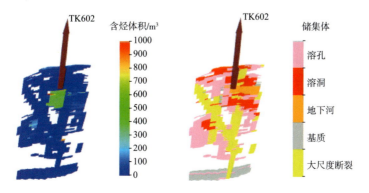

图 2-87　TK602 井剖面含烃体积和储集体类型

(3) TK667井。TK667井剩余油主要富集在溶洞中（图2-88）。

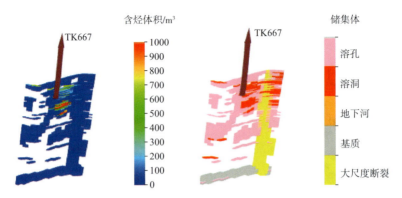

图2-88 TK667井剖面含烃体积和储集体类型

(4) TK7-622井。TK7-622井周剩余油主要在溶洞和暗河中（图2-89）。

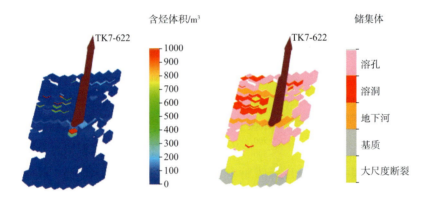

图2-89 TK7-622井剖面含烃体积和储集体类型

(5) TK746X井。TK746X井周剩余油主要在溶洞、溶孔中（图2-90）。

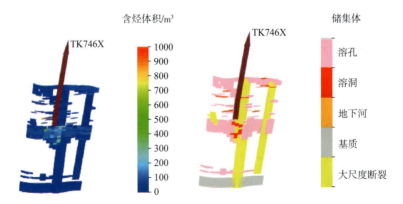

图2-90 TK746X井剖面含烃体积和储集体类型

S67 井、TK602 井、TK667 井、TK7-622 井、TK746X 井等井周剩余油储量统计见表 2-26。

表 2-26 井周剩余油储量统计　　　　　　　　　　　　　单位：$10^4 m^3$

井名	深度	暗河	溶洞	溶孔	大尺度裂缝	合计
S67	1~60 层	0.56	14.14	4.75	4.6	24.07
TK602	1~60 层	0.84	5.42	5.52	2.19	13.97
TK667	1~60 层	0	10.37	3.32	0.78	14.47
TK7-622	1~60 层	1.92	6.36	4.03	1.03	13.36
TK746X	1~60 层	0.22	1.81	9.7	2.32	14.06

五、井间剩余油评价

井间剩余油是指井 100m 半径以外的井间范围的剩余油，目的是评价井间剩余油特征，指导水驱、气驱及新井等开发调整，评价方法是油藏数值模拟法。

（1）连井剖面剩余油饱和度图，见图 2-91（a）。

（2）连井剖面含烃体积图和储集体类型图，见图 2-91（b）和图 2-91（c）。

（3）主要剩余油与深度的关系，见表 2-27。

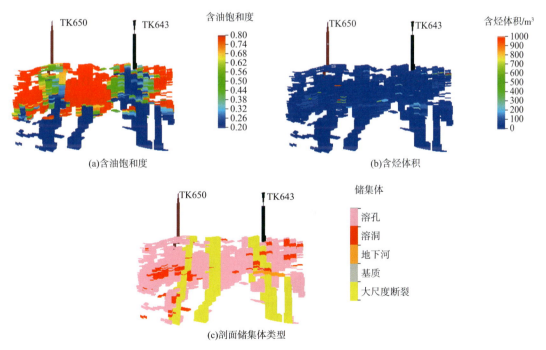

图 2-91　TK650-TK643 井间剩余油评价图

表2-27 井间剩余油储量 单位：$10^4 m^3$

序号	井名	剩余油深度	溶洞	溶孔	暗河	大尺度裂缝	合计	备注
1	TK650-TK643	1~60层（油水界面以上）	2.09	7.88	0	3	12.97	水驱后
2	TK647-TK6101	1~60层（油水界面以上）	1.11	4.2	0.72	1.21	7.25	水驱后
3	TK666-TK667	1~60层（油水界面以上）	1.99	3.11	0	3.81	8.92	水驱后
4	TK666-TK7-631	1~60层（油水界面以上）	5.63	9.74	0.45	3.45	19.27	水驱后
5	S67-TK6110	1~60层（油水界面以上）	1.84	6.7	0.56	2.45	11.56	水驱后

六、未井控剩余油评价

未井控剩余油是指注采未波及的缝洞体内剩余油，评价目的是指导扩大水（气）驱与新井部署，评价方法为油藏数值模拟预测法。

1. 平面上剩余油评价

未井控区主要有三个区域，即区域1、区域2、区域3，见图2-92。

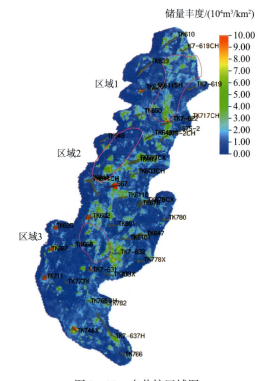

图2-92 未井控区域图

2. 纵向上剩余油评价

未井控区剩余储量见表2-28。区域1的高部位溶洞储集体中含烃体积较大

（图2-93）。区域2中的剩余油富集区域相对集中，溶洞储集体剩余油储量较大，高部位溶洞剩余油富集（图2-94）。区域3剩余油富集区域分布较离散，新井部署潜力不大（图2-95）。

表2-28 未井控区剩余油储量 单位：$10^4 m^3$

序号	剩余油深度	暗河	溶洞	溶孔	合计	备注
区域1	1~60层	2.34	39.24	48.64	90.22	剩余油较集中
区域2	1~60层	0.58	30.66	29.17	60.41	剩余油较集中
区域3	1~60层	6.42	18.44	21.65	46.51	剩余油较分散

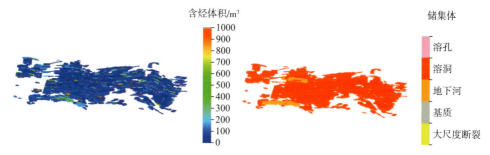

图2-93 区域1的含烃体积和储集体类型

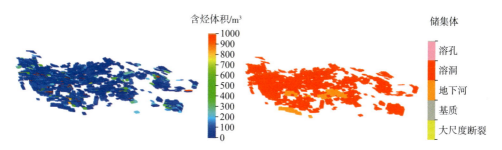

图2-94 区域2的含烃体积和储集体类型

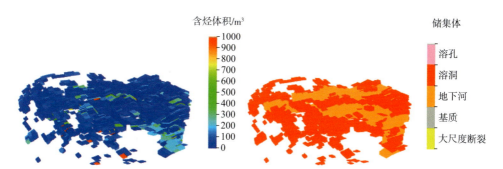

图2-95 区域3不同储集体中的含烃体积

第五节　本章小结

（1）采用覆膜树脂砂为原料，利用3D打印技术制作缝洞型油藏物理模型的技术形成了复杂缝洞模型制作技术。该技术包括字模型建立、模型基质打印、模型基质降渗、添加充填介质、模型封装、饱和度检测6个方面，能够精确制作复杂不规则缝洞模型。

（2）利用数据建模方法，形成了三维复杂缝洞模型制作技术，能够对真实地质模型进行等比例缩小，制作更加接近真实缝洞油藏的物理实验模型，并利用局部网格优化方法对模型进行优化。

（3）通过方程分析法和量纲分析法建立了指导物理实验参数设计的相似准则群，根据动力相似和运动相似选取了4组主要相似准则，且充分考虑了溶洞内充填介质的影响。

（4）基于物理实验，得到了5类缝洞型油藏水驱后剩余油类型，包括充填介质内剩余油、阁楼型剩余油（包括注采井间阁楼油、高部位注入井阁楼油、低部位生产井阁楼油）、裂缝控制的盲端剩余油、洞内边角剩余油以及注入水绕流剩余油，并根据动力学关系对剩余油形成机制进行了分析，能够很好地指导现场实践并进行针对性开发。

（5）基于数值实验揭示6类剩余油类型，即洞顶剩余油、低幅残丘剩余油、岩溶河道型剩余油、高导流通道屏蔽剩余油、无井控剩余油、充填洞穴中的剩余油。

（6）基于KarstSim缝洞型油藏数值模拟软件，预测缝洞单元剩余油储量丰度、不同储集体类型剩余油、井周剩余油、井间剩余油及未井控剩余油，明确开发过程中原油储量动用及剩余油气形成机制，为提高采收率方法制定奠定储量基础。

第三章
碳酸盐岩缝洞型油藏改善水驱机理

2006年建立的缝洞型油藏注水开发模式,提出"时空差异性"注水方法:空间上,缝注洞采、低注高采、同层注采;时间上,早期试注,之后温和注、周期注,后期注水压锥、换向驱油。"时空差异性"注水方法解决了大裂缝易水窜的难题,实现缝洞型油藏高效注水。随着大量注水、注水利用率逐渐变差,缝洞型油藏中存在大量难以被驱动的剩余油。针对不同的剩余油类型,如何改善注水是要解决的关键性问题。由于剩余油类型种类多,改善注水难度大,对于缝洞型油藏的改善注水,需要泛而细、广而精,既要充分考虑不同改善注水方式的作用效果,又要探寻不同注水方式的优化参数,才能实现对缝洞型油藏剩余油的高效开采。

通过大量的物理模拟实验,在对不同剩余油赋存规律和形成机制研究的基础上,针对不同缝洞模型,不同的剩余油类型,采取不同的改善注水方式,并对注水方式进行最优化参数确定,揭示变强度注水、周期注水、脉冲注水、换向驱油(也称注采反转)、表活剂注水、注水转注气等水驱方式动用剩余油机理,研究不同缝洞型油藏缝洞介质内剩余油的最佳开采效果,指导矿场实践开采实现最有效改善注水。

第一节　周期注水/脉冲注水改善水驱

不同改善注水方式对不同缝洞介质内剩余油动用实验原理:结合对缝洞型油藏剩余油赋存规律及形成机制的研究认识,对不同缝洞模型进行不同改善注水实验,得到改善水驱后剩余油分布,并与常规水驱结果进行对比,为揭示剩余油动用机制提供科学依据。

一、三维不规则单洞模型脉冲注水实验

1. 实验方案

在低注高采的全充填三维不规则溶洞中,剩余油赋存形式主要为充填介质内剩余油,采取脉冲注水研究其动用剩余油机理,实验方案如表3-1所示。方案每次改变速度时间均为采出井产水100%,共改变5次速度,注入6个轮次。

表3-1 三维不规则溶洞模型周期注水实验方案

实验模型	实验编号	充填模式	注采井位	注水方式	注入速度
三维不规则单洞模型	Mc01	全充填	低注高采	脉冲注水	以 10~20mL/min 的速度循环注入
	Mc02	全充填	低注高采	脉冲注水	以 10~30mL/min 的速度循环注入
	Mc03	全充填	低注高采	脉冲注水	以 10~5mL/min 的速度循环注入
	Mc04	全充填	低注高采	脉冲注水	以 10~30~10~20~0mL/min 的速度循环注入

2. 改善水驱结果及分析

对三维不规则单洞模型进行脉冲注水实验,通过 LCR 数字电桥实时检测水驱过程中各个位置的电阻率变化,并通过阿尔齐公式转化为含水饱和度,选取水驱过程中部分时刻含水饱和度值,利用 Surfer 软件绘制油水分布剖面。如图 3-1~图 3-4 所示。

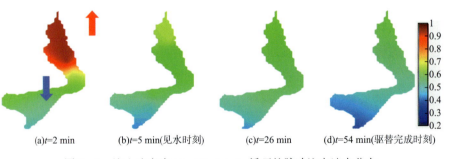

(a)$t=2$ min (b)$t=5$ min(见水时刻) (c)$t=26$ min (d)$t=54$ min(驱替完成时刻)

图 3-1 注入速度为 10~20mL/min 循环的脉冲注水油水分布

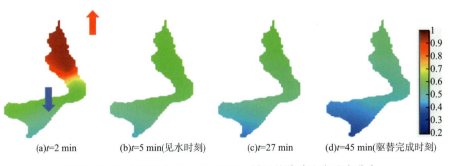

(a)$t=2$ min (b)$t=5$ min(见水时刻) (c)$t=27$ min (d)$t=45$ min(驱替完成时刻)

图 3-2 注入速度为 10~30mL/min 循环的脉冲注水油水分布

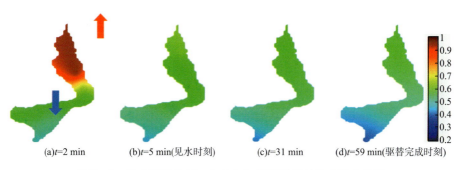

图 3-3 注入速度为 10~5mL/min 循环的脉冲注水油水分布

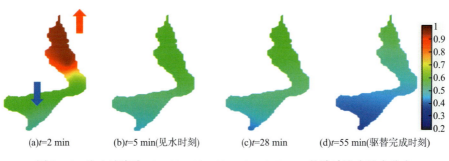

图 3-4 注入速度为 10~30~10~20~10~5mL/min 的脉冲注水油水分布

通过图 3-1~图 3-4 可知，以不同的实验参数进行脉冲注水，其油水分布差别非常小，很难观察出其差别。4 组实验油水分布变化规律基本一致，即在整个水驱过程中，油水分布始终是下部含油饱和度相对较低，上部含油饱和度相对较高；水驱初期油水分布变化大，后期变化相对较小。

在水驱过程中，通过油水分离器计量各个时间采出的油水体积，计算出各实验每个阶段的采出程度曲线如图 3-5 所示。

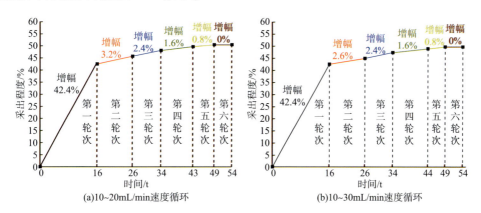

图 3-5 全冲突不规则单洞模型脉冲注水各个轮次采出程度增加幅度图

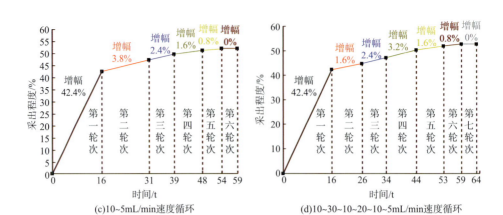

(c) 10~5mL/min速度循环　　　　　(d) 10~30~10~20~10~5mL/min速度循环

图3-5　全冲突不规则单洞模型脉冲注水各个轮次采出程度增加幅度图（续）

通过各组实验的采出程度变化曲线可以看出，在不同注入参数的脉冲注水水驱过程中，不断改变注入速度，采出程度会随着不断提高，直至提高到一定极限程度。但是，随着注入速度变化的轮次增加，采出程度提高幅度逐渐减小，最后一个轮次时不再提高。

通过综合比对不同注入速度循环下的脉冲注水水驱实验结果可以发现，相对于稳定注水，脉冲注水水驱后的剩余油量明显减少，最终采收率得到明显提高。不同注入速度循环下的脉冲注水实验得到的最终油水分布及采收率主要表现为，注入速度为10~30~10~20~10~5mL/min循环的脉冲注水实验得到的剩余油最少，最终采收率最高，为53.33%；注入速度为10~30mL/min循环的脉冲注水实验得到的剩余油最多，最终采收率最低，为49.6%，如表3-2所示。

表3-2　不同实验方案的采收率表

实验方案	注入速度/(mL/min)	采收率/%	采收率提高幅度/%
1	10	42.4	—
2	10~20	50.4	8
3	10~30	49.6	7.2
4	10~5	52	9.6
5	10~30~10~20~10~5	53.6	11.2

产生上述现象的原因主要是：①进行脉冲注水时，通过周期性循环改变注入速度，在储层内造成一定的压力波动，压力升高波动时，原本稳定注水未能波及的区域得到波及；压力降低波动时，未波及的剩余油又向水流通道渗透，从而减小溶洞内剩余油量并提高采收率。②注入速度为10~20~10~30~10~5mL/min时，其注入速度改变幅度最大，压力波动幅度也相应最大，注入水波及的效果也最好；而注入速度为10~30mL/min的驱替效果劣于其他速度是因为注入速度越大，注入水越容易产生锥进现象。

二、三维不规则单洞模型周期注水实验

1. 实验方案

在低注高采的全充填三维不规则单洞中,剩余油赋存形式主要为充填介质内剩余油,采取周期注水研究其动用剩余油机理,实验方案如表3-3所示。方案每个实验关停3次,除第一次外,每次关停都在产水100%时进行,共进行4个周期。

表3-3 三维不规则单洞模型周期注水实验方案

实验模型	实验编号	充填模式	注采井位	注水方式	注入速度/(mL/min)	第一次关停时机
三维不规则单洞模型	Zq01	全充填	低注高采	周期注水	10	完全产水
	Zq02	全充填	低注高采	周期注水	10	产水50%
	Zq03	全充填	低注高采	周期注水	10	见水时刻

2. 改善水驱结果及分析

对三维不规则单洞模型进行周期注水实验,通过LCR数字电桥实时检测水驱过程中各个位置的电阻率变化,并通过阿尔齐公式转化为含水饱和度,选取水驱过程中部分时刻含水饱和度值,利用Surfer软件绘制油水分布剖面,如图3-6~图3-8所示。

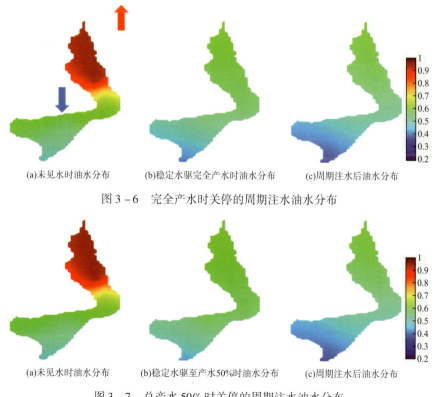

(a)未见水时油水分布　　(b)稳定水驱完全产水时油水分布　　(c)周期注水后油水分布

图3-6 完全产水时关停的周期注水油水分布

(a)未见水时油水分布　　(b)稳定水驱至产水50%时油水分布　　(c)周期注水后油水分布

图3-7 总产水50%时关停的周期注水油水分布

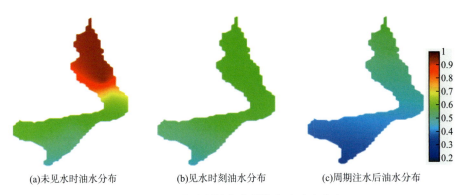

(a)未见水时油水分布　　(b)见水时刻油水分布　　(c)周期注水后油水分布

图3-8　见水时刻关停的周期注水油水分布

通过图3-6~图3-8可知，以不同的实验参数进行周期注水，其油水分布差别非常小，很难观察出其差别。4组实验油水分布变化规律基本一致，即在整个水驱过程中，油水分布始终是下部含油饱和度相对较低，上部含油饱和度相对较高；水驱初期油水分布变化大，后期变化相对较小。

在水驱过程中，通过油水分离器计量各个时间采出的油水体积，计算出各实验每个阶段的采出程度曲线如图3-9所示。

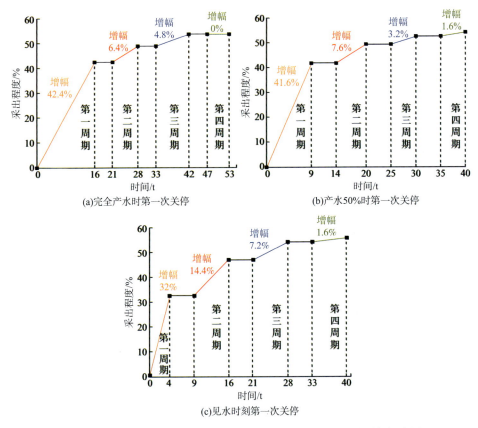

图3-9　全充填不规则单洞模型脉冲注水各个轮次采出程度增加幅度图

通过各组实验的采出程度变化曲线可以看出，在进行周期注水时，每次关停后再次驱替，采出程度都会出现一定程度的提高，但是随着周期数的增加，采出程度提高幅度依次减小。

通过对比稳定注水及不同关停时机的周期注水可以发现，相对于稳定注水，周期注水后剩余油量明显减少，即使油井完全产水，关井一段时间后再开井仍会有油继续被采出，最终采收率得到一定程度的提高。而对比不同关停时机的周期注水实验又发现，关停时机的不同同样会导致水驱后油水分布及最终采收率的差异。其主要体现在：油井见水时刻开始关停的周期注水水驱后剩余量最少，最终采收率最高，为55.2%；油井完全产水才开始关停的周期注水水驱后剩余油量相对最多，最终采收率相对最低，为53.6%，如表3-4所示。

表3-4 不同关停时机的周期注水水驱结果对比

周期注水关停时机	最终采收率/%	采收率提高幅度/%
稳定注水（10mL/min）	42.4	—
见水时刻开始关停	55.2	12.8
产水50%时开始关停	54	11.6
产水100%时开始关停	53.6	11.2

产生上述现象的原因主要为：①周期注水是"开井—焖井—开井"的循环过程，在这个过程中起最关键因素的是"焖井"环节（实验中的关停时刻）。当注入水注入一段时间后进入关停阶段，在关停阶段溶洞内充填介质中的油水分布由于压力骤降而产生的压力波动以及渗吸作用的影响而在一定程度上进行重新分布，再次开井注入后，由于油水重新分布而使渗透到水流通道的油被采出，以此循环而使更多的油被采出，从而导致剩余油量减少，最终采出程度得以提高。②周期注水的启动时间影响溶洞内充填介质中的剩余油量及最终采出程度，启动时间越早，充填介质内油水就会更早地进行重新分布，油井完全产水的时间越晚，水驱效果相对更好。

第二节 换向驱油改善水驱

一、裂缝连通顶部溶洞模型换向驱油实验

1. 实验方案

在高注高采的不充填裂缝连通顶部溶洞模型中，剩余油赋存形式主要为阁楼型剩余

油，换向驱油（注采反转）研究其动用剩余油机理，实验方案如表3-5所示。每次改变速度时间均为采出井产水100%，共改变5次速度，注入6个轮次。

表3-5 裂缝连通顶部溶洞模型周期注水实验方案

实验模型	实验编号	充填模式	注采井位	注水方式	注入速度/(mL/min)	注采反转时机
裂缝连通顶部溶洞模型	Fz01	不充填	高注高采	注采反转	2	采出井完全产水

2. 改善水驱结果及分析

根据实验方案Fz01，针对不充填的裂缝连通顶部溶洞模型，以2mL/min的注入速度进行注采反转注水实验，通过摄像机拍摄，选取水驱各阶段的油水分布如图3-10所示。

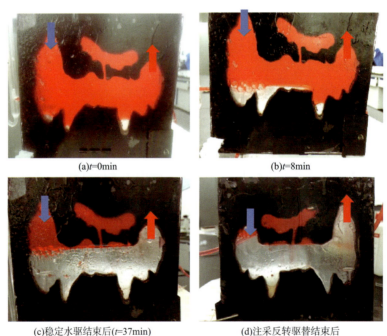

(a) t=0min (b) t=8min

(c) 稳定水驱结束后(t=37min) (d) 注采反转驱替结束后

图3-10 注入速度为2mL/min水驱过程中的油水分布

通过图3-10可以发现，常规水驱后，再注入井周围存在大量的剩余油，但在注采反转后，原注入井周围的剩余油得到动用被驱出井口，剩余油量得到明显降低。

通过计量各个时间段油水分离器中采集的产油、产水量，计算出各个时间段的产油速率、采出程度以及含水率，绘制相关关系曲如图3-11、图3-12所示。

通过图3-11、图3-12可以发现，注采反转以后，采出程度和产油速率迅速出现一定幅度的提高，含水率迅速降低为0。

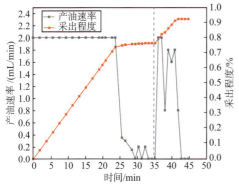
图3-11 产油速率和采出程度变化曲线

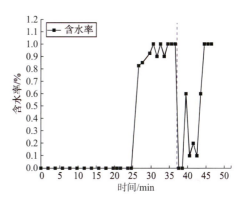
图3-12 含水率变化曲线

二、低幅残丘模型注采反转实验

1. 实验方案

在高注高采的不充填低幅残丘溶洞模型中，剩余油赋存形式主要为阁楼型剩余油，采取注采反转研究其动用剩余油机理，实验方案如表3-6所示。

表3-6 低幅残丘溶洞模型周期注水实验方案

实验模型	实验编号	充填模式	注采井位	注水方式	注入速度/(mL/min)	注采反转时机
低幅残丘溶洞模型	Fz02	不充填	高注高采	注采反转	2	采出井完全产水

注：上述方案每次改变速度时间均为采出井产水100%，共改变5次速度，注入6个轮次。

2. 改善水驱结果及分析

根据实验方案Fz02，针对不充填的低幅残丘溶洞模型以2mL/min的注入速度进行注采反转注水实验，通过摄像机拍摄，选取水驱各阶段的油水分布如图3-13所示。

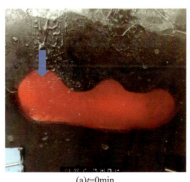
(a) t=0min

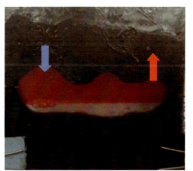
(b) t=10min

图3-13 低幅残丘型溶洞水驱过程中油水分布

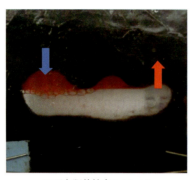
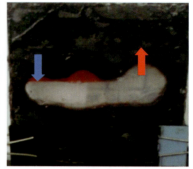

(c)正向驱替结束(*t*=26min)　　　　　　(d)注采反转驱替结束

图 3-13　低幅残丘型溶洞水驱过程中油水分布（续）

通过图 3-13 可以发现，常规水驱后，在注入井周围存在大量的剩余油，但在注采反转后，原注入井周围的剩余油得到动用被驱出井口，剩余油量得到明显降低。

通过计量各个时间段油水分离器中采集的产油、产水量，计算出各个时间段的产油速率、采出程度以及含水率，绘制相关关系曲如图 3-14、图 3-15 所示。

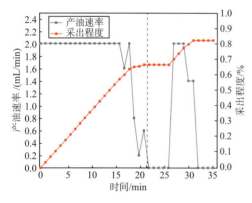
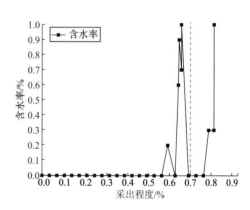

图 3-14　产油速率和采出程度变化曲线　　　图 3-15　含水率变化曲线

通过图 3-14、图 3-15 可以发现，注采反转以后，采出程度和产油速率迅速出现一定幅度的提高，含水率迅速降低为 0。该模型与裂缝连通顶部溶洞模型剩余油赋存规律和动用规律基本一致。

三、三维井间凸起模型注采反转实验

1. 实验方案

在高注高采的全充填三维井间凸起模型中，剩余油赋存形式主要为阁楼型剩余油和充填介质内剩余油，采取注采反转研究其动用剩余油机理，实验方案如表 3-7 所示。

表 3-7 三维井间凸起模型周期注水实验方案

实验模型	实验编号	充填模式	注采井位	注水方式	注入速度/(mL/min)	注采反转启动时机
三维井间凸起模型	Fz03	全充填	高注高采	注采反转	10	采出井完全产水
	Fz04	全充填	高注高采	注采反转	10	采出井产水50%
	Fz05	全充填	高注高采	注采反转	10	采出井见水时刻

注：上述方案每次改变速度时间均为采出井产水100%，共进行5次反转。

2. 改善水驱结果及分析

对三维井间凸起模型进行脉冲注水实验，通过 LCR 数字电桥实时检测水驱过程中各个位置的电阻率变化，并通过阿尔齐公式转化为含水饱和度，选取水驱过程中部分时刻含水饱和度值，利用 Surfer 软件绘制油水分布剖面，如图 3-16～图 3-18 所示。

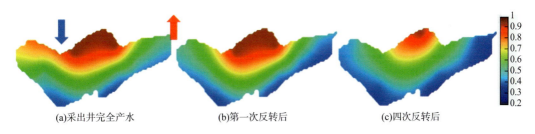

图 3-16　完全产水时开始注采反转的水驱过程中油水分布变化

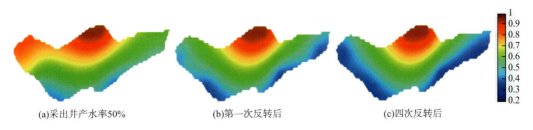

图 3-17　产水率为 50% 时开始注采反转的水驱过程中油水分布变化

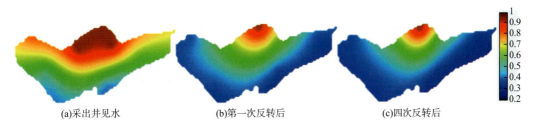

图 3-18　见水时刻开始注采反转的水驱过程中油水分布变化

通过 3 组实验注采反转前后油水分布的变化可以发现，在进行注采反转水驱以后，原本注入井周围存在的剩余油量明显减少，在溶洞中部注入水波及的区域也存在些许提高,并且每次注采反转对溶洞中部剩余油的驱替均有效果,但是对于溶洞凸起处而言,注采反转的驱替效果极为有限。于是,我们可以判断,注采反转可以有效动用高部位注入井阁楼油,并对充填介质内剩余油有明显的改善效果。对比 4 个不同反转时机后的油水分布可以明显地发现,注采反转启动的时间越早,溶洞中的剩余油量越少,其剩余油量的不同主要体现在溶洞的中部区域,反转时机越早,注入水向上波及的范围越大,从而使溶洞整体剩余油量越少。

在水驱过程中,通过油水分离器计量各个时间采出的油水体积,计算出各实验每个阶段的采出程度曲线如图 3-19 所示。

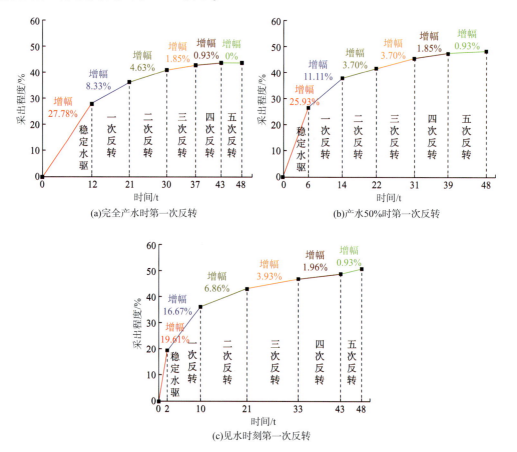

图 3-19 全充填井间凸起模型注采反转各个周期采出程度增加幅度图

根据 3 个反转时机下注采反转驱替过程中的采出程度变化曲线可以发现,不管注采反转的启动时机的早晚如何,每次进行注采反转后,采出程度均会出现一定程度的提高,注采反转的启动时机不同,驱替结束后的采出程度也存在差异(表 3-8),且随着反转次数的不断增加,采出程度每次提高的幅度逐渐降低。

表 3-8　不同反转时机采收率表

注采反转时机	最终采出程度/%	采出程度提高幅度/%
稳定注水（10mL/min）	27.8	—
产水率100%时注采反转	43.5	15.7
产水率50%时注采反转	47.2	19.4
油井见水时刻注采反转	49	21.2

出现上述现象的原因是：①注采反转水驱过程中，调转注采井位置后，原来的注入井变为采出井，原注入井（新采出井）井口压力降较大，油水界面不断抬升，使该处的剩余油逐渐被采出，随着剩余油的采出，采收率也相应地得到提高；②由于注采反转后，改变了原来的优势水流通道，水驱过程中横向上的阻力相应增加，从而使注入水在一定范围内尽可能沿纵向往上波及，导致注入水波及的范围增大，相应采收率得到提高；③注采反转启动的时间越早，优势水流通道的建立越不完善，在优势通道充分建立之前，横向上的阻力会更大，注入水波及的范围也会更大，采收率也会更高。

第三节　注水转注气改善水驱

一、三维井间凸起溶洞注水后注气实验

1. 实验方案

在高注高采的不充填三维井间凸起溶洞模型中，剩余油赋存形式主要为阁楼型剩余油，注采反转只能动用"高部位注入井阁楼油"。针对"注采井间阁楼油"采取注注水后注气的方式研究其动用剩余油机理，实验方案如表 3-9 所示。

表 3-9　三维井间凸起溶洞模型注水后注气实验方案

实验模型	实验编号	充填模式	注采井位	注水方式	注入速度/(mL/min)	改善方式
三维井间凸起模型	Zq01	不充填	高注高采	注水转注气	10	注水+反转+注气

2. 改善水驱结果及分析

对不充填的三维井间凸起溶洞模型进行注水+反转+注气实验，通过 LCR 数字电桥实时检测水驱过程中各个位置的电阻率变化，并通过阿尔齐公式转化为含水饱和度，作出驱替各阶段的油水分布图，如图 3-20 所示。

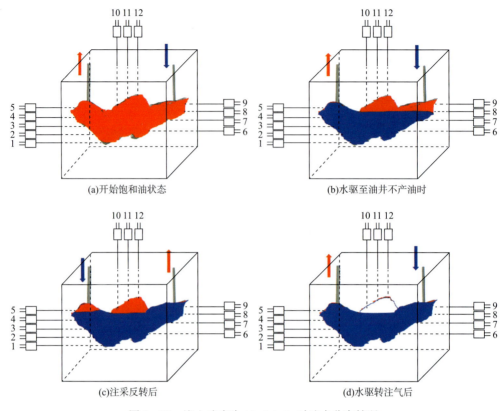

图 3-20　注入速度为 10mL/min 时油水分布情况

根据实验过程中采出井在各个时间点采出的油水体积，计算出产油速率和采收率，并绘制产油速率与采收率变化曲线（图 3-21）。

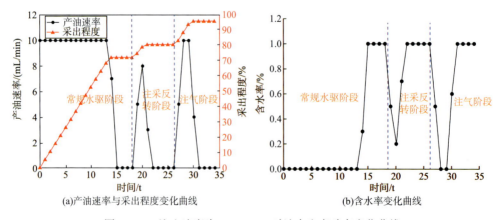

图 3-21　注入速度为 10mL/min 时油水生产动态变化曲线

通过对比两种注入速度下的水驱结果可以发现，对于不充填的井间凸起溶洞模型，注入速度的不同对水驱后剩余油分布具有显著的影响：在一定注入速度下，当稳定水驱至油井完全产水后，在溶洞的注入井周围及中间凸起处存在大量难以被采出的剩余油；

进行注采反转调换注采井位置后,原注入井周围的剩余油完全被采出,而在新注入井周围出现少量剩余油,中间凸起处的剩余油量几乎不变;进行注气开采后,随着注入气量的不断增加,中间凸起处的剩余油完全被采出,整个溶洞中的剩余油几乎完全被采出,开采效果显著。

通过对生产动态的观察可以发现,两个注入速度下的生产动态趋势趋于一致:在一定的注入速度下,采出井初期产油速率较大,含水率为零,而当采出井见水后呈现暴性水淹现象,产油能力迅速下降并很快达到产油速率为0;进行注采反转改变调换注采井位置后,新采出井又开始产油,产油速率出现小幅提高后又很快下降为0;最后进行注气开采后,采收率继续提高,最终达到95%以上。

产生上述现象的原因是:在稳定水驱过程中,受重力分异的影响,注入水进入溶洞内很快到达溶洞底部,从而导致注入井周围存在大量的剩余油;同时,由于采出井并未见水,注入水量与采出油量保持一致,产油速率较高;随着注入水的不断注入,油水界面不断抬升,当油水界面抬升到井间凸起处的下部时,由于采出井下部的压力降较大,油水界面在采出井下部不断抬升,而在中间凸起处和注入井周围保持不变,这就导致了中间凸起处和注入井周围存在大量不能被采出的剩余油;当调转注采井位置后,由于同样的作用,新的采出井周围的剩余油被采出,但是中间凸起处的剩余油仍旧无法得到动用;最后通过注气的方式,由于油气的密度差,注入气进入溶洞内后开始上浮,沿溶洞顶部驱替,在进入中间凸起后从上到下逐步将其中的剩余油驱出。

二、边部生产井单洞模型注水后注气实验

1. 实验方案

在低注高采的不充填边部生产井单洞模型中,剩余油赋存形式主要为高部位生产井阁楼型剩余油。针对"高部位生产井间阁楼油"采取注注水后注气的方式研究其动用剩余油机理,实验方案如表3-10所示。

表3-10 边部生产井单洞模型注水后注气实验方案

实验模型	实验编号	充填模式	注采井位	注水方式	注入速度/(mL/min)	改善方式
边部生产井单洞模型	Zq02	不充填	高注高采	注水转注气	5	注水转注气

2. 改善水驱结果及分析

根据实验方案Zq02,针对不充填的边部生产井单洞模型以2mL/min的注入速度进行注水转注气实验,通过摄像机拍摄,选取水驱各阶段的油水分布如图3-22所示。

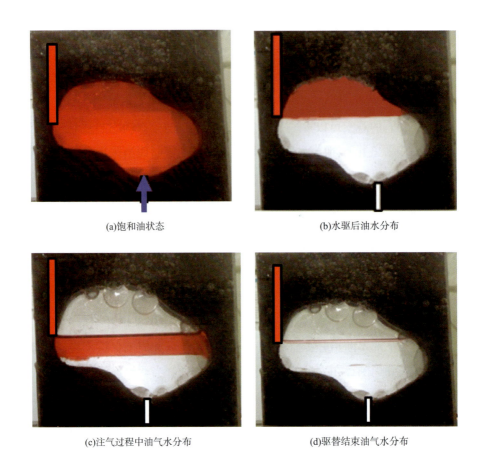

(a)饱和油状态　　　　　　　　　(b)水驱后油水分布

(c)注气过程中油气水分布　　　　(d)驱替结束油气水分布

图 3-22　边部生产井单洞模型驱替过程中油水分布

由油水分布情况图可以看出,在常规水驱后,剩余油主要存在于采油井上方,为正常水驱波及不到的地方,注气后能压低油水界面,再次水驱后,位于采油井上方的剩余油被开采出来。对于封闭型溶洞,注气基本可以将油全部采出。

第四节　注隔板调剖改善水驱

现将三维不规则单洞模型注隔板调剖实验介绍如下。

1. 实验方案

在底水驱的全充填三维不规则单洞模型中,剩余油赋存形式主要为充填介质内剩余油和洞内边角剩余油。采取注隔板调剖的方式研究其动用剩余油机理,实验方案如表 3-11 所示。

表 3-11　三维不规则单洞模型周期注水实验方案

实验模型	实验编号	充填模式	注采井位	改善方式	注入速度/(mL/min)	隔板宽度/cm
二维不规则单洞模型	Gb01	全充填	底水驱	注隔板	2	3
	Gb02	全充填	底水驱	注隔板	5	3
	Gb03	全充填	底水驱	注隔板	10	3
	Gb04	全充填	底水驱	注隔板	2	6
	Gb05	全充填	底水驱	注隔板	5	6
	Gb06	全充填	底水驱	注隔板	10	6

2. 改善水驱结果及分析

根据上述实验方案，针对全充填的三维不规则单洞模型以 2mL/min 的注入速度进行注采反转注水实验，通过摄像机拍摄，选取水驱各阶段的油水分布如图 3-23～图 3-28 所示。

 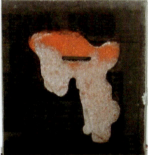 

(a)模型完全饱和油　　　　(b)油井见水时刻　　　　(c)驱替完成时刻

图 3-23　隔板宽度 3cm、水驱速度为 2mL/min 时油水分布情况

(a)模型完全饱和油　　　　(b)油井见水时刻　　　　(c)驱替完成时刻

图 3-24　隔板宽度 3cm、水驱速度为 5mL/min 时油水分布情况

(a)模型完全饱和油　　　　　(b)油井见水时刻　　　　　(c)驱替完成时刻

图 3-25　隔板宽度 3cm、水驱速度为 10mL/min 时油水分布情况

(a)模型完全饱和油　　　　　(b)油井见水时刻　　　　　(c)驱替完成时刻

图 3-26　隔板宽度 6cm、水驱速度为 2mL/min 时油水分布情况

(a)模型完全饱和油　　　　　(b)油井见水时刻　　　　　(c)驱替完成时刻

图 3-27　隔板宽度 6cm、水驱速度为 5mL/min 时油水分布情况

(a)模型完全饱和油　　　　　(b)油井见水时刻　　　　　(c)驱替完成时刻

图 3-28　隔板宽度 6cm、水驱速度为 10mL/min 时油水分布情况

通过观察不同隔板宽度、不同注入速度的6组水驱实验过程中的油水分布变化,可以发现,相对于没有封堵的情况,在适当位置进行封堵后,水驱后底水波及范围明显增加,尤其体现在溶洞中上部的水锥剩余油得到有效动用。这是因为注入隔板后改变了液流方向、改变了压力场,在隔板以下的生产压差与重力梯度达到平衡,有效减缓的底水锥进引起的水锥剩余油。

通过计量每组实验采出油量,计算出采出程度汇总如表3-29所示。

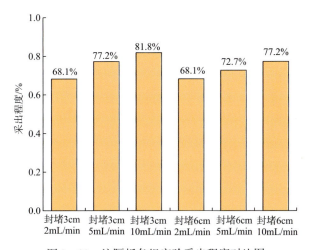

图 3-29　注隔板各组实验采出程度对比图

通过观察不同隔板宽度、不同注入速度下各个开采阶段的采出程度对比可以发现一个明显规律,在相同封堵宽度下,注入速度越高,采出程度也就越高;在相同注入速度下,封堵宽度越宽,采出程度越低,这个规律与油水分布变化规律相互对应,即在有封堵隔板的情况下,注入速度与剩余油饱和度呈负相关,与采出程度呈正相关,封堵宽度与剩余油饱和度呈正相关,与采出程度呈负相关。所以在矿场实践中,进行注隔板调剖改善水驱时,应该在控制隔板宽度的同时适当增加注入速度。

第五节　表活剂注水改善水驱

现将裂缝水平连通溶洞模型表活剂注水实验介绍如下。

1. 实验方案

在底水驱的不充填裂缝水平连接溶洞模型中,剩余油赋存形式主要为盲端剩余油。采取注表面活性剂的方式研究其动用剩余油机理,实验方案如表3-12所示。

表 3-12　裂缝水平连通溶洞模型周期注水实验方案

实验模型	实验编号	充填模式	注采井位	注入介质	注入速度/(mL/min)	裂缝开度/mm
裂缝水平连通溶洞	Hx01	不充填	底水驱	注水	0.5	0.5
	Hx02	不充填	底水驱	注水	0.5	1.2
	Hx03	不充填	底水驱	注活性剂	0.5	0.5
	Hx04	不充填	底水驱	注活性剂	0.5	1.2

2. 改善水驱结果及分析

根据上述实验方案，针对不充填的裂缝水平连通溶洞模型以 0.5mL/min 的注入速度进行注水/注表活剂实验，通过摄像机拍摄，选取水驱各阶段的油水分布如图 3-30 所示。

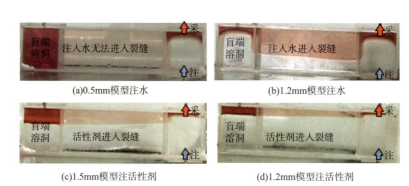

图 3-30　不同裂缝开度下水驱及活性剂驱后剩余油

从图 3-30 中可以看出，在一定流速下，注入水无法进入开度 0.5mm 及更小开度的裂缝，左侧盲端溶洞内的剩余油无法置换；但当裂缝开度超过 1.2mm 时，注入水则可以进入裂缝置换盲端溶洞内的剩余油。注入流体为活性剂时，0.5mm 裂缝也可以进入，盲端溶洞可以被有效置换。所以在一定条件下，注表活剂可以有效动用裂缝控制的盲端剩余油。

第六节　变强度注水改善水驱

一、河道单缝连通溶洞模型变强度注水实验

1. 实验方案

在高注高采的不充填河道单缝连通溶洞模型中，剩余油赋存形式主要为盲端剩余

油。采取变强度注水的方式研究其动用剩余油机理,实验方案如表 3-13 所示。

表 3-13 河道单缝连通溶洞模型变强度注水实验方案

实验模型	实验编号	充填模式	注采井位	注入方式	注入速度/(mL/min)
河道单缝连通溶洞	Bq01	不充填	高注高采	变强度注水	65~50~30~20~10~5

2. 改善水驱结果及分析

根据上述实验方案,针对不充填的河道单缝连通溶洞模型进行变强度注水实验,通过摄像机拍摄,选取水驱各阶段的油水分布如图 3-31 所示。

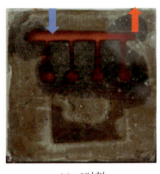
(a) $t=0$ 时刻

(b) 注入速度为65mL/min

(c) 注入速度为50mL/min

(d) 注入速度为30mL/min

(e) 注入速度为20mL/min

(f) 注入速度为10mL/min

(g) 注入速度为5mL/min

图 3-31 实验过程中油水分布

根据水驱过程中不同注入速度后剩余油的分布图可以看出，当注入速度为 65mL/min 时 [图 3-31（b）]，4.5mm 和 5.5mm 开度裂缝下连通的溶洞中的油被驱出，3.5mm 和 2.5mm 开度裂缝下连通的溶洞中的油未被驱出，这说明在 65mL/min 的注入速度下，注入水可以通过 4.5mm 及以上开度的裂缝，不能通过 3.5mm 及以下开度的裂缝；当注入速度为 50mL/min、30mL/min、20mL/min 时 [图 3-31（c）~（e）]，3.5mm 开度裂缝下连通的溶洞中的油也被驱出，2.5mm 开度裂缝下连通的溶洞中的油未被驱出，这说明在这三个注入速度下，注入水可以通过开度为 3.5mm 的裂缝，不能通过 2.5mm 及以下开度的裂缝；当注入速度为 10mL/min 时 [图 3-31（f）]，2.5mm 开度下连通的溶洞中的油被驱出，这说明在该注入速度下，注入水可以通过 2.5mm 开度的裂缝。注入水能否通过裂缝的临界速度如表 3-14 所示。

表 3-14 水能进入裂缝内的流速

裂缝开度/mm	流速/(mL/min)
2.5	30
3.5	50
4.5	65

产生上述现象的原因可以归结为：随着注入速度的不同，河道内注入水的流速不同，当河道内横向流速较大时，横向驱替压力太大，削弱了重力分异的影响，注入水难以通过裂缝置换溶洞内的剩余油；只有不断减小注入速度，减弱横向驱替压力，增加重力分异的影响，才能使更多的注入水进入更小开度的裂缝，从而驱出更多溶洞中的剩余油。

二、河道双缝溶洞模型变强度注水实验

1. 实验方案

在高注高采的不充填河道双缝连通溶洞模型中，剩余油赋存形式主要为绕流剩余油，采取变强度注水的方式研究其动用剩余油机理，实验方案如表 3-15 所示。

表 3-15 河道双缝连通溶洞模型变强度注水实验方案

实验模型	实验编号	充填模式	注采井位	注入方式	注入速度/(mL/min)
河道双缝连通溶洞	Bq02	不充填	高注高采	变强度注水	2~5~10~20~30~50~65~80

2. 改善水驱结果及分析

根据上述实验方案，针对不充填的河道双缝连通溶洞模型进行变强度注水实验，通过摄像机拍摄，选取水驱各阶段的油水分布如图 3-32 所示。

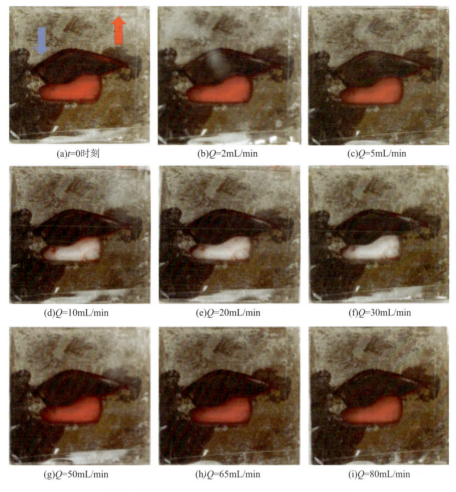

图3-32 不同注入速度水驱过程中油水分布图

从图3-32中可以发现，当流速从2mL/min增加到30mL/min时，即图中（b）~（f），此时流速较低，水从河道流过，没有通过裂缝，洞内剩余油无法被波及；当流速达到50mL/min时，即图中（g），流速增加，水流突破裂缝的阻力进入洞内，使洞内剩余油得到动用；继续增加流速后，水流一步步对溶洞进行"洗刷"，洞内剩余油几乎完全被驱出。

三、三维井间凸起模型变强度注水实验

1. 实验方案

在高注高采的全充填三维井间凸起模型中，剩余油赋存形式主要为阁楼型剩余油和充填介质内剩余油。采取变强度注水研究其动用剩余油机理，实验方案如表3-16所示。

表3-16 三维井间凸起模型周期注水实验方案

实验模型	实验编号	充填模式	注采井位	注水方式	变强度时机	注入速度/(mL/min)
三维井间凸起模型	Bq03	全充填	高注高采	变强度注水	采出井完全产水	10~20

2. 改善水驱结果及分析

对三维井间凸起模型进行变强度注水实验,通过LCR数字电桥实时检测水驱过程中各个位置的电阻率变化,并通过阿尔齐公式转化为含水饱和度,选取水驱过程中部分时刻含水饱和度值,利用Surfer软件绘制油水分布剖面,如图3-33所示。

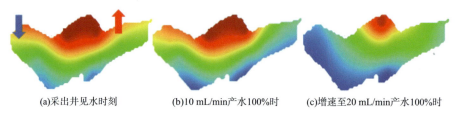

(a)采出井见水时刻　　(b)10 mL/min产水100%时　　(c)增速至20 mL/min产水100%时

图3-33 变强度注水水驱过程中油水分布变化

当进行变强度注水水驱实验时,根据实验过程中采出井在各个时间点采出的油水体积,计算出产油速率、采出程度及含水率等,并绘制相关动态变化曲线如图3-34所示。

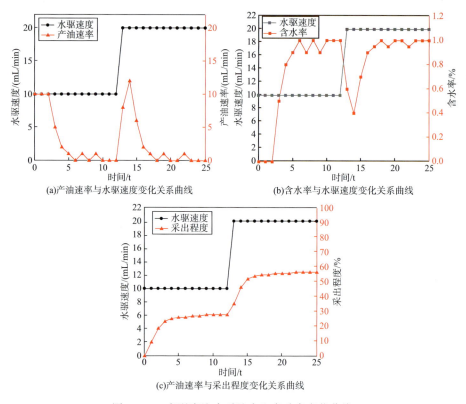

(a)产油速率与水驱速度变化关系曲线　　(b)含水率与水驱速度变化关系曲线

(c)产油速率与采出程度变化关系曲线

图3-34 变强度注水时油水生产动态变化曲线

通过对比不同注入速度后油水分布情况可以发现,相对于 10mL/min 驱替后的油水分布,变强度提高注入速度后,高含水区域(油水分布中蓝色部分)明显增大,尤其体现在溶洞左侧(注入井)的剩余油量明显减少,基本呈现高含水状态,而在溶洞右侧(采出井侧)高含水区域相对较少。总体来看,整个溶洞的油水界面得到明显抬升,注入水可以波及凸起底部,但是凸起的顶部含油饱和度仍旧达到 100%。

从生产动态变化曲线来看,在注入速度为 10mL/min 阶段,产油稳产小段时间后,产油速率迅速降低直至为 0,相应的采收率高速提高到一定程度后提升缓慢直至不变;在提高注入速度至 20mL/min 后,产油速率和采收率均出现提高(如表 3-17 所示),说明提高注入速度后使原本不具产油能力的油井继续出油,溶洞内的剩余油饱和度略有降低。

表 3-17 变强度注水采收率表

实验方案	采收率/%	采收率提高幅度/%
3	27.8	—
4	47.5	19.7

出现上述现象的原因是:①注入水从注入井进入溶洞后,由于油水密度差使水逐渐在溶洞底部聚集,在注入井周围水向下聚集,油向上漂浮,使注入井周围的剩余油较多;随着注入水的不断增加,溶洞底部聚集的水越来越多,使溶洞底部的含油饱和度较低,并且注入水在溶洞底部不断向采出井侧波及,使溶洞下部的剩余油越来越少;而当大部分注入水到达采出井附近溶洞底部后,由于采出井口压力降较大,注入水主要在采出井井口处上升,而在溶洞中部上升幅度较小,并难以达到溶洞凸起处,导致溶洞凸起处含油饱和度达到 100%。②在提高注入速度后,由于驱动压力的增大,注入水克服重力分异的影响,使原本不能波及的区域得到波及,动用到更多的剩余油,尤其是注入水在溶洞中部和溶洞左侧(注入井侧)的波及效果明显提高;而在溶洞右侧(采出井侧),由于井口处压力降较大的缘故,注入水产生一定的锥进现象,导致波及效果不如溶洞左侧;对于溶洞凸起处而言,由于凸起处高度较高,驱动力作用相对有限,注入水依旧难以达到,导致该部位含油较高。

四、三维双缝洞模型变强度注水实验

1. 实验方案

在低注高采的全充填三维双缝洞模型中,剩余油赋存形式主要为绕流油和充填介质内剩余油。采取变强度注水研究其动用剩余油机理,实验方案如表 3-18 所示。

表 3-18 三维双缝洞模型周期注水实验方案

实验模型	实验编号	充填模式	注采井位	注水方式	变强度时机	注入速度/(mL/min)
三维双缝洞模型	Bq04	全充填	低注高采	稳定注水	—	5
	Bq05	全充填	低注高采	稳定注水	—	20
	Bq06	全充填	低注高采	变强度注水	见水~含水20%~含水70%~含水100%	5~10~15~25

2. 改善水驱结果及分析

对三维双缝洞模型进行稳定注水和变强度注水实验，通过 LCR 数字电桥实时检测水驱过程中各个位置的电阻率变化，并通过阿尔齐公式转化为含水饱和度，选取水驱过程中部分时刻含水饱和度值，利用 Surfer 软件绘制油水分布剖面，如图 3-35~图 3-37 所示。

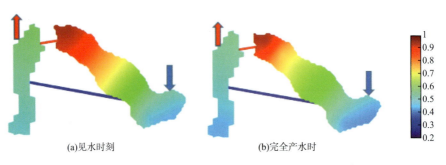

(a) 见水时刻　　　　　　(b) 完全产水时

图 3-35　注入速度为 5mL/min 的水驱过程中油水分布

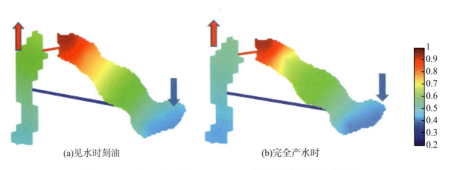

(a) 见水时刻油　　　　　　(b) 完全产水时

图 3-36　注入速度为 20mL/min 的水驱过程中油水分布

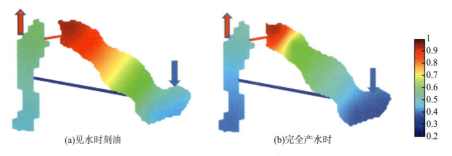

(a) 见水时刻油　　　　　　(b) 完全产水时

图 3-37　注入速度为 5~10~15~20mL/min 变强度注水的水驱过程中油水分布

通过对比不同注入速度水驱过程中的油水分布可以发现，在不同注入速度驱替下，两侧溶洞的油水分布存在一定差异：对于右侧（注入井侧），以20mL/min驱替时的剩余油量要小于以5mL/min驱替，而对于左侧（采出井侧），以20mL/min驱替时的剩余油量要大于5mL/min驱替，但是在变强度注水后，水驱后两侧溶洞内剩余油均较少。

根据变强度注水实验过程中采出井在各个时间点采出的油水体积，计算出产油速率、采收率及含水率，并绘制相关曲线（图3-38、图3-39）。

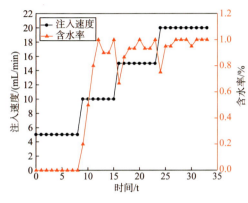
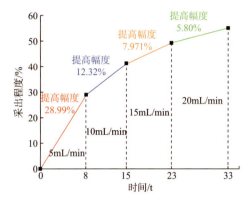

图3-38 注入速度与含水率变化曲线　　图3-39 变强度注水各阶段采出程度变化曲线

分析变强度注水过程中油水生产动态变化曲线可以发现，每次改变注入速度后，产油速率和采出程度均会出现一定程度的提高，含水率也会出现一定程度的下降，且随着注采反转轮次的增加，产油速率提高幅度越来越小；含水率下降幅度也越来越小，相应地，采出程度提升幅度也越来越小（表3-19），依次为26.99%、12.32%、7.97%、5.80%。

表3-19 水驱各阶段采出程度及提高幅度表

注入速度/(mL/min)	采出程度/%	采出程度提高幅度/%
5	26.99	—
10	39.31	12.32
1	47.28	7.97
2	53.08	5.80

产生上述现象的原因可以归结为：上层裂缝开度较小，可以视为无效裂缝，在该双缝洞模型中，不同的注入速度对不同溶洞的驱替效果不同，对于右侧（注入井侧）溶洞，提高注入速度增大驱替压差，能够使油尽可能地往上波及，从而提高波及范围，增大驱替效果，减少剩余油量；对于左侧（采出井侧）溶洞，减小注入速度可以更好地利用重力分异使注入水更好地驱替溶洞下部的剩余油，同时减缓注入速度使水突破时间延迟，降低锥进效果，从而增大驱替效果，减少剩余油量。当进行变强度注水时，注入速

度从小到大,不断改变,可以有效地综合高速水驱和低速水驱的优点,对两侧溶洞的驱替效果均有积极效果。

第七节　不同改善注水方式动用剩余油机理

本节根据对不同缝洞模型的不同改善水驱实验结果及分析,主要依据动力学原理,对不同类型改善水驱方式动用剩余油机理进行总结概况。

一、周期注水/脉冲注水动用剩余油机理

塔河油田碳酸盐岩缝洞型油藏中,大部分溶洞都存在不同程度的充填,且很多为全充填。对于含充填介质的溶洞,尤其是采用底部注水的溶洞中,采用脉冲注水可以有效提高水驱效率。脉冲注水是通过周期性地改变注入量,在储层中造成不稳定的压力波动,利用毛管力中的渗析作用和弹性力提高水驱油能力。比如,在底部注水的全充填三维不规则单洞模型中,在进行脉冲注水后,相较于稳定水驱,采收率最高提高了 11.2%。

周期注水与脉冲注水大同小异,同样是通过造成不稳定压力波的方式提高驱油效率,但是周期注水采用的周期循环是"开井—关井—关井",除了通过不稳定压力波驱动更多剩余油外,周期注水的关井期同样发挥着很大作用。在关井期,可以充分利用油水重力差造成的重力分异,使注入水更好地波及溶洞底部,同时还能在一定程度上减小"底水锥进"的不利影响。

二、注采反转动用剩余油机理

注采反转驱替是在采出井产油速率为 0 或驱替一段时间后,将注入井改为采出井,将采出井改为注入井的一种改善水驱方式,对减少充填介质内剩余油和注入井周围的阁楼油具有明显效果。

1. 驱出注入井周围阁楼油

当注入井打在溶洞凸起处时,由于受注采压差控制的驱动力作用面积较小,注采压差的影响可以忽略,又由于油受浮力作用上浮,在注入井周围往往会有阁楼型剩余油形成,难以被驱出。进行注采反转,调换注入井和采出井位置后,原注入井周围溶洞中的剩余油所受驱动力从下往上并在溶洞顶部对外连通,注采压差较大,此时水锥程度准数 $C_w > 1$,可以将其中的剩余油驱出(图 3-40)。

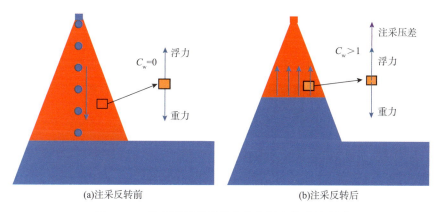

图 3-40 注采反转前后注入井作用力关系示意图

2. 降低充填介质内剩余油

在含充填介质地溶洞中，不断地进行注采反转可以不断改变液流方向，破坏某一个方向上的优势水流通道，对溶洞中部的充填介质来回"洗刷"，不断降低含油饱和度。比如，在全充填的三维地井间单凸起模型中，通过进行4个轮次的注采反转，提高采出程度。

三、注气后注水动用剩余油机理

水驱是开采缝洞型油藏的重要方式，由于油水重力分异作用，注入水很难波及溶洞顶部。尤其是在溶洞凸起部位，很难形成有效注采压差，在凸起处很容易形成阁楼型剩余油，水驱无法将其采出。在水驱过程中，利用重力分异作用，有效驱替溶洞底部剩余油后，进行注气开采，利用油气重力分异，注入气向上波及可以有效驱出溶洞顶部剩余油，显著提高采出程度。

四、注隔板调剖动用剩余油机理

1. 改变水流方向，减少边角或盲端剩余油

碳酸盐岩油藏中缝洞形态的复杂性容易在溶洞边角或盲端位置形成难以驱动的剩余油，该类剩余油的形成原因往往是难以形成有效注采压差导致的。通过在合适的位置注入隔板的方式，一方面可以改变液流方向，使更多的注入水流向边角位置，另一方面可以增加注入水向边角或盲端位置的压力，提高边角或盲端处的注采压差。比如，在底水驱的全充填单个孤立溶洞中（图3-41），通过注入隔板，

图 3-41 注隔板后剩余油分布

有效地将本应在边角位置（见图标注）形成的剩余油驱出。

2. 减少底水锥进影响

在底水驱的全充填溶洞中，采出井周围注采压差较大，引起等势线弯曲，产生水锥剩余油，而注入隔板可以改变液流和压力方向，在隔板下方的等势线几乎平行，可以有效避免水锥，大幅提高波及系数。

五、变强度注水动用剩余油机理

变强度注水通过不断改变注入速度、注入压力，增加对缝洞介质内剩余油的动用效果，取得了显著效果。其可以作用的剩余油类型主要有充填介质内剩余油、局部绕流油等。提高驱替效果的机理主要有以下几点：

1. 减小充填介质内剩余油

在剩余油形成机制研究中提到，在高注高采的全充填溶洞中，过高或过低的注采压差会造成较多的剩余油难以被驱出。而通过不断改变注入速度、改变注采压差，一方面可以利用低注入速度、低注入压力下重力分异严重的效果，充分波及溶洞底部剩余油；另一方面可以利用高注入速度、高注入压力下重力分异低下的效果，使注入水尽可能在溶洞上部波及，增大波及范围。比如，在全充填三维井间凸起模型的实验中，通过采用变强度注水，显著提高了驱替效果，减少了剩余油饱和度，采收率增加幅度达到19.7%。

2. 增加注入水进入裂缝的能力

缝洞型油藏中，各个裂缝开度、倾角、连通方式存在非常大的差异，因为裂缝的存在，形成了不同类型的剩余油，比如盲端剩余油、局部绕流油等。在盲端剩余油中，较高的注入速度会减少重力分异效果，影响注入水向下通过裂缝进入下部溶洞的能力，从而形成较多的盲端剩余油。如图3-42所示，在65mL/min的注入速度下，注入水只能进入4.5mm和5.5mm开度的裂缝，而在10mL/的注入速度下，注入水还可以进入3.5mm开度的裂缝。而在局部绕流油中，较高的注入速度能增大注入压力，增加注入水进入被绕流缝洞的能力，可以在一定程度上减小局部绕流油。如图3-43所示，在10mL/min的注入速度下，注入水不能通过裂缝进入溶洞，而在65mL/min的注入速度下，注入水可以通过裂缝进入溶洞置换剩余油。所以说，不同裂缝形态下对注入强度的需求不同，变强度注水可以充分利用不同注入速度、压力的效果，更好地波及更多缝洞中的剩余油。

(a)65mL/min注入速度下的油水分布　　(b)10mL/min注入速度下的油水分布

图 3-42　不同注入速度的盲端剩余油模型油水分布

(a)10mL/min注入速度下的油水分布　　(b)65mL/min注入速度下的油水分布

图 3-43　不同注入速度的绕流油模型油水分布

3. 均衡不同充填溶洞中的驱替效果

缝洞型油藏中，不同溶洞的对外连通情况、注采井位置不同，导致溶洞中剩余油的存在位置和种类不同，单纯的高强度水驱或低强度水驱只能对部分溶洞中剩余油起到较好的波及效果。在全充填缝洞中，低强度水驱一方面可以充分利用重力分异显著而更好地波及溶洞底部的剩余油，另一方面可以通过小注采压差，降低水锥，增大波及范围；而高强度水驱可以使注入水更好地向顶部不连通或连通程度差的溶洞顶部波及。比如，在双缝洞模型中（图3-44），在5mL/min稳定水驱下，左侧溶洞波及驱替更好；而在20mL/min稳定水驱下右侧溶洞的波及效果更好；在变强度注水中，通过不断改变注入速度，可以均衡高速和低速水驱的优势，两个溶洞均取得较好的驱替效果，采出程度相对于5mL/min注入速度下提高了13.04%，相对于20mL/min注入速度下提高了11.59%。

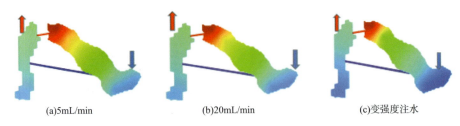

图3-44　不同注入速度条件下油水分布对比

小结：

（1）周期注水/脉冲注水可以通过在缝洞储集体内，尤其是在充填介质内产生压力波动，从而增大注入水驱替效率，减少剩余油分布。周期注水启动时机的不同，水驱后剩余油量也存在差异，在低注高采或底水驱的缝洞内，周期注水的启动时机越早越好，最好在采出井见水时就启动。

（2）注采反转不仅对于高部位生产井阁楼油的动用具有非常显著的效果，而且对充填介质内剩余油的降低同样起到一定作用。注采反转时机的选取对动用剩余油量起到一定影响，通常而言，对于充填介质内剩余油，注采反转时机越早越好。

（3）变强度注水可以有效动用充填介质内剩余油，不仅可以充分利用低注入速度时重力分异效果显著而使溶洞底部驱替效果更好，而且还可以利用高注入速度时纵向波及范围更高而更好地驱动高部位充填介质内的剩余油。

（4）注隔板调剖的改善水驱方式在可以有效压锥的同时，还可以改变液流通道，驱替原本注入水无法波及区域的剩余油。

（5）注水往往只能驱替较低构造部位的剩余油，对于构造高部位的剩余油，仅仅靠注水难以动用，注水后转注气可以动用更多剩余油。

（6）周期注水、脉冲注水、注采反转、变强度注水、注水转注气、表活剂注水等改善水驱方式对于缝洞型油藏提高采收率均起到显著效果，且作用机理不一。矿场实践中可以对各种改善水驱方式综合运用，最大程度地减少剩余油分布。

第八节　注采井组注水开发机理

从溶蚀孔洞介质和储集体特征出发，本节结合相似准则理论设计了溶蚀孔洞储集体水驱油及影响因素物理模拟实验，揭示了溶蚀孔洞型储层不同类型井网水驱油特征和裂缝、注采速度等因素对水驱特征的影响。

一、典型注采井组水驱动态研究

(一) 实验流程

针对缝洞油藏典型注采井组开发规律实验研究过程,其简化流程如图3-45所示。

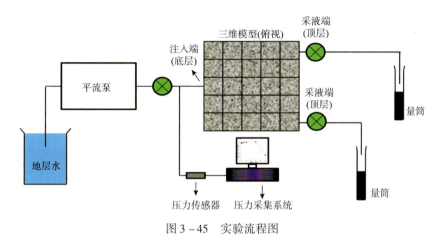

图3-45 实验流程图

由实验流程图可知,整套实验系统包括注入系统、压力采集系统、采液系统和模型本体。

1. 注入系统

注入系统包括平流泵、中间容器、氮气瓶、气体质量流量计、手摇泵等。平流泵用于提供驱替动力;中间容器提供驱替用流体,共3个,分别装满油、水、发泡剂;氮气瓶用于气驱以及生泡作用;气体质量流量计用于控制注入气体的流量;手摇泵用于给模型加围压。

2. 压力采集系统

压力采集系统包括计算机、压力传感器,主要用于探测驱替过程中注入端与出液端的压力变化。

3. 采液系统

采液系统的主要设备为量筒,计量不同时刻的产液情况。

(二) 实验步骤

为了模拟地层温度,将三维模型放置在高低温恒温箱中,温度设定为45℃。具体步骤如下。

(1) 对所模拟缝洞型碳酸盐岩油藏,提取典型储集空间类型,以此准备好各个模块的数量。

（2）拼装填充各个模块，包括径流岩溶带（地下溶洞群、溶蚀裂缝）、渗流岩溶带（渗流井、驻水孤洞）以及表层岩溶带（落水洞、溶蚀孔洞）。模拟缝洞型碳酸盐岩油藏纵向化差异特征。具体包括：将制作的暗河模块沿模拟岩块的对角排列，在暗河模块的内部填充低目数石英砂，可根据需要在各模块之间的拼接处涂抹环氧树脂 AB 胶，将该处的裂缝封堵，从而达到控制裂缝数量与位置的目的，其他部分为基质岩块进行拼装；在模拟岩块中部放置贯通的垂向溶洞模块与水平溶洞模块；在模拟岩块上部放置溶蚀孔洞模块以及具有盲孔的岩溶模块，同时可将岩块进行切割，加密裂缝数量。

（3）模拟岩块拼装完毕后，置入胶筒的立方体空腔中，加盖密封盖，对胶筒与筒体之间的环腔中填充水体至充满，同时利用手摇泵对环腔加压，模拟地层围压。

（4）连接管线，利用氮气对缝洞型碳酸盐岩油藏立体注采模型进行气密性测试，测试压力为 3MPa，若 12h 后压力不下降，说明气密性良好。

（5）对缝洞型碳酸盐岩油藏立体注采模型抽真空，利用平流泵，通过模拟井孔向中间容器注入模拟原油，使缝洞型碳酸盐岩油藏立体注采模型饱和，注入速度尽量小，确保饱和充分，待出口端稳定出液后，停止饱和，同时计算饱和量。

（6）将缝洞型碳酸盐岩油藏立体注采模型置于恒温箱中，设定为油藏温度，进行原油老化。

（7）将水箱、压力采集系统、集液管道、集液量筒与缝洞型碳酸盐岩油藏立体注采模型连接完毕，进入原油驱替模拟开发阶段，研究注采井组水驱动态特征及开发规律，其中，驱替速度可根据方案需要进行设置。

（8）通过采液系统，记录驱替过程中的产油量与产水量，分析动态特征。

（9）驱替结束后，调节恒温箱温度为 -10℃，通过冷冻法，将油水区分，研究水驱后缝洞油藏内部剩余油分布影响。

（三）实验结果分析

1. 裂缝正中间切割垂直溶洞，注采井沿地下河驱替

本组实验（实验1），裂缝正中间切割垂直溶洞，注采井沿地下河驱替，总饱和油量为 405mL，洞缝比为 3:1，驱替速度为 1mL/min，含水率达到 98% 后，停止实验，进行低温冷冻，观察含水位置，确定波及情况。图 3-46 为各个小层内部溶洞的波及情况，根据波动到的溶洞数量与总的溶洞数量的比值可知，溶洞的波及系数为 55%，同时可以观察到，注采井主流线及附近溶洞可以被波及，主流线两侧较远区域几乎无法波及；通过冷冻后冰油分布情况可知，波及的溶洞，裂缝上部溶洞原油无法被采出，裂缝下部溶洞原油被置换出；垂直缝直劈溶洞，溶洞中原油基本完全被采出；剩余油包括阁楼油、主流线较远未波及区剩余油、部分波及溶洞中剩余油；地下河被波及，且呈现出注入水

沿地下河窜进的特征。

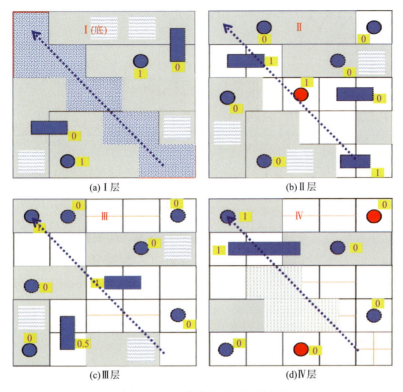

图 3-46　不同层间波及示意图

图 3-47 为水驱后冷冻效果实物图。由真实岩块可知，只有水能够被冷冻，呈冰状，所用模拟油仍处于液态，据此就可以判断出水在油藏内部的波及情况。

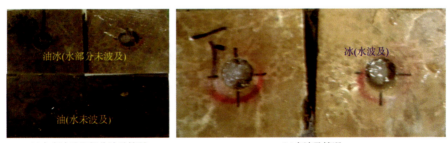

图 3-47　水驱后冷冻效果实物图

通过水驱油实验发现，对比注入水量与含水率和采收率的关系曲线可知（图 3-48），当注采井沿着地下河驱替，且裂缝正中间切割垂直溶洞时，整个驱替过程的无水采收率约为 12%，模拟油藏见水后含水率迅速上升至 80%；见水后，水驱过程中含水率出现明显的波动性，反映出溶洞被动用的特征；水驱最终采收率为 19.5%；见水后，油水比会出现一定的波动性和峰值，但波动范围逐渐减小，如图3-49所示。

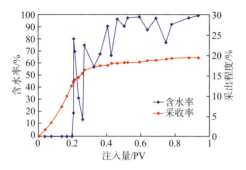

图3-48 注入水量与含水率和采收率关系曲线

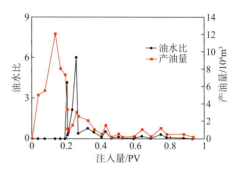

图3-49 注入水量与油水比和产油量的关系曲线

2. 裂缝偏上4/5处切割垂直溶洞，注采井沿地下河驱替

本组实验（实验2），裂缝偏上4/5处切割垂直溶洞，注采井沿地下河驱替，饱和油量为440mL，洞缝比为3:1，驱替速度为1mL/min，含水率达到98%后，停止实验，进行低温冷冻，观察含水位置，确定波及情况。图3-50为裂缝切割溶洞示意图，虚线代表切割位置。

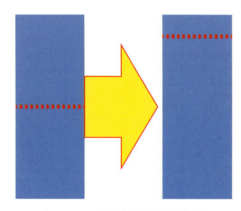

图3-50 裂缝切割溶洞示意图

图3-51为注入水量与含水率和采收率的关系曲线图，图3-52展示了注入水量与油水比和产油量的关系曲线。由图可知，与实验1相比，实验2的无水采油期变长，无水采收率为15%，见水后含水率迅速上升至75%；见水后，水驱过程中含水率仍有明显的波动性，反映出溶洞被动用的特征；水驱最终采收率为30%，明显高于实验1；缝洞连接点上移有利于溶洞中更多的油被采出，即有更多的下部溶洞油被采出。

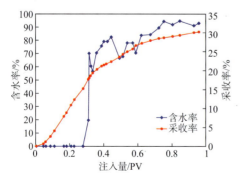

图3-51 注入水量与含水率和采收率关系

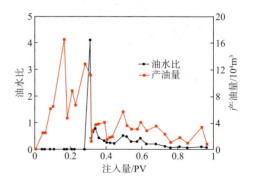

图3-52 注入水量与油水比和产油量的关系

水驱结束后,模拟油藏中仍有很大部分油未被开采出来,为了提高储层的采收率,对实验2进行转注采实验。新的注采位置如图3-53所示,注入位置位于油藏底部,采出位置位于油藏顶部。

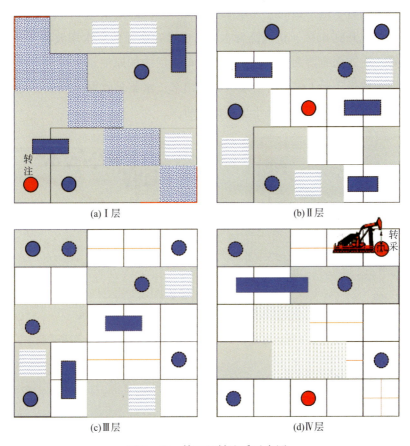

图 3-53 第二组转注采示意图

根据注入水量与含水率和采收率关系曲线可知(图3-54),沿地下河方向水驱之后,转底部注水上部开采,水驱采收率由原来的30%上升到44%,采收率提高14%;转注后出现一段无水采油期,说明转采井附近前一阶段未被波及。

3. 注采井垂直地下河驱替,缝洞连接位置位于溶洞中部

本组实验(实验3),注采井垂直地下河驱替,缝洞连接位置位于溶洞中部,饱和

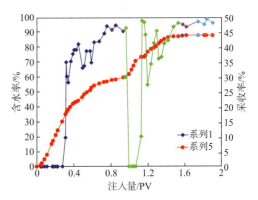

图 3-54 注入水量与含水率和采收率关系曲线

油量为 425mL，洞缝比为 3∶1，驱替速度为 1mL/min，含水率达到 98% 后，停止实验，进行低温冷冻，观察含水位置，确定波及情况。图 3-55 为注采井垂直地下河示意图。

图 3-56 为注采井垂直地下河时，注入水量与含水率和采收率关系曲线。由曲线可知，注采井连线垂直于地下河时，无水采收率 4.5%，远低于与地下河走向平行；见水后的含水率迅速上升到 85%，进入高含水期后也存在明显的含水率波动，并且较实验 1 相比更为频繁，一方面有溶洞影响，另一方面地下河中的原油只能在重力作用下逐渐被置换出来，而无法像实验 1 中较容易地被驱替出来；水驱采收率 12.3%，低于实验 1 的 19.5%，所以初始注采沿地下河优于垂直地下河。

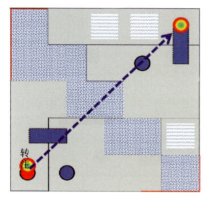

图 3-55 注采井垂直地下河示意图

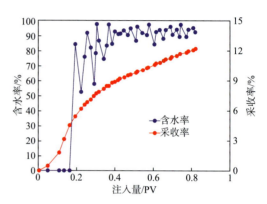

图 3-56 注入水量与含水率和采收率关系曲线

二、不同底水特征三维缝洞注采井组动态特征

（一）实验流程

建立了不同底水特征大尺度三维缝洞注采井组模型，开展了大尺度三维缝洞水驱实验，分析了底水对水驱开发动态特征和开发规律的影响。

由实验流程图（图 3-57）可知，整套实验系统包括注入系统、压力采集系统、采液系统和模型本体以及底水模型。

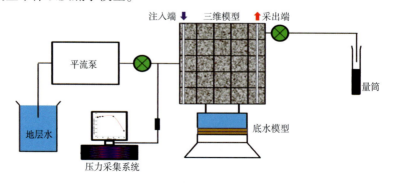

图 3-57 带底水实验流程图

1. 注入系统

注入系统包括平流泵、中间容器、氮气瓶、气体质量流量计、手摇泵等。平流泵用于提供驱替动力；中间容器提供驱替用流体，共3个，分别装满油、水、发泡剂；氮气瓶用于气驱以及生泡作用；气体质量流量计用于控制注入气体的流量；手摇泵用于给模型加围压。

2. 压力采集系统

压力采集系统包括计算机、压力传感器，主要用于探测驱替过程中注入端与出液端的压力变化。

3. 采液系统

采液系统的主要设备为量筒，计量不同时刻的产液情况。

4. 底水模型

底水模型主要用于模拟实验过程中油藏强、弱底水特征。将底水模型中装填水，并与模型底部相连，与模型本体形成底水模型，其实物图如图3-58所示。

（二）实验步骤

为了模拟地层温度，将三维模型放置在高低温恒温箱中，温度设定为45℃。具体步骤如下。

（1）对所模拟缝洞型碳酸盐岩油藏，提取典型储集空间类型，以此准备好各个模块的数量；

图3-58 底水模型实物图

（2）拼装填充各个模块，包括径流岩溶带（地下溶洞群、溶蚀裂缝）、渗流岩溶带（渗流井、驻水孤洞）以及表层岩溶带（落水洞、溶蚀孔洞）。模拟缝洞型碳酸盐岩油藏纵向化差异特征。具体包括：将制作的暗河模块沿模拟岩块的对角排列，在暗河模块的内部填充低目数石英砂，可根据需要在各模块之间的拼接处涂抹环氧树脂AB胶，将该处的裂缝封堵，从而达到控制裂缝数量与位置的目的，其他部分为基质岩块进行拼装；在模拟岩块中部放置贯通的垂向溶洞模块与水平溶洞模块；在模拟岩块上部放置溶蚀孔洞模块以及具有盲孔的岩溶模块，同时可将岩块进行切割，加密裂缝数量。

（3）模拟岩块拼装完毕后，置入胶筒的立方体空腔中，加盖密封盖，对胶筒与筒体之间的环腔中填充水体至充满，同时利用手摇泵对环腔加压，模拟地层围压。

（4）连接管线，利用氮气对缝洞型碳酸盐岩油藏立体注采模型进行气密性测试，测试压力为3MPa，若12h后压力不下降，说明气密性良好。

(5) 对缝洞型碳酸盐岩油藏立体注采模型抽真空,利用平流泵,通过模拟井孔向中间容器注入模拟原油,使缝洞型碳酸盐岩油藏立体注采模型饱和,注入速度尽量小,确保饱和充分,待出口端稳定出液后,停止饱和,同时计算饱和量。

(6) 将底水模型充填装满水,利用管线将其连接入模型底部,从而构成带底水油藏装置。

(7) 实验分3组,分别构造油藏内存在天然屏障、弱底水和强底水油藏物理模型。

(8) 将缝洞型碳酸盐岩油藏立体注采模型置于恒温箱中,设定为油藏温度,进行原油老化。

(9) 将水箱、压力采集系统、集液管道、集液量筒与缝洞型碳酸盐岩油藏立体注采模型连接完毕,进入原油驱替模拟开发阶段,研究注采井组水驱动态特征及开发规律,其中,驱替速度可根据方案需要进行设置。

(10) 通过采液系统,记录驱替过程中的产油量与产水量,分析动态特征。

(三) 实验结果分析

1. 注采井间存在不渗透屏障,注采井依靠底水沟通

本组实验(实验1),注采井间存在不渗透屏障,注采井依靠底水沟通,不渗透屏障的位置如图3-59所示。最终,模型围压10MPa,实验用油为25#白油,总饱和油量为451mL,驱替速度为1mL/min,含水率达到98%后,停止实验。

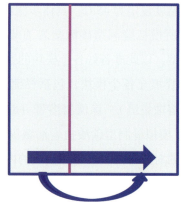

图3-59 不渗透屏障位置示意

根据采出液以及注入水量绘制注水量与含水率和采收率关系曲线,如图3-60所示,无水采收率约为12%,见水后含水迅速上升并出现较大幅度波动,与沿地下河注采时类似,这是由于二者驱替形式存在一定的相似性;中高含水期,含水波动较小,且最终采收率稍高,这是由于生产井一侧主要为重力垂向驱替,无水平驱替作用;考虑到屏障左侧驱替效果较差,高含水和转换注采关系,在左侧发挥重力驱替作用,但效果不明

显，采收率提高 2.1%。

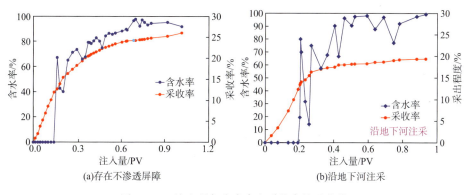

(a)存在不渗透屏障　　　　(b)沿地下河注采

图 3-60　注入量与含水率和采收率关系曲线

2. 弱底水缝洞型油藏注水开发

本组实验（实验 2）为弱底水缝洞型注水开发，模型围压 10MPa，实验用油为 25#白油，总饱和油量为 477mL，驱替速度为 1mL/min，含水率达到 98% 后，停止实验。实时记录实验过程中出液量变化，绘制注入量与含水率和采收率的关系曲线图（图 3-61）。

由关系曲线可知，当存在弱底水时，无水采收率约为 14%，最终采收率为 26%；见水后含水率缓慢上升，并呈现出小幅波动，

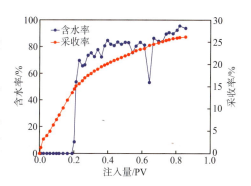

图 3-61　弱底水油藏注入量与含水率和采收率关系曲线

可能的原因是部分注入水能量补充底水亏空的同时减缓了注入水向生产井窜进，导致水淹速度降低；从底水装置中可以看出，部分原油进入底水（图 3-62）。

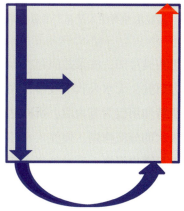

图 3-62　底水装置原油窜进

3. 强底水缝洞型油藏注水开发

本组实验（实验3）为强底水缝洞型注水开发，模型围压10MPa，实验用油为25#白油，总饱和油量为452mL，驱替速度为1mL/min，缝洞比3:1，含水率达到98%后，停止实验。实时记录实验过程中出液量变化，绘制注入量与含水率和采收率的关系曲线图（图3-63）。

存在强底水时，无水采收率达到29%，最终采收率为41.6%，从无水采收率来看，底水重力驱替作用明显；强底水缝洞油藏开发初期产油量较高且持续时间较长（图3-64）；见水后，在水平驱替和垂向驱替的共同作用下，含水率有较大幅度的波动（图3-65）。

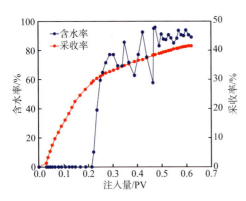

图3-63 强底水油藏注入量与含水率和采收率关系曲线

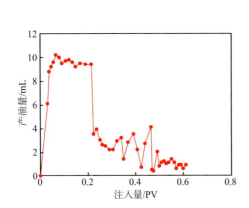

图3-64 强底水油藏注入量与产油量关系曲线

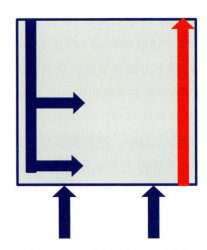

图3-65 油藏内部流体流动示意

根据3组实验可知，注采井间存在不渗透屏障，注采井依靠底水沟通时，生产井一侧为底水重力驱替，无水采收率较高，表现出与注采井沿地下河注入类似特征，但由于屏障作用，驱替作用仅为重力驱，所以见水后波动幅度较小；存在弱底水时，底水的亏空产生对注入水的分流作用，使注入水可以更缓慢地发生平面驱替，重力置换效用更充分，含水率也呈现出缓慢上升的特征；存在强底水时，无水采收率非常高，重力驱替作用显著，初期产油量高且维持时间长，中后期在重力垂向驱替和平面驱替的共同作用下，含水率大幅波动。通过对3种不同底水特征缝洞油藏对比可总结为：从能量的角度来看，注入水和底水均有积极作用；但从驱替效果的角度来看，垂向驱替明显优于平面驱替，增强垂向驱替、减弱平面驱替可有效改善开发效果，这与缝洞型油藏以重力驱（置换）为主要开发机理的特征也是相吻合的。

三、不同储容特征三维缝洞注采井组动态特征

（一）不同储容特征油藏构造

针对储容特征的研究实验，为构造不同储容比特征缝洞油藏，将实验1中的模型进行了调整，增加了溶洞的数量，包括垂向溶洞与横向溶洞。具体增加方式如图3-66所示。

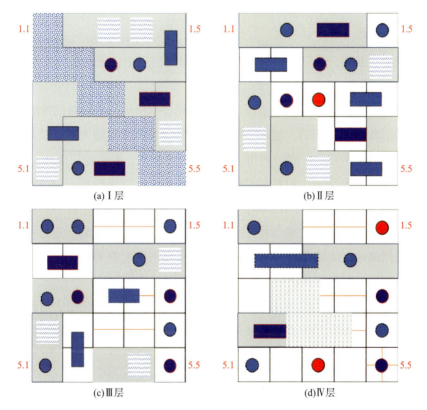

图3-66 高储容比油藏结构示意

由结构示意图可知，为达到高洞-缝储容比目的，对每一个小层都增加了新的溶洞岩块模型。根据实际储层的地质特征，在底部横向溶洞的数量添加较多，在上部油藏纵向溶洞添加数量较多，从而使其更具代表性。

（二）实验流程

高洞-缝储容比实验流程如图3-67所示。

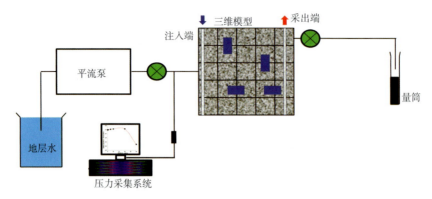

图 3-67　高储容比模型实验流程图

（三）实验步骤

为了模拟地层温度，将三维模型放置在高低温恒温箱中，温度设定为 45℃。具体步骤如下。

（1）根据新的储容模型结构示意图，拼装填充各个模块，构造新的油藏模型。

（2）模拟岩块拼装完毕后，置入胶筒的立方体空腔中，加盖密封盖，对胶筒与筒体之间环空中填充水体至充满，同时利用手摇泵对环空加压，模拟地层围压。

（3）连接管线，利用氮气对缝洞型碳酸盐岩油藏立体注采模型进行气密性测试，测试压力为 3MPa，若 12h 后压力不下降，说明气密性良好。

（4）对缝洞型碳酸盐岩油藏立体注采模型抽真空，利用平流泵，通过模拟井孔向中间容器注入模拟原油，使缝洞型碳酸盐岩油藏立体注采模型饱和，注入速度尽量小，确保饱和充分，待出口端稳定出液后，停止饱和，同时计算饱和量。

（5）实验分 3 组，分别构造油藏内存在天然屏障、弱底水和强底水油藏物理模型。

（6）将缝洞型碳酸盐岩油藏立体注采模型置于恒温箱中，设定为油藏温度，进行原油老化。

（7）将水箱、压力采集系统、集液管道、集液量筒与缝洞型碳酸盐岩油藏立体注采模型连接完毕，进入原油驱替模拟开发阶段，研究注采井组水驱动态特征及开发规律，其中，驱替速度可根据方案需要进行设置。

（8）通过采液系统，记录驱替过程中的产油量与产水量，分析动态特征。

（四）实验结果分析

本次实验为高洞-缝储容比注采实验，模型围压 10MPa，实验用油为 25#白油，总饱和油量为 706mL，驱替速度为 1mL/min，缝洞比 5∶1，含水率达到 98% 后，停止实验。实时记录实验过程中出液量变化，绘制注入量与含水率和采收率的关系曲线图（图 3-68）。

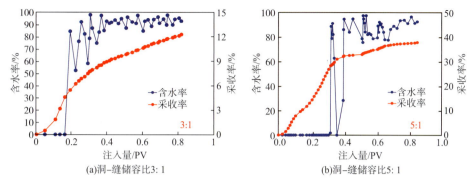

图3-68 不同储容比注入量与含水率和采收率关系曲线

由图3-68可知,当洞-缝储容比由3∶1增加到5∶1时,无水采油期变长,同时无水采收率大幅度升高,从原来的4.5%增加到现在的27%,最终采收率由12.3%增加到37.9%,开发效果明显变好。对比两者见水后含水率的变化可知,洞-缝储容比高的油藏见水后含水率波动幅度更大,含水率低时维持时间更长,体现出多个溶洞共同贡献的特征。

四、生产井产量特征与规律

分析发现,在典型缝洞型区块开发过程中,具有瞬间水淹特征的采油井,大概率钻遇了地下河或者底水,当无水采油期结束之后,底水或者地下河进入井筒,迅速发生水淹。对比三维物理模拟实验模型与典型缝洞油藏区块可知,两者在结构特征上具有相似性,皆是因为地下河与底水特征导致了迅速水淹结果。因此,根据物理模拟实验结果,为进一步提高典型缝洞单元瞬间水淹井的累产油量,可以将原注采方向转为其法向注采,可动用未波及区,注采井沿地下河走向注采效果优于垂直于地下河走向。

图3-69为沿地下河注采时含水特征与采收率的变化曲线。由含水特征曲线可知,见水后迅速上升至中低含水期(60%左右)并保持一段时间,之后含水率上升至高含水期,属于阶梯上升型曲线。图3-70为存在不渗透屏障时含水特征与采收率变化,含水上升规律较为平缓。

根据物理实验动态分析可知,为进一步提高具有台阶上升型含水特征的缝洞单元的累产油量,初期沿地下河注采,后期及时转换注采井位,提高波及范围。图3-70为存在不渗透屏障时含水特征与采收率变化关系,图3-71为带弱底水特征的缝洞型油藏的含水特征与采收率变化曲线,图3-72为带强底水特征的缝洞型油藏的含水特征与采收率变化曲线。在生产早期为无水采油期,见水后缓慢上升至中含水期(60%左右)并长期保持在该水平,产油量相对较高,含水特征属于缓慢上升型。尤其存在不渗透屏障时,含水率特征更类似于砂岩缓慢上升;强底水油藏含水率后期相比于弱底水油藏波动更剧烈。

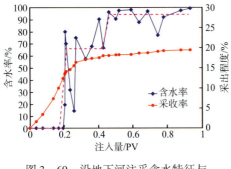

图3-69 沿地下河注采含水特征与采收率变化

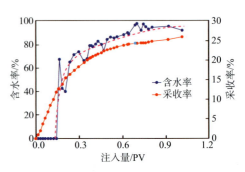

图3-70 存在不渗透屏障的含水特征与采收率变化

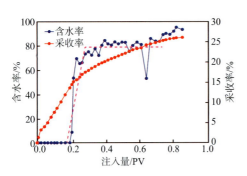

图3-71 弱底水缝洞油藏注采含水特征与采收率变化

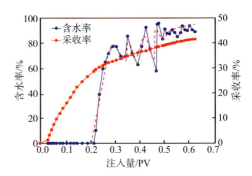

图3-72 强底水缝洞油藏注采含水特征与采收率变化

为进一步提高具有缓慢上升型含水特征的缝洞单元的累产油量,要充分利用底水能量,同时可以将原注采方向转为其法向注采,即转化注采井位,从而可动用未波及区。最终动态结果如表3-20所示。

表3-20 不同油藏特征含水率特征对比

油藏及注采特征		含水率特征	
沿地下河注采油藏		阶梯型上升	
垂直于地下河注采	低洞-缝储容比	暴性水淹	稳定期波动弱
	高洞-缝储容比		稳定期波动强
屏障式底水驱替		类砂岩全程缓慢上升	
含底水油藏	弱底水	缓慢上升	稳定期波动弱
	强底水		稳定期波动强

五、实验小结

首先，设计了缝洞型油藏三维物理模型及其主要注采实验参数；其次，针对地层纵向上的差异化特点，筛选出典型缝洞型油藏垂向分带特征，从而提取出典型的储集空间类型——溶蚀孔洞、裂缝、溶洞和地下河，进而构造模拟不同结构的地质模块，包括缝洞基质模块、暗河结构模块、溶蚀孔洞模块、溶洞模块，拼接组装为三维缝洞物理模拟模型；最后，利用三维缝洞物理模型，开展了不同注采方式的水驱油实验，分析了水驱特征和开发规律，包括不同注采位置驱替实验、水驱后提采实验、不同底水能量水驱实验以及不同油藏储容比水驱实验。主要得出以下结论。

（1）缝洞油藏注入水主要沿注采井间的主流线窜进，距主流线较远区域的缝洞体无法波及，水驱波及系数较低，仅为50%左右。

（2）缝洞油藏水驱剩余油主要分布在距注采井连线较远的未波及区和水驱波及溶洞的顶部，即阁楼油，且缝-洞连接位置越靠近溶洞下部，剩余油越多。

（3）裂缝-溶洞连接点靠近溶洞上部的油藏，无水采油期和无水采收率更高，油藏整体开发效果较好。

（4）缝洞油藏注采井组水淹后，通过将原注采方向转换为其法向注采，可动用未波及区，从而大幅提高波及范围和水驱采收率。

（5）注采井连线沿地下河走向效果优于垂直于地下河走向，无水采油期更长和无水采收率更高。

（6）注采井间存在不渗透屏障，注采井依靠底水沟通时，表现出与注采井沿地下河注入类似特征，但由于屏障作用，驱替作用仅为重力驱，见水后波动幅度较小。

（7）弱底水时，底水的亏空产生对注入水的分流作用，注入水平面驱替减缓，重力置换更充分，含水率也呈现出缓慢上升的特征。

（8）强底水时，重力驱替作用显著，初期产油量高且维持时间长，中后期在重力垂向驱替和平面驱替的共同作用下，含水率大幅波动，开发效果较好。

（9）从能量的角度来看，注入水和底水均有积极作用，但从驱替效果的角度来看，垂向驱替明显优于平面驱替，增强垂向驱替、减弱平面驱替可有效改善开发效果。

（10）洞-缝储容比增加，无水采收率大幅升高，开发效果明显变好且见水后含水率波动幅度更大，体现出多个溶洞共同贡献的特征。

第九节　改善水驱技术政策

改善水驱技术政策包括注水时机、注水方式和注采参数等。

一、研究方法

根据注水开发技术政策研究内容的差异，需要采用不同的研究方法，包括现场统计法、枚举优化法和目标函数梯度优化法等三种方法。

方法1——现场统计法：现场统计法是一种十分实用的方法，对注水开发技术政策进行现场数据的统计和分析。该方法适用条件是样本基础情况明确，因此需要足够多的统计样本和开发时限。基于此，现场统计方法按照统计学的原理，选取了132个注采井组作为统计样本。

方法2——枚举优化法：枚举优化法属于有限样本的推理论证方法，该方法应用的基础是，研究的影响因素指标是定性的、分散不连续的，就是在一定的区间内只能确定几种类型而无法定量。另外，当影响因素能够确定的数量有限，而且这些因素可以被一一列出时，这两种情况只能采用枚举优法进行研究，并在有限的枚举方案中优选较优的方案，例如注采关系、注水方式、井网类型问题的优化等。枚举优化法属于对一种相似问题采用相同的手段和方法进行模拟，因此具有快速、论据充分的特点。

方法3——目标函数优化法：枚举优化法容易丢失最优的方案，无法保证全局最优。对量化问题的优化，变化范围大，方案数量无法穷尽，枚举优化法将不适用，需用目标函数梯度优化法。例如，油藏注采井的合理注采参数就具有这个特点，各井的注采参数变化范围很大，且连续调整，这种情况下采用梯度优化方法具有明显的优势。这种优化方法应用的基础是分析影响因素、建立最优控制的目标函数模型和约束条件、构建最优控制数学模型等等。

对于缝洞油藏合理的注采参数研究，需采用目标函数梯度优化方法。具体思路是：确立注采参数优化方法，以该方法为核心，在注采参数变化区间确立的基础上，以研究系统的NPV或累产油最大化为目标，调用地质模型（或井间连通性计算模型）和数值模拟计算模拟器，改变单井的注采参数，直到目标函数梯度变化满足要求，输出单井的注采参数（含注水方式）；这样得到与地质背景、开发阶段等相关最优的注水和采油量等参数；分析不同地质背景、不同开发阶段的单井合理注采参数的变化规律，形成缝洞型油藏合理注采参数研究成果。

总之，本任务针对注水技术政策的完善和优化，采用现场统计法、枚举优化法和目标函数梯度优化法三种方法的优点，在机理模型研究的基础上，制订了研究方案，完善了缝洞油藏注水开发技术政策。

二、机理模型构建

地质模型是进行注水开发技术政策研究的基础，机理模型综合考虑了研究对象地质特征和生产特征，具有很强的代表性。缝洞型油藏分为风化壳、地下暗河和断溶体三大岩溶地质背景，在单元建模基础上，切分后得到 3 种不同地质背景的机理模型（图 3-73），模型参数见表 3-21，为后续的研究奠定了基础。

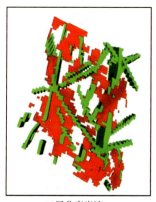
(a)风化壳岩溶

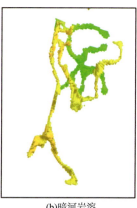
(b)暗河岩溶

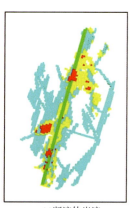
(c)断溶体岩溶

图 3-73 三种不同地质背景机理模型

表 3-21 三种不同地质背景机理模型的参数

模型类型	储集体类型	模型参数	取值
风化壳模型	溶 洞	有效孔隙度/%	12.02
		有效渗透率/$10^{-3}\mu m^2$	450
	裂 缝	有效孔隙度/%	0.50
		有效渗透率/$10^{-3}\mu m^2$	1000
暗河模型	主河道	有效孔隙度/%	45.0
		有效渗透率/$10^{-3}\mu m^2$	360
	分支河道	有效孔隙度/%	36.12
		有效渗透率/$10^{-3}\mu m^2$	46.8
	断 裂	有效孔隙度/%	0.50
		有效渗透率/$10^{-3}\mu m^2$	1000

续表

模型类型	储集体类型	模型参数	取值
断溶体模型	主干断裂	有效孔隙度/%	1.20
		有效渗透率/$10^{-3}\mu m^2$	1000
	次级断裂	有效孔隙度/%	0.50
		有效渗透率/$10^{-3}\mu m^2$	600
	溶洞	有效孔隙度/%	13.21
		有效渗透率/$10^{-3}\mu m^2$	750
	溶蚀孔洞	有效孔隙度/%	5.32
		有效渗透率/$10^{-3}\mu m^2$	20.0

三、缝洞型油藏合理注水时机

注水时机是缝洞油藏注水开发研究的一项十分重要的工作，在合理的注采井网形式研究基础上，针对缝洞油藏开发的特点，论证合理的注水时机。

根据要求，选取不同地质背景的注水单元，统计了单元含水率与采出程度的关系，从地层能量保持程度和单元的提高采收率两个方面统计了主体区缝洞注水单元的开发效果，统计的结果见图3－74～图3－77。从统计结果可以看出，不同地质背景缝洞注水单元注水开发效果与注水时机存在一定的差异，尽可能保持地层能量在较高的水平。

1. 风化壳岩溶背景

注水时机数值模拟计算结果见图3－78、图3－79，从图中看出，风化壳岩溶在地层压力下降6MPa后注水效果最好，即地层能量保持在90%左右，可以充分利用地层弹性能量和注水驱替效果获得最高的采收率。

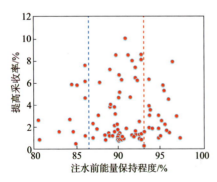

图3－74 塔河油田主体区注水前能量保持程度与注水效果关系

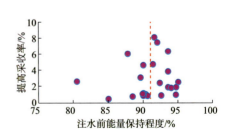

图3－75 风化壳岩溶地层能量保持程度与注水效果关系

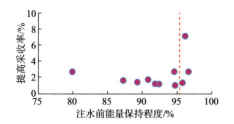

图3-76 暗河岩溶地层能量保持程度与注水效果关系

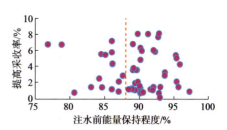

图3-77 断溶体岩溶地层能量保持程度与注水效果关系

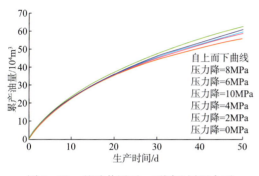

图3-78 基础井网下,不同地层压力下注水效果对比

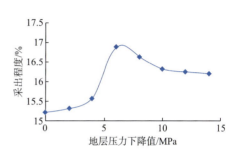

图3-79 基础井网下,不同地层压力下最终采收率对比

从平面和纵向两个维度,统计了不同地层压力下降幅度时压力场和饱和度场的分布(图3-80、图3-81)。利用图像处理软件,将压力变化前后压力场平面面积和纵向面积分别统计,可以得到不同井网的平面和纵向压力波及程度(图3-82、图3-83)。同样地,可以得到不同井网的平面和纵向底水饱和度程度(图3-84、图3-85)。

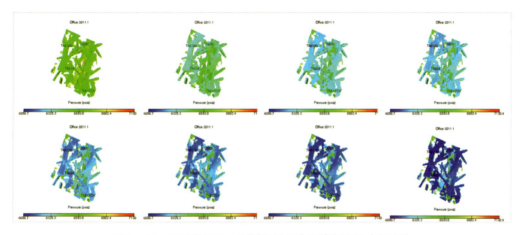

图3-80 基础井网下,不同地层压力下降幅度压力场变化

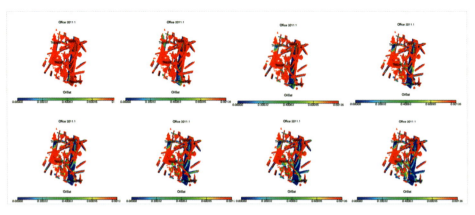

图3-81 基础井网下，不同地层压力下降幅度饱和度场变化

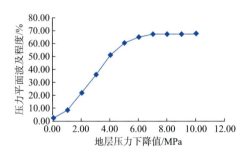

图3-82 基础井网下，不同地层压降幅度压力平面波及程度

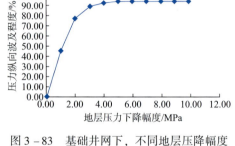

图3-83 基础井网下，不同地层压降幅度压力纵向波及程度

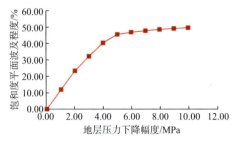

图3-84 基础井网下，不同地层压降幅度饱和度平面波及程度

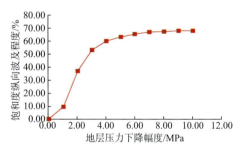

图3-85 基础井网下，不同地层压降幅度饱和度纵向波及程度

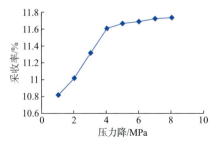

图3-86 基础井网下，不同地层压力下注水效果变化

2. 地下暗河岩溶背景

数值模拟注水时机结果见图3-86，发现在地层压力下降4MPa即地层能量保持在94%左右时，可以利用地层弹性能和注水驱动力获得最高水驱采收率。以上层河道为例，计算了压力场和饱和度场的变化（图3-87、图3-88）。

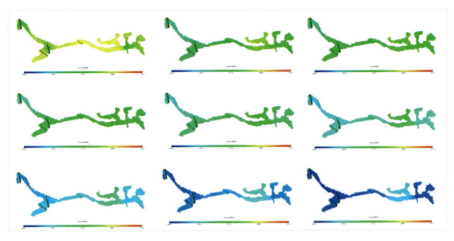

图 3-87　基础井网下，不同地层压力下降幅度压力场变化

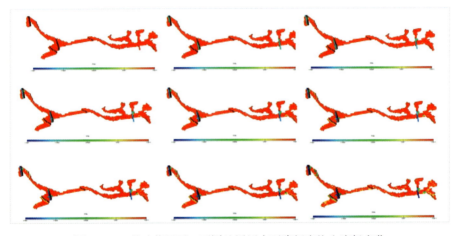

图 3-88　基础井网下，不同地层压力下降幅度饱和度场变化

同样地，计算了暗河岩溶在基础井网下不同地层压力变化后的控制程度和动用程度，见图 3-89~图 3-92。

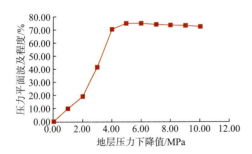 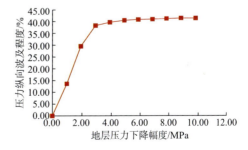

图 3-89　基础井网下，不同地层压降幅度压力平面波及程度

图 3-90　基础井网下，不同地层压降幅度压力纵向波及程度

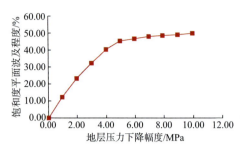

图3-91 基础井网下，不同地层压降幅度饱和度平面波及程度

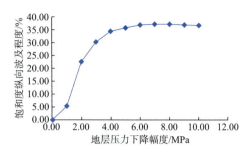

图3-92 基础井网下，不同地层压降幅度饱和度纵向波及程度

3. 断溶体岩溶

数值模拟的注水时机研究结果见图3-93。从模拟结果来看，断溶体岩溶在地层压力下降9~10MPa即地层能量保持在85%左右时，充分利用了地层能量和注水驱替效果获得最高采收率。相应地，压力场和饱和度场变化情况见图3-94~图3-97。

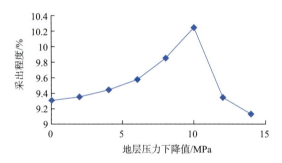

图3-93 基础井网下，不同地层压力下注水效果变化

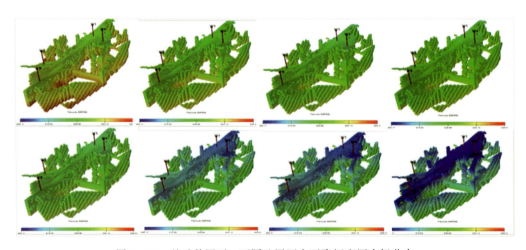

图3-94 基础井网下，不同地层压力下降幅度压力场分布

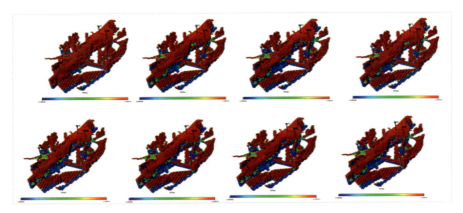

图 3-95 基础井网，下不同地层压力下降幅度饱和度场分布

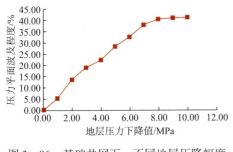

图 3-96 基础井网下，不同地层压降幅度压力平面波及程度

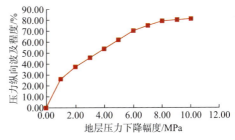

图 3-97 基础井网下，不同地层压降幅度压力纵向波及程度

同样地，利用压力场和饱和度场对地层压力下降的数据，计算了压力和饱和度在平面和纵向维度的波及程度（图 3-98、图 3-99）。

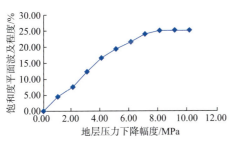

图 3-98 基础井网下，不同地层压降幅度饱和度平面波及程度

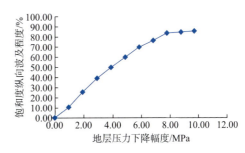

图 3-99 基础井网下，不同地层压降幅度饱和度纵向波及程度

风化壳、暗河和断溶体岩溶背景油藏合理注水时机分别为：地层能量保持程度为 94%、90% 和 86%。

基于裂缝闭合合理注水时机研究：采用数值模拟计算结合办法，以露头岩样的实验结果为基础，采用数值模拟方法计算了不同类型介质变形后裂缝闭合对产量的影响，给出了基于裂缝闭合的合理注水时机。

地质概念模型设计：为了揭示裂缝闭合问题，计算两个溶洞间连接的储集体类型由于地层压力变化引起的变形对产量的影响，设计了数值模拟计算用的概念地质模型（图3-100）。利用物理模拟实验结果和KarstSim数值模拟器，计算了由于地层有效压力变化引起的产量变化，得到了临界压力值。该压力值就是需要开展注水增压的临界压力值，也就是注水时机必须选择的压力界限。

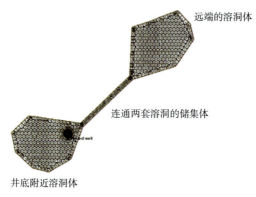

图3-100 数值模拟计算用的概念模型

物理模拟实验结果进行对比（图3-101），利用数值模拟技术，计算油井产量的变化（图3-102）。对比注水恢复到原始地层压力后的产量与初始产量，发现地层压力由62.3MPa下降到58.7MPa左右，产量出现拐点，因此塔河油田裂缝连接的溶洞体合理的注水时机确定为58.7MPa，地层压力下降幅度为5.1%。

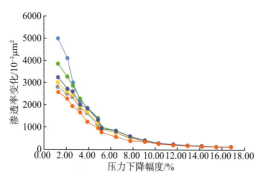

图3-101 不同压力下降幅度，裂缝渗透率变化和恢复实验结果对比

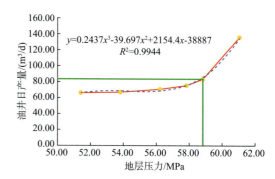

图3-102 裂缝介质连接溶洞体合理注水时机曲线

同样地，对溶洞、基质孔隙连接情况进行了研究，结果见图3-103和图3-104。得到合理注水时机分别为49.2MPa和40.2MPa，即地层最佳的能量保持程度为78.3%和64%。

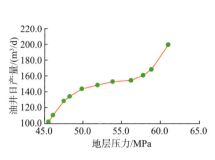

图3-103 溶洞介质连接溶洞体
合理注水时机曲线

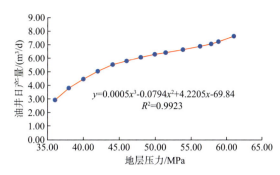

图3-104 孔隙介质连接溶洞体
合理注水时机曲线

将不同含水率下的注水效果进行了系统的统计,见图3-105。之后,分不同地质背景,分析了油藏合理的注水时机,统计结果见图3-106~图3-108。根据统计结果,以单元综合含水为控制条件,风化壳单元的综合含水率在30%~50%,暗河单元含水率50%~70%,断溶体单元综合含水率在40%~80%。

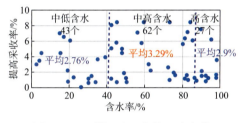

图3-105 塔河油田主体区注水前
综合含水率与注水效果关系

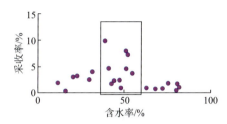

图3-106 风化壳岩溶综合含水情况与
注水效果关系

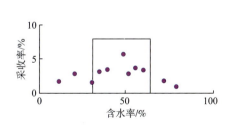

图3-107 暗河岩溶综合含水情况与
注水效果关系

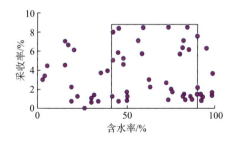

图3-108 断溶体岩溶综合含水情况与
注水效果关系

风化壳岩溶背景下的注水压锥时机研究结果见图3-109,可以看出,油井含水保持在20%~40%,充分利用了底水能量和注水横向驱替效果,获得最高采收率。

暗河岩溶背景下的注水压锥时机研究结果见图3-110。从模拟结果来看,暗河岩溶的合理注水时机确定为50%~70%。

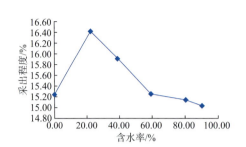

图 3-109　风化壳岩溶背景下
合理注水压锥时机

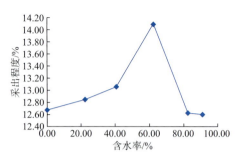

图 3-110　地下暗河岩溶背景
合理注水压锥时机

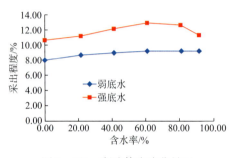

图 3-111　断溶体岩溶背景下
合理注水压锥时机

断溶体油藏类型中存在能量的巨大差异，因此开展了不同能量状况（强底水和弱底水）下注水压锥的效果研究，断溶体岩溶背景下的注水压锥时机研究结果见图 3-111。从模拟结果来看，无论是强底水还是弱底水，断溶体岩溶在油井含水在 70% 左右进行注水，可以充分利用底水能量和注水横向驱替效果，获得最高的采收率。因此断溶体溶的合理注水时机确定为 60%~80%。

总之，在立体结构井网构建的基础上，不同的岩溶地质背景缝洞油藏和不同的注水目的下的合理注水时机需要遵循以下原则：以充分发挥地层弹性能量为目的，风化壳、暗河、断溶体岩溶的缝洞油藏注水时的最佳地层压力保持程度为 90%、94% 和 86% 左右，可以充分利用地层弹性能量，同时又可以有效防止暴性水淹；以防治裂缝闭合为目的，对溶洞、裂缝和基质为主要的储集体，最佳的地层压力保持程度分别为 78%、94% 和 64%；以含水率控制产水提高效益为目的，风化壳、暗河、断溶体岩溶的缝洞油藏注水时的最佳综合含水率分别为 20%~40%、40%~60%、60%~80%。

四、缝洞型油藏合理注水方式

由于缝洞油藏强烈的非均质性，借鉴砂岩油藏的注水开发方式的研究成果，在现场实施了大量的水动力学方法改善注水措施，取得了一定的效果，为此开展了合理注水方式的研究。

1. 现场统计与分析

对现场 49 个注水井组首轮不稳定注水效果进行注水方式统计分析，主要的注水方式包括连续注水（又称稳定注水）、不稳定注水（含周期注水、不对称注水）和脉冲注水,其中,不对称注水分为长注短停和短注长停。不同注水方式的平均增油效果、有效期、提高采收率值见图3-112~图3-114。统计显示,不同的地质背景注采单元的增油效果有一定的差别:断溶体油藏,连续注水效果差,不稳定注水增油效果明显;不同类型不稳定注水方式及其组合形成的复合注水方式间由于驱油机理不同,增油效果也不同,以不稳定注水效果最好。基于这些差异性,推荐油田现场操作中采用不对称注水方式,其优点除了增油效果较优外,现场也易于操作。

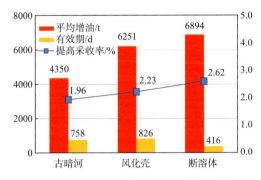

图3-112 塔河主体区不同岩溶地质背景注水效果对比

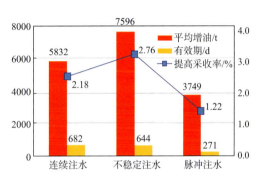

图3-113 塔河主体区不同注水方式效果对比

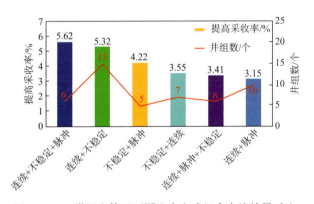

图3-114 塔河主体区不同注水方式组合实施效果对比

2. 数值模拟研究

为了对比不同的注水方案,便于获得合理的注水方式,将注水方式研究的条件设定为保证3个周期的不稳定注水与稳定注水最终的累计注水量相同(图3-115)。注水方式优选的主要目标是增油效果及水驱最终采收率的变化,注采参数变化集中体现在注水强度和周期(频率),也就是注水量的变化、注采压力的变

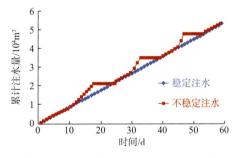

图3-115 合理的注水方式注水量变化

化、注采时间的变化等方面。

风化壳岩溶：利用数值模拟手段，研究了不同底水能量下缝洞型油藏风化壳岩溶的合理注水方式（图3-116、图3-117）。可以看出，无论是弱底水油藏，还是强底水油藏，周期注水效果都好于连续注水，但两者差距不大，其中强底水油藏注水方式对开发效果影响大于弱底水油藏。

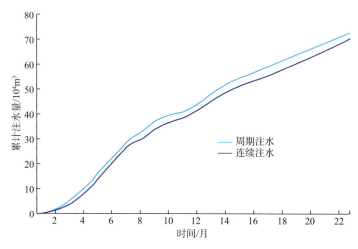

图3-116　弱底水风化壳岩溶不同注水方式下注水效果对比

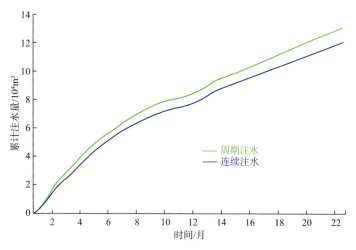

图3-117　强底水风化壳岩溶不同注水方式下注水效果对比

古暗河岩溶：针对暗河岩溶开展了类似的研究（图3-118），发现注水方式对暗河岩溶影响很小。考虑到暗河岩溶沉积具有一定的方向性，因此开展了换向注水改善水驱的效果，为此对比了连续注水和换向注水的效果。

为了更有效地说明问题，采用单支主河道模型，考察了在连续注水后综合含水达到90%高含水后期进行换向注水，分析了单支河道换向注水的效果，结果见图3-119。结果表明，在暗河岩溶地层，即便井组的综合含水达到高含水后期，进行换向注水，效果依然明显；换向注水可以提高采收率2.24%，在含水率低的情况下换向注水效果明显会更好。

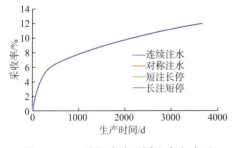

图3-118　暗河岩溶不同注水方式下注水效果对比

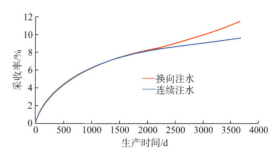

图3-119　暗河岩溶注水中后期不同注水方式效果对比

断溶体岩溶：断溶体岩溶油藏不同开发阶段的合理注水方式对水驱效果的影响结果见图3-120。总体来看，弱底水的断溶体油藏注水方式影响很小，短注长停的注水方式效果最好；强底水断溶体油藏注水方式影响大于弱底水，断溶体油藏开发初期不同的注水方式影响不大（图3-121），这个阶段推荐采用连续注水或长注短停为宜；在开发的中期，采用对称的周期注水；开发后期采用短注长停效果最好。考虑的注水方式中，不稳定注水效果比较明显，因此需要对注水和停注时间进行模拟，更有利于生产实施。从图3-122中可以看出，不稳定的注水采用停注与注水时间为3∶1时效果最好。

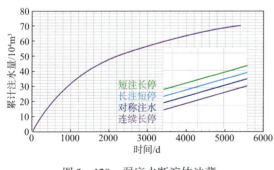

图3-120　弱底水断溶体油藏不同注水方式效果对比

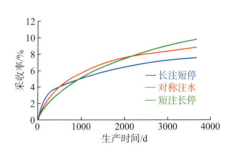

图3-121　强底水断溶体油藏不同注水方式效果对比

从数值模拟计算结果来看，虽然注水方式对注水效果影响不大，但在所有注水方式与连续注水累计注水量相同的条件下，不稳定注水时断溶体油藏效果好于风化壳岩溶，暗河岩溶效果最差，开发后期以短注长停效果最好，提高累产油量的同时降低注水量和产水量，不稳定注水的短注长停的时间比例按照1∶3为最好。

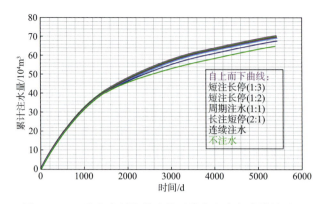

图 3-122 强底水断溶体油藏不稳定注水方式效果对比

五、缝洞型油藏合理注采参数

由于注采参数优化范围很大，常规的枚举优化法可能丢失最佳的优化方案，因此合理注采参数研究抛弃了枚举优化法，改用现场统计法和目标函数梯度优化法。后者的特点是整体性和时变性，可优化数学模型中考虑优化的控制变量与时间有关。这样，基于目标函数梯度优化得到的注采参数具有全时空特点。

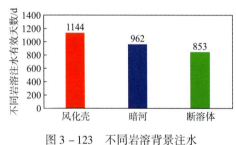

图 3-123 不同岩溶背景注水有效期统计结果

现场统计与分析：合理注采参数的统计受到油田生产的影响比较大，保证了数据的可靠性，尽可能地选取了多井注水单元，对 86 个注水多井单元（风化壳 24 个、古暗河 8 个、断溶体 54 个）158 个井组进行统计，统计结果见图 3-123。

之后，分不同开发阶段（开发初期即试注、中期即稳定注水、后期即注水失效）统计不同地质背景注水强度、注采比、注水方式的注水效果（图 3-124 ~ 图 3-126）。

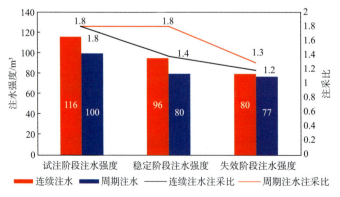

图 3-124 风化壳岩溶分阶段和方式下注水强度及注采比

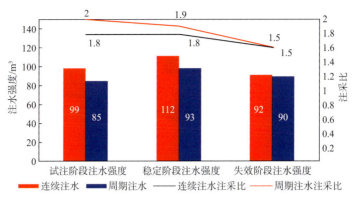

图 3-125　暗河岩溶分阶段和方式下注水强度及注采比

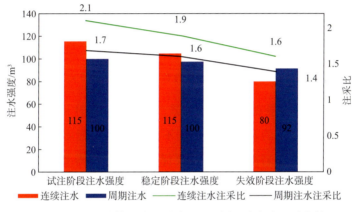

图 3-126　断溶体岩溶不同阶段、不同注水方式注采参数

对 158 个井组进行统计，有效天数从高到低依次是：风化壳（1144d）、暗河（962d）、断溶体（853d），对应的日平均注水强度分别为 $147m^3$、$114m^3$ 和 $105m^3$，稳产期的平均日注采比分别为 1.4:1、1.8:1 和 1.6:1。随开发阶段和注水方式变化，相应的注水强度和注采比也有变化，总体上含水越高，注水强度和注采比将逐步减小。

数值模拟研究如下。

1. 连续注水方式下的合理注采比（优化结果统计）

考虑到油田实际地质建模和应用的要求，针对单一确定性建模、多个不确定建模和没有地质建模 3 种情况，系统地开展了缝洞油藏注采参数优化，建立了缝洞油藏注采参数不同的优化方法思路设计（图 3-127）。

针对缝洞油藏注采参数 3 种优化方法，开展了 6 个示范单元和 18 个注采井组的注采参数优化，对 3 种不同的优化方法进行效果评价。3 种生产优化方法各有特色，从计算速度、精度、不确定性和快捷性等方面考虑了现场各种生产实际需求。3 种优化方法特色鲜明，其优化结果具有可比性，具有一定的推广价值。实现了通过生产优化，调整油水井生产制度，改变油水流场分布，达到提高注水波及系数和水驱采收率的目的。

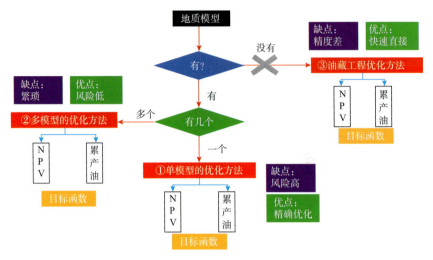

图 3-127　缝洞油藏注采参数不同优化方法研究思路

将优化结果进行统计，获得不同地质背景注采井组合理注采比与能量保持程度之间的关系。在合理注采比统计的基础上，根据不同能量保持程度与注采比之间的关系曲线，可以拟合得到不同类型岩溶背景油藏要保持地层能量需要的合理注采比（表 3-22）。由于地层能量保持程度与油藏开发的综合含水之间是正相关的，它客观地反映了油藏开发阶段。

表 3-22　不同开发阶段不同岩溶地质背景连续注水合理注采比

能量保持程度/%	合理注采比				
	所有类型岩溶	风化壳岩溶	暗河岩溶	断溶体岩溶	复合岩溶
小于 80	0.94	1.11	1.09	0.84	1.45
80~85	1.13	1.31	1.22	1.06	1.46
85~90	1.33	1.52	1.34	1.28	1.46
90~95	1.52	1.72	1.47	1.51	1.47
大于 95	1.71	1.93	1.59	1.73	1.47

2. 不稳定注水方式下的合理注采参数（数值模拟方法）

将数值模拟开展的不同类型岩溶地质背景下的不稳定注水效果进行统计，统计了不同岩溶背景和不同开发阶段下注采井组的注采强度比和注停时间比，得到不同岩溶地质背景下合理的注采参数（表 3-23）。

表 3-23　不同开发阶段不同岩溶背景下不稳定注水合理注采参数

参数分类		开发阶段	注水方式	岩溶地质背景		
				风化壳岩溶	暗河岩溶	断溶体岩溶
合理注采参数	注采强度比	初期	周期注水	1.2~1.4	1.2~1.4	1.0~1.2
		中期		1~1.2	0.9~1.2	0.6~0.9
		后期		0.9~1.0	0.7~0.9	0.5~0.6
		初期	不稳定注水	1.2~1.5	0.8~1.2	1.0~1.4
		中期		1.1~1.3	0.6~0.8	0.6~0.8
		后期		1.0~1.1	0.4~0.6	0.3~0.6
	注停时间比	初期	不稳定注水	0.9~1.2	1.0~1.4	1.0~1.5
		中期		0.6~0.9	0.5~1.0	0.7~1.0
		后期		0.4~0.6	0.3~0.5	0.3~0.7

六、缝洞型油藏合理注水技术政策

在合理注采井网构建的基础上，将合理的注水时机、注采关系、注水方式和注采参数总结，得到了缝洞油藏的注水技术政策结果（表 3-24），与原来的注水开发技术政策相比较明显有所改善和细化。

表 3-24　缝洞型油藏改善注水技术政策

技术内容		合理注水技术政策界限		
		岩溶地质背景		
		风化壳	暗河	断溶体
注采关系		小缝洞群注，大缝洞群采	分层注采，主干采分支注，深部注浅层采	边注核采，低注高采
注采井网		面状井网	网状井网	线状井网
注水时机	含水率	40%~60%	50%~70%	能量不足 <20% / 能量充足 40%~80%
	能量保持程度	90%左右	94%左右	86%左右
注水方式	受效初期	连续注水	连续注水	周期注水
	受效中期	周期注水	周期注水	长注短停（2:1）
	受效后期	不稳定注水	顶向注水	短注长停（1:3）

续表

技术内容			合理注水技术政策界限			
			岩溶地质背景			
			风化壳	暗河	断溶体	
注采参数	连续注水（注采强度比）	受效初期	1.52~1.93	1.34~1.59	1.28~1.83	
		受效中期	1.11~1.52	1.09~1.34	0.84~1.28	
		受效后期	小于1.11	小于1.09	小于0.84	
	周期注水（注采强度比）	受效初期	1.2~1.4	1.2~1.4	1.0~1.2	0.8~1.0
		受效中期	1~1.2	0.9~1.2	0.6~0.9	0.4~0.7
		受效后期	0.9~1.0	0.7~0.9	0.5~0.6	0.3~0.4
	不稳定注水（注停时间比）	受效初期	0.9~1.2	1.0~1.4	1.0~1.5	0.8~1.3
		受效中期	0.6~0.9	0.5~1.0	0.7~1.0	0.5~0.8
		受效后期	0.4~0.6	0.3~0.5	0.3~0.7	0.1~0.5
	不稳定注水（注采强度比）	受效初期	1.2~1.5	0.8~1.2	1.0~1.4	0.8~1.2
		受效中期	1.1~1.2	0.6~0.8	0.6~1.0	0.4~0.8
		受效后期	1.0~1.1	0.4~0.6	0.3~0.6	0.1~0.4

第四章
碳酸盐岩缝洞型油藏单井注氮气提高采收率机理

碳酸盐岩缝洞型油藏注水驱油取得了十分好的效果，部分井注水后效果逐渐变差，注水后如何提高采收率是面临的重要问题。缝洞型油藏储集体尺度差异大、强非均质性，相关注气提高采收率没见文献报道，同时业界普遍认为：塔河缝洞型油藏注入气与原油地下不能混相，驱油效果差，不宜注气开发。2009年11月，康志江团队首次通过溶洞储集体注气数值模拟实验，揭示溶洞内注入氮气重力分异、驱替洞顶油等机理，提出注氮气"洞顶驱"是缝洞型油藏提高采收率有效方法。目前，塔河等缝洞型油藏已规模注氮气开发，成为缝洞型油藏重要的提高采收率方法。

第一节 注气洞顶驱的提出

2009年11月19日，在珠海的国家973计划"碳酸盐岩缝洞型油藏开发基础研究"项目的年度汇报会上，康志江团队首次提出了缝洞型油藏注气非混相洞顶驱提高采收率的可行性揭示了注气洞顶驱开发机理，证明了缝洞储集体注气具有良好的开发效果，建议注气进行提高采收率开发，得到了与会领导与专家的认可。

一、洞顶剩余油的潜力

通过不同缝洞体储集体数值模拟，揭示洞顶剩余油大量存在（图4-1），注水替油与水驱后，井上部的溶洞顶部存在注水不可动用储量。结合注水替油井的原始地质与采出量对比，定量预测了洞顶剩余油的际潜力。截至2008年，塔河油田奥陶系油藏共开展120口井注水替油，已有近50口注水替油井高含水、关井。计算50口注水替油井采出程度平均26%，有的井仅为3%，注水替油采出的是井下部的油，缝洞体顶部存在大量剩余油（图4-2）。

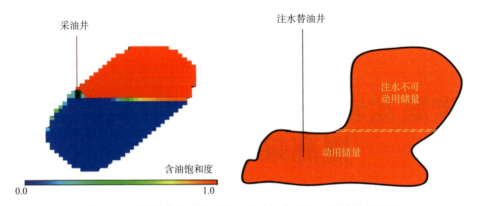

图4-1 溶洞储集体剩余油饱和度及注水替油动用储量分析图

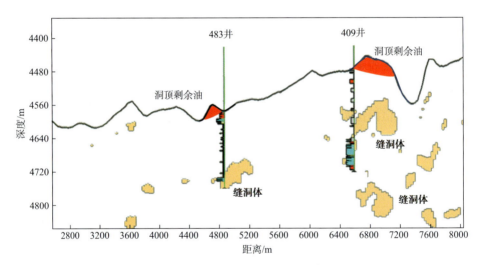

图4-2 塔河油井顶部缝洞体剩余油

二、未充填溶洞注气效果预测

针对未充填溶洞如何开采阁楼剩余油（或称洞顶油）的问题，开展上注下采、上注上采的气驱预测，揭示出注气后洞顶气驱均有非常好的效果，首次提出了注氮气洞顶驱提高采收率方法。

模型设计：注水井采油井均未钻遇溶洞最高点，低注高采、高注低采都形成洞顶剩余油。①高部采油井不变，低部位注水井改注气井（图4-3）；②低部采油井不变，高部位注水井改注气井（图4-4）。

开采规律：低部位井进行注气，注入气在重力作用下聚集在溶洞顶部，向下驱动剩余油，被高部位采油井采出（图4-3）。高部位注气在溶洞顶部聚集，形成气顶（图4-4、图4-5），驱动溶洞内原油向下运移，从而从低部位油井采出。无论低部位注气还是高部位注气，都能有效形成洞顶气并向下驱油。

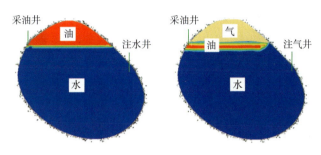

图4-3 低注气高采初始与注气后剩余油分布

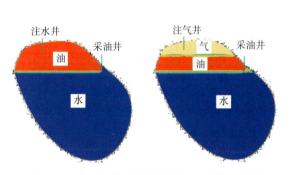

图4-4 高注气低采初始与注气后剩余油分布

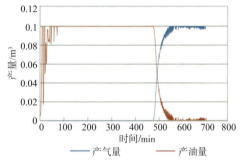

图4-5 注气后产量图

三、定容溶洞注水后注气效果预测

模型建立：以839井为原型建立地质模型，定容溶洞储集体（图4-6），三个方向网格长度5m，X、Y、Z方向网格数为$10 \times 10 \times 20$。模型储量为$6.7 \times 10^4 m^3$，渗透率$500 \times 10^{-3} \mu m^2$，孔隙度0.4，地面原油密度为$959 kg/m^3$，地面原油黏度$20 mPa \cdot s$，水密度为$1147 kg/m^3$，溶解气油比为$60 m^3/m^3$。油井射开11~13层网格，射孔位置处于溶洞中下部。

数值模拟结果如下。

（1）注水替油采出下部原油。自喷采油期1个月，累产油$4243 m^3$，采出程度6.3%；之后注水吞吐22个周期，累增油$31798 m^3$，采出程度53.7%，与TK839井注水替油过程一致。从注水替油剩余油饱和度（图4-7）可以看出，由于射孔位置处于溶洞中下部，只能开采到溶洞下部的原油，对于井的东部高部位的洞顶油（阁楼油）无法采出。对策：针对这种洞顶剩余油（阁楼油），利用气体密度比油小很多、气体向上驱油的特点，对定容体实施周期注气替油，逐渐将高处的原油替换出来，提高最终采收率。

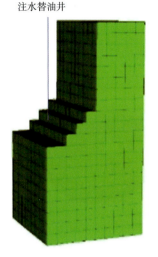
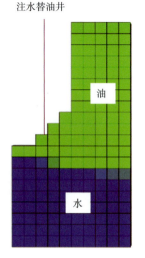

图4-6 溶洞储集体地质模型　　　图4-7 注水替油后饱和度图

（2）注气洞顶驱油效率达92%。该井进行注气吞吐，气体可以上窜至阁楼油所处的高部位，将原油置换出来，并提升地层压力，增大油井产能，提高该溶洞的采收率，气体将射孔上部的原油都置换出来了。注水吞吐主要开采溶洞下部原油，注气吞吐主要开采溶洞上部原油，注气替油的替油率为2.24t/t，远远高于注水替油的0.2t/t，注气驱上部的驱油效率为90%，注气替油更有效将处于高部位的阁楼油置换到下部，由油井采出（表4-1、图4-8）。

表4-1 注水注气替油效果对比表

位置	储量/m³	替油增油量/m³	替油率/（t/t）	剩余油/m³	驱油效率/%
油顶油 （1~10网格）	27072	15234	2.24	11	92
下部 （11~20网格）	39998	31798	0.20	9829	79.5
合计	67070	47032	—	9829	—

（3）关井焖井时间15~35d，置换效果好、可快采油。焖井时间越长，增油效果越好，有效焖井时间是影响注气吞吐效果的一个重要因素。气体注入油藏后，与原油存在密度差，会上窜，将阁楼处的原油置换出来，但这个过程需要一定的时间，关井时间短了，可能导致注入气被采出，影响注入气利用率；关井时间长了，会浪费一定的时间，影响到油井的产量。模型模拟了注水后续一个轮次注入气体，周期总注入量为163t，生产井最低井底流压为20MPa时，不同焖井时间对累增油量的影响。模拟结果显示，焖井时间15~35d（图4-9）。

第四章 碳酸盐岩缝洞型油藏单井注氮气提高采收率机理

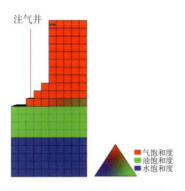

图4-8 注气替油开采后油水气饱和度分布图

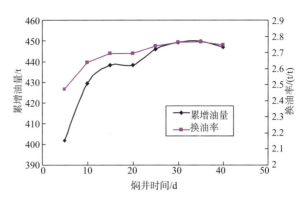

图4-9 注气累增油量与换油率图

四、S48单元注气效果评价

在生产历史拟合基础上，将 S48 单元 T402、TK408、TK411 等 8 口井改为注气，单井日注入量为 $10^5 m^3$，生产井配产 $10m^3$，预测 5 年，注气数值模拟提高采收率 3.6%（图 4-10）。建议先开展先导实验研究，完善整体配套工艺技术，之后再推广至缝洞单元；同时提出由于气油流度比大，加强气窜的监控。

针对溶洞顶部大量剩余油的特点，数值模拟了未充填溶洞、充填溶洞、单井、

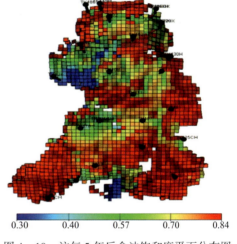

图4-10 注气5年后含油饱和度平面分布图

单元的注气驱油效果，单溶洞驱油效果可达 60%~92%，提高采收率 3.6%以上，首次证明与提出了缝洞型油藏注水后注氮气提高采收率的可行性。两年后矿场实验注氮气获得成功，注氮气已成为缝洞型油藏提高采收率的重要开发方式。

第二节 不同注入介质机理与优选

一、注氮气物理实验

物理模拟实验同样表明，注入气重力分异后形成气顶替出注水无法波及的洞顶阁楼剩余油；同时，改变水驱后压力场及流体运动方向，驱替部分水窜屏蔽剩余油，注气后提高采收率 12.52%（图 4-11）。

在岩石表面油湿的的条件下，依靠重力作用，氮气能够克服毛管力和黏滞阻力进入裂缝驱替原油。在高部位注气，由于气体密度低于油水项密度，利用油气密度差注入气体在构造高部位可以形成次生气顶，从而驱替顶部的"阁楼油"向下移动形成新的剩余油富集区，驱替至水驱不能触及的油藏顶部。注入水主要驱扫油层中下部，而氮气则会由于重力分异作用向上超覆前进，驱扫油层上部，进一步提高波及体积。从注气后油气、油水界面的变化情况来看，注氮气采油的主要机理是依靠油气重力作用，开采顶部"阁楼油"。

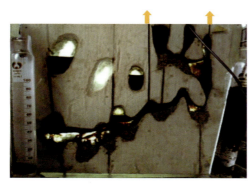 

(a)底水驱后　　　　　　　　　　(b)注气后

图4-11　底水驱与注气后油水分布对比

氮气渗流能力比水强，在压力作用下气体可以进入水难以进入的部分低渗透含油裂缝，而滞留的部分气占据了原来被油占据的裂缝空间，使低渗裂缝油流入高渗透率的洞中，而且使油藏中油、气、水重新分布。同时，氮气注入到地层后，可在油层中形成束缚气饱和度，从而使含水饱和度及水相相对渗透率降低，这样可在一定程度上有效地提高波及体积。

面临的难题：不同类型剩余油注入剂优选原则不清；注气效果差异大，缺乏科学的效果评价与选井方法、优化注气参数。针对面临的难题，下面首先探索缝洞型油藏注水后提高采收率方法，对底水驱后注聚、弱凝胶、强胶、活性剂、注气及泡沫等6种注入体系提高采收率技术的适应性进行了评价。

二、注聚合物物理实验

注入聚合物溶液一般被认为可以增加注入水的黏度，降低水相的渗透率，改善驱替液与被驱替液的流度比，从而有效扩大波及效率。对于缝洞型油藏而言，水驱后的流动优势通道作用更加明显，更加不利于后期提高采收率。

实验用聚合物为聚丙烯酰胺，溶液黏度200 mPa·s。实验过程中，原油黏度23.4mPa·s，底水压力9.6kPa，实验温度45℃，底水驱油至某井含水100%停止，单井转注聚合物，注聚合物时保持底水恒压驱替不变。

对于缝洞模型而言，聚合物驱替前后包括后续水驱过程，注聚提高采收率3.31%，其中阁楼油 1.91%。绕流油 0.65%，油膜 0.75%。对剩余油的启动以聚合物拖曳作用为主，改变流场作用细微，并未产生明显的绕流区域，其提高采收率的效果并不明显。原因可能是，对于这种模式的缝洞的组合，其水驱后并没有产生绕流区域，聚合物改善流动的作用并没有显现出来，而由于缝洞模型的内比表面积较小，聚丙烯酰胺类的黏弹流体在流动过程中对于原油"拖拉"作用的增油效果有限，造成实际的驱油效果不佳（图4-12）。

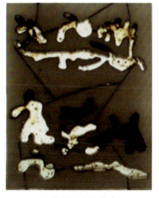 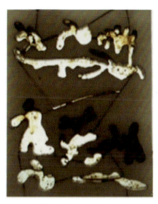 

(a)水驱剩余油分布　　　　(b)聚驱+后续水驱剩余油分布　　　　(c)对比分析

图 4-12　聚合物驱剩余油分布图

三、注弱凝胶物理实验

与注聚合物机理相同。缝洞模型注弱凝胶提高采收率 5.07%，启动剩余油（包括阁楼油 1.41%、绕流油 2.81% 和油膜 0.85%）。凝胶主要在近井地带作用，未波及到下层水窜通道，采收率增幅有限，阁楼油的启动以拖曳作用为主，同时液流转向作用启动了部分绕流油。裂缝模型注弱凝胶提高采收率 4.78%，启动剩余油包括绕流油 3.26% 和油膜 1.52%。注凝胶的流动控制作用使流场发生改变，从而启动与原主流方向夹角较大裂缝内的剩余油，并且弱凝胶的拖曳作用启动了部分油膜（图4-13）。

 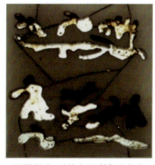 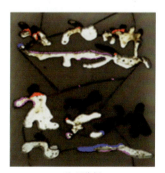

水驱剩余油分布　　　　注弱凝胶+后续水驱剩余油分布　　　　处理分析

(a)缝洞模型

图 4-13　注弱凝胶剩余油分布图

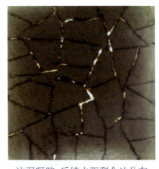
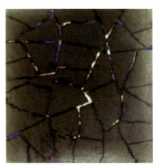

| 水驱剩余油分布 | 注弱凝胶+后续水驱剩余油分布 | 处理分析 |

(b)裂缝模型

图 4-13　注弱凝胶剩余油分布图（续）

四、注表面活性剂物理实验

注表面活性剂核心是降低驱替液与被驱替液的界面张力。界面张力的降低意味着黏附功的减小，原油更容易从底层表面洗下来，提高洗油效率。同时，表面活性剂在驱油过程中还可以起到在亲油表面产生润湿反转的作用。通过对底水驱油后的剩余油分析，认为底水驱油后缝洞表面仍然存在油膜。

实验采用 SS231 表面活性剂，浓度 0.3%，45℃下油水界面张力 4.5×10^{-2} mN/m。实验过程与注聚合物过程相似，见图 4-14。

(a)水驱剩余油分布　　　　(b)表活剂驱后剩余油分布　　　　(c)处理分析

图 4-14　注表面活性剂剩余油分布图

五、注泡沫物理实验

注泡沫物理实验包括氮气泡沫驱、氮气泡沫热水驱和氮气泡沫调驱等几种形式。一般认为，泡沫驱机理主要包括扩大宏观波及体积、提高微观洗油效率和对地层的调剖效应3个方面。泡沫体系的流动阻力要远大于液体的流动阻力，当气泡占据一定的流动空间后，在气阻效应的影响下原有流动通道被堵住，迫使原来的不动流体发生运移。泡沫具有遇油溶解、遇水稳定的特征，在一定的程度上改善了吸水剖面，进一步提高了波及效率。

同时，泡沫体系中的表面活性剂能够降低油水界面张力，提高洗油效率。实验使用氮气泡沫驱，起泡剂为十二烷基苯磺酸钠，浓度控制在0.3%，采用气液同注的方式，气液比1∶1，注入速度10mL/min，注泡沫阶段保持底水压力不变，底水驱油压力5.9kPa（图4-15）。

(a)水驱剩余油分布

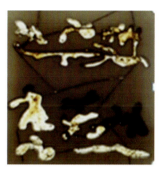
(b)氮气泡沫驱剩余油分布

(c)对比分析

图4-15 注氮气泡沫剩余油分布图

在泡沫注入过程中，泡沫首先进入井底附近的洞穴，遇到洞顶的阁楼油而发生破裂，泡沫体系中的气体占据构造高部位，驱替原油向相邻洞穴运移，不断地占据构造高部位，驱替模型中的阁楼油。同时，随着井底洞穴内的含油饱和度降低，洞内逐渐形成较为稳定的泡沫，并在注入压力的驱动下向临近洞穴推进。

在泡沫体系中，在表面活性剂的作用下，"驱替前缘"的三相界面逐渐缩小，波及区域内的洗油效率增高，泡沫驱效果明显。氮气泡沫驱提高采收率23.32%，启动剩余油（包括阁楼油13.95%、绕流油8.38%和油膜0.99%）。

经过细观模型实验结论，对比分析可知，各类方法均能够起到一定的提高采收率的作用，其中注氮气和注泡沫驱替效率较高，高压、高盐缝洞型油藏泡沫驱替尚需要深入研究，因此，注气应作为提高采收率技术的重点研究对象（图4-16）。

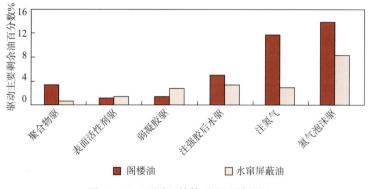

图4-16 不同驱替体系驱油效果对比

第五章
缝洞型油藏井组注氮气提高采收率技术

井组注气是为了进一步波及及驱替井间缝洞体剩余油，本章基于高温高压室内实验、物理模拟、数值模拟及油藏工程分析的方法，开展了不同注入气与原油相互作用、力学机制等作用研究，全面揭示了缝洞型油藏井组注气提高采收率机理。

第一节　氮气驱提高采收率机理

结合塔河油田的油藏条件，开展最小混相压力测定，缝洞型油藏注 N_2 启动剩余油力学机制研究，揭示缝洞型油藏氮气驱气水协同作用机理。

一、注氮气驱机理

氮气驱充分利用油气密度差异大的优势，通过优化注采参数实现稳定驱替，可达到气驱波及效果最优化。

1. 实验原理

气驱是提高原油采收率的重要方法之一，在世界范围内已经得到了广泛的应用。其基本原理是减小油气间的界面张力，降低原油黏度，从而提高微观驱油效率，以达到提高原油采收率的目的。确定气驱最低混相压力（Minimum Miscibility Pressure，以下简称MMP）是开展气驱机理研究工作的重要内容，是地层流体与注入气能否达到混相的关键指标，是优选注气驱方式的重要依据。目前确定 MMP 的方法主要有实验测定法、数值模拟法和经验公式法等。细管实验是研究油藏注气混相条件的重要手段，目前已经成为国际上公认的测定气驱最低混相压力的通用方法。

参考标准：《最低混相压力实验测定法——细管法》（SY/T 6573—2016）。

2. 实验装置

细管实验流程见图 5-1。此流程主要由注入系统、细管模型、回压调节器、压力监测系统、温度控制系统、产出油/气计量系统组成。

细管实验的主体是放置在恒温空气浴中的一根内部装填石英砂或玻璃珠的耐高温耐高压不锈钢盘管。高温高压条件下注入气驱替细管模型中的地层原油，在过渡带中注入气、地层原油之间发生组分交换。在合适的压力条件下注入气与原油达到多次接触动态混相，这一过程与油层中发生的气驱油过程相似，从而可以确定最低混相压力。

混相系统最大工作压力为 80MPa，最高工作温度为 180℃。

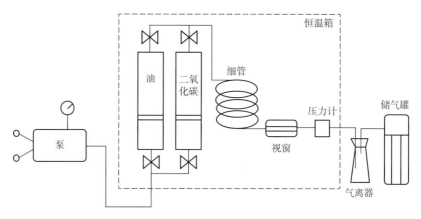

图 5-1 细管实验流程示意图

本实验共制作了 10 根长细管，实物及实验装置如图 5-2 所示。

图 5-2 长细管及实验装置图

本实验在塔河油田取了 4 种油样（图 5-3），油品物性参数具体情况见表 5-1。

图 5-3　细管实验流程

表 5-1　塔河油田 4 种取样原油参数

原油名称	实验温度/℃	原油黏度/mPa·s	地层压力/MPa	气油比（m³/m³）/饱和压力（MPa）
TP15	141.2	0.836	68.8	78.19/13.90
S117	141.4	1.42	66.15	185/26.63
TK648	122	111.185	59.54	55.66/13.66
TH12559	148	26	68.9	17/5.39

3. 实验程序

细管模型清洗：每次驱替实验前，先将细管模型恒温至实验温度（各目标区块的地层温度），用溶剂将细管模型清洗干净，然后用高压氮气吹净细管模型中的溶剂，最后对细管模型抽真空 12h 以上。

测定细管模型孔隙体积：将细管模型清洗干净并抽真空后，通过回压调节器将细管出口端的回压设置到实验压力，保持该压力用驱替泵注入溶剂，待压力充分稳定后，计量注入的溶剂体积，经校正后即可得到实验温度和给定实验压力下的细管模型总孔隙体积。

饱和地层原油：将细管模型清洗干净后，用高压氮气充满整个细管模型，并恒定到实验温度，通过回压调节器将细管出口端的压力设置到实验所需的压力值（必须高于原油样品饱和压力）。保持实验压力注入地层油样品驱替细管模型中的高压氮气，当地层原油样品注入量达到 1.8 倍细管模型孔隙体积后，每隔 0.1~0.2 倍孔隙体积，在细管模型出口端测量产出的油、气体积，并取油、气样分析其组成。当产出样品的组成、气油比均与地层油样品一致时，表示地层油饱和完成。

驱替实验：在实验温度和预定的驱替压力下，以不高于 15cm³/h 的速度恒速注气驱替细管模型中的地层油。每注入一定量的气体，收集计量产出的油、气体积，记录泵读数、注入压力和回压,通过高压观察窗观察流体相态和颜色变化。当累积注入 1.2 倍孔隙体积的气体后,停止驱替。

确定每个目标区气驱油的最低混相压力,需要在地层油饱和压力以上选择 6 个实验压力分别进行 6 次驱替实验,其中混相和非混相各 3 个实验压力。

4. 实验结果

纯氮气不同油样驱油效率实验结果:测试获得了纯氮气不同压力下驱替 4 种油样的驱油效率,结果见表 5-2,驱油效率随压力变化曲线见图 5-4。

表 5-2 纯氮气不同压力四种油样驱油效率

TP15		S117		TK648		TH12559	
压力/MPa	洗油效率/%	压力/MPa	洗油效率/%	压力/MPa	洗油效率/%	压力/MPa	洗油效率/%
65	44.51	65	40.4	65	37.92	65	36.08
68	51.26	68	46.7	68	42.23	68	40.57
71	55.7	71	51.21	71	46.55	71	43.63
74	59.06	74	54.6	74	49.24	74	45.45
77	61.27	77	57.7	77	51.54	77	47.81
80	63.16	80	60.9	80	53.61	80	49.25

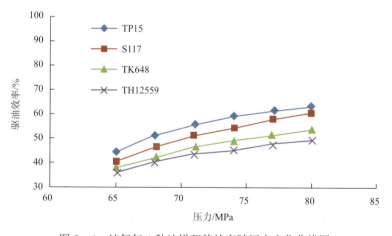

图 5-4 纯氮气 4 种油样驱替效率随压力变化曲线图

N_2/CO_2(8∶2)复合气不同油样驱油效率实验结果:测试获得了 N_2/CO_2(8∶2)复合气不同压力下驱替 4 种油样的驱油效率,结果见表 5-3,驱油效率随压力变化曲线见图 5-5。

表5-3 N_2/CO_2（8∶2）复合气不同压力4种油样驱油效率

TP15		S117		TK648		TH12559	
压力/MPa	洗油效率/%	压力/MPa	洗油效率/%	压力/MPa	洗油效率/%	压力/MPa	洗油效率/%
63	49.48	63	46.6	63	43.78	63	40.22
66	57.22	66	55.2	66	51.4	66	46.19
69	64.37	69	62.5	69	56.8	69	51.2
72	69.79	72	67.58	72	61.44	72	55.28
75	72.81	75	70.1	75	64.59	75	58.13
78	74.1	78	72.16	78	66.91	78	60.05

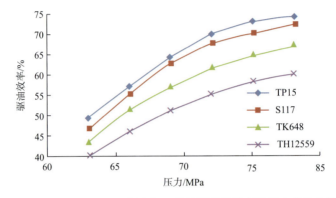

图5-5 N_2/CO_2（8∶2）复合气4种油样驱替效率随压力变化曲线图

N_2/CO_2（5∶5）复合气不同油样驱油效率实验结果：测试获得了N_2/CO_2（5∶5）复合气不同压力下驱替4种油样的驱油效率，结果见表5-4。驱油效率随压力变化曲线见图5-6。

表5-4 N_2/CO_2（5∶5）复合气不同压力4种油样驱油效率

TP15		S117		TK648		TH12559	
压力/MPa	洗油效率/%	压力/MPa	洗油效率/%	压力/MPa	洗油效率/%	压力/MPa	洗油效率/%
60	73.85	60	65.02	66	67.78	70	67.35
62	85.52	63	74.08	68	78.32	72	77.98
64	92.9	66	82.93	70	89.75	74	86.21
66	94.75	69	90.36	72	95.14	76	89.18
68	95.14	72	94.36	74	95.3	78	91.09
70	95.39	75	96.66	76	96.04	80	92.43

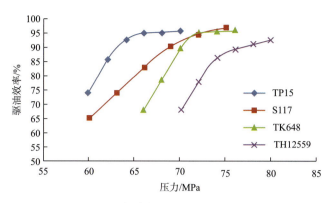

图 5-6 N_2/CO_2（5∶5）复合气 4 种油样驱替效率随压力变化曲线图

N_2/CO_2（3∶7）复合气不同油样驱油效率实验结果：测试获得了 N_2/CO_2（3∶7）复合气不同压力下驱替 4 种油样的驱油效率，结果见表 5-5。驱油效率随压力变化曲线见图 5-7。

表 5-5 N_2/CO_2（3∶7）复合气不同压力 4 种油样驱油效率

TP15		S117		TK648		TH12559	
压力/MPa	洗油效率/%	压力/MPa	洗油效率/%	压力/MPa	洗油效率/%	压力/MPa	洗油效率/%
48	70.59	47	65.15	51	56.75	55	73.11
50	80.3	50	76.24	54	70.35	57	81.82
52	88.05	53	87.8	57	84.45	59	88.66
54	93.05	56	93.57	60	90.2	61	92.86
56	94.67	59	95.85	63	91.89	63	94.63
58	95.02	62	97.13	66	93.43	65	95.43

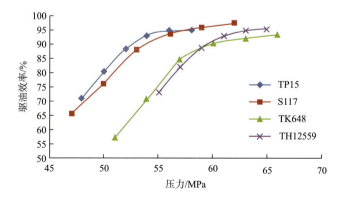

图 5-7 N_2/CO_2（3∶7）复合气 4 种油样驱替效率随压力变化曲线图

纯 CO_2 不同油样驱油效率实验结果：测试获得了纯氮气不同压力下驱替 4 种油样的驱油效率，结果见表 5-6。驱油效率随压力变化曲线见图 5-8。

表 5-6 纯 CO_2 不同压力四种油样驱油效率

TP15		S117		TK648		TH12559	
压力/MPa	洗油效率/%	压力/MPa	洗油效率/%	压力/MPa	洗油效率/%	压力/MPa	洗油效率/%
27	67.27	30	59.16	30	53.75	35	68.89
30	77.15	33	73.96	33	66.43	38	78.57
33	86.76	36	86	36	78.72	41	87.05
36	92.11	39	93.31	39	88.54	44	92.53
39	93.57	42	94.53	42	92.51	47	94.42
42	94.83	45	95.15	45	95.43	50	96.08

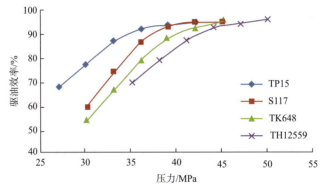

图 5-8 纯 CO_2 4 种油样驱替效率随压力变化曲线图

5. 实验结论

基于长细管，明确了油藏条件下氮气与轻质油、稠油、超稠油的驱油效率均小于 90%，因此，氮气均不能与轻质油、稠油、超稠油达到混相，注氮气开发属于非混相驱替。CO_2 比例大于 50% 的复合气驱油效率才可能大于 90%，才可能与原油发生混相。

二、缝洞型油藏注氮气启动剩余油力学机制

1. 基于二维概念模型的注气启动剩余油实验

考虑缝洞型油藏缝洞配置关系，综合设计多组不同方向的裂缝，建立典型的概念物理模型，如图 5-9（a）所示。实验中所用的原油密度为 836kg/m³，接触角为 50°，气体密度为 1.25 kg/m³，油气界面张力为 38mN/m。利用以上物性参数，基于建立的缝洞型油藏氮气驱力学机制，分析了氮气自下往上驱替时的上行裂缝沟通盲端洞启动最小尺度裂缝（不同裂缝角度下），如图 5-9（b）所示。从计算结果来看，1mm 以上的裂缝均能启动。实际物理模型实施氮气自下向上驱替剩余油，从驱油结果来看，1mm 裂缝 [图 5-9（a）中黑色圆圈溶洞] 以上尺度沟通的盲端洞均启动剩余油，与力学机制的分

析结果一致，从而验证了氮气驱启动剩余油力学机制的正确性。

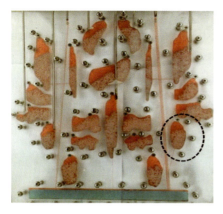
(a)不同缝洞组合典型概念物理模型

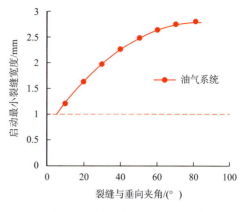
(b)力学机制启动最小裂缝理论计算结果

图5-9　典型缝洞型油藏物理模型与力学机制分析验证图

2. 注氮气启动剩余油微观力学机制

塔河缝洞型油藏现场注氮气多采用高注低采这种更为有效的注气方式开发。在这种注气方式下，缝洞型油藏注入氮气运移大致可以分为三个阶段，如图5-10所示。第一阶段是气体在注入井附近由于油气黏度差异造成的重力分异作用的影响，气体自下而上快速运移至储层上部；第二阶段是在注采井间气体主要沿储层上部横向运移；第三阶段是生产井周围注入气从储层顶部自上而下运移至生产井内。不同运移阶段，氮气驱启动剩余油的力学机制不同。三个运移阶段中，氮气驱的驱替力方向不同，主要分为三个方向：第一阶段主要是向上的驱替力，第二阶段是水平驱替力，第三阶段是向下的驱替力。缝洞型油藏水平缝欠发育，主要发育高角度缝，因此，氮气驱启动剩余油的力学机制分析主要分为3个阶段，即氮气上行驱替阶段、氮气水平驱替阶段和氮气下行驱替阶段。其中，氮气上行驱替阶段主要发生在注气井周围，氮气水平驱替阶段主要发生在注气井和采油井的井间区域，氮气下行驱替阶段主要发生在采油井周围。

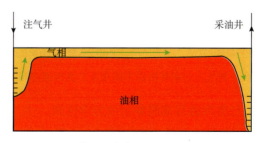

图5-10　缝洞型油藏注入氮气从注入井到采出井流动示意图

氮气上行驱替阶段启动剩余油力学机制：注气井周围由于气油流度差的影响，注入氮气会迅速上行。在此过程中，氮气驱驱替力向上，对于下行缝［图 5－11（a）、(b)］，无论沟通的是盲端洞［图 5－11（c）］，还是有泄压点溶洞［图 5－11（d）］，由于驱动力、重力（浮力）和毛管力对于氮气进入下行缝都是阻力，因此氮气上行驱替阶段无法启动下行缝沟通的溶洞剩余油。对于上行缝，由于注入氮气向上运移的驱动力存在沿上行缝的分量，且重力（浮力）为动力，存在启动上行缝沟通溶洞剩余油的可能性，因此，分析建立了氮气上行驱替阶段启动上行缝沟通盲端洞和有泄压点溶洞两种情况的启动剩余油力学机制。

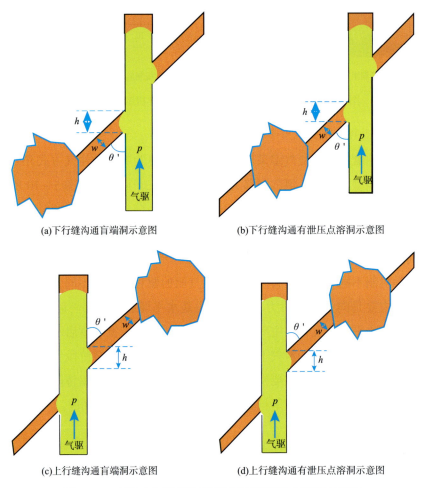

(a)下行缝沟通盲端洞示意图　　(b)下行缝沟通有泄压点溶洞示意图

(c)上行缝沟通盲端洞示意图　　(d)上行缝沟通有泄压点溶洞示意图

图 5－11　氮气上行驱替阶段不同角度裂缝沟通溶洞示意图

（1）氮气上行启动上行缝沟通盲端洞剩余油力学机制。

氮气上行驱替阶段，当遇到上行缝发育区域时，如图 5－11（c）所示，由于裂缝沟通的是盲端洞，没有泄压点，因此驱动力沿裂缝没有作用，只要考虑毛管力和重力（浮力）的影响。其中，重力为动力，毛管力为阻力。氮气上行启动上行缝沟通盲端洞时，重力（浮力）必须大于等于毛管力，启动上行裂缝盲端洞的最小尺度裂缝开度满足如下关系式：

$$\Delta\rho_{og}g \cdot \frac{w}{\sin\theta'} = \frac{2\sigma_{og}\cos\theta}{w} \tag{5-1}$$

求解式（5-1），得到启动最小尺度裂缝开度的表达式：

$$w_{\min} = \sqrt{\frac{2\sigma_{og}\cos\theta\sin\theta'}{\Delta\rho_{og}g}} \tag{5-2}$$

式中　$\Delta\rho_{og}$——油气密度差，kg/m³；

　　　g——重力加速度，9.8m/s²；

　　　θ'——裂缝倾角，(°)；

　　　w——裂缝开度，m；

　　　σ_{og}——油气界面张力，N/m；

　　　θ——油气接触角，(°)。

（2）氮气上行启动上行缝沟通有泄压点溶洞剩余油。

注气井注入氮气后，氮气由于重力分异作用，上行至油层顶部，启动上行缝沟通有泄压点溶洞剩余油，如图5-11（d）所示。氮气上行驱动力向上，对于上行裂缝沟通有泄压点溶洞有向上的驱动力分量，因此，此时有3个力的作用，包括驱动力分量、重力（浮力）和毛管力。其中，驱动力分量和重力（浮力）为动力，毛管力为阻力。氮气上行启动上行缝沟通有泄压点溶洞时，驱替力和重力之和必须大于等于毛管力，启动上行裂缝沟通有泄压点溶洞的最小尺度裂缝开度满足如下关系式：

$$\Delta P + \Delta\rho_{og}g \cdot \frac{w}{\sin\theta'} = \frac{2\sigma_{og}\cos\theta}{w} \tag{5-3}$$

求解式（5-3），得到启动最小尺度裂缝开度w的表达式：

$$w_{\min} = \frac{\sin\theta' \cdot \left(-\Delta P + \sqrt{\Delta P^2 + \frac{8\Delta\rho_{og}g\sigma_{og}\cos\theta}{\sin\theta'}}\right)}{2\Delta\rho_{og}g} \tag{5-4}$$

式中　$w_{\min}$——启动最小裂缝开度，m；

　　　ΔP——驱动力沿上行缝方向的分量，N；

　　　$\Delta\rho_{og}$——油气密度差，kg/m³；

　　　g——重力加速度，9.8m/s²；

　　　θ'——裂缝倾角，(°)；

　　　σ_{og}——油气界面张力，N/m；

　　　θ——油气接触角，(°)。

氮气水平驱替阶段启动剩余油力学机制：注气井与采油井之间，注入氮气沿T_7^4界面以下的顶部储集体水平运移，该驱替阶段主要存在驱替力、毛管力和重力3个力。当上行缝沟通溶洞时［图5-12（a）、（b）］，水平力驱动力沿裂缝存在分量，且重力（浮力）为动力，存在启动其沟通剩余油的可能。当下行缝沟通盲端洞时［图5-12（c）］，由于水平驱替力没有泄压点，重力（浮力）和毛管力均为阻力，无法启动盲端洞内的剩余油。当下行缝沟通有泄压点溶洞时［图5-12（d）］水平驱替力存在沿裂缝的驱替力分量，尽管重力（浮力）和毛管力为阻力，仍然存在启动有泄压点溶洞剩余油的可能性。因此，分析建立了水平驱替阶段启动上行缝沟通盲端洞和有泄压点溶洞及下行缝沟通有泄压点溶洞3种情况的力学机制。

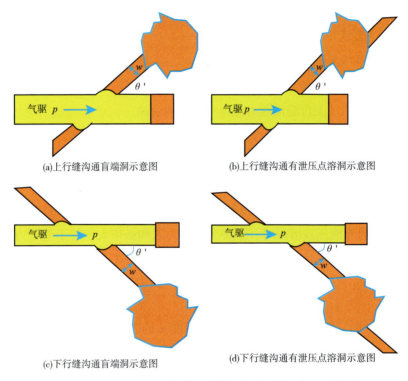

(a)上行缝沟通盲端洞示意图　　(b)上行缝沟通有泄压点溶洞示意图

(c)下行缝沟通盲端洞示意图　　(d)下行缝沟通有泄压点溶洞示意图

图5-12　氮气水平驱替阶段不同角度裂缝沟通溶洞示意图

（1）氮气水平驱替阶段启动上行缝沟通盲端洞剩余油力学机制。

在氮气水平驱替阶段，当遇到上行缝发育区域时，如图5-12（a）所示，由于裂缝沟通的是盲端洞，没有泄压点，因此驱动力沿裂缝没有驱替力分量，只要考虑毛管力和重力（浮力）的影响。其中，重力（浮力）为动力，毛管力为阻力。氮气水平驱替启动上行缝沟通盲端洞时，重力（浮力）必须大于等于毛管力，启动上行裂缝盲端洞的最小尺度裂缝开度满足如下关系式：

$$\Delta \rho_{og} g \cdot \frac{w}{\sin\theta'} = \frac{2\sigma_{og}\cos\theta}{w} \tag{5-5}$$

求解式（5-5），得到启动最小尺度裂缝开度的表达式：

$$w_{\min} = \sqrt{\frac{2\sigma_{og}\cos\theta\sin\theta'}{\Delta\rho_{og}g}} \tag{5-6}$$

式中　$\Delta\rho_{og}$——油气密度差，kg/m^3；

　　　g——重力加速度，$9.8m/s^2$；

　　　θ'——裂缝倾角，(°)；

　　　w——裂缝开度，m；

　　　σ_{og}——油气界面张力，N/m；

　　　θ——油气接触角，(°)。

（2）氮气水平驱替阶段启动上行缝沟通有泄压点溶洞剩余油。

在氮气水平驱替阶段，驱动力对于上行缝沟通有泄压点溶洞存在向上的驱动力分量，如图5-12（b）所示。因此，此时有三个力的作用，包括驱动力分量、重力（浮力）和毛管力，其中驱动力分量和重力（浮力）为动力，毛管力为阻力。氮气水平驱替阶段启动上行缝沟通有泄压点溶洞时，驱替力和重力之和必须大于等于毛管力，启动上行缝沟通有泄压点溶洞的最小尺度裂缝开度满足如下关系式：

$$\Delta P + \Delta\rho_{og}g \cdot \frac{w}{\sin\theta'} = \frac{2\sigma_{og}\cos\theta}{w} \tag{5-7}$$

求解式（5-7），得到启动最小尺度裂缝开度 w 的表达式：

$$w_{\min} = \frac{\sin\theta' \cdot \left(-\Delta P + \sqrt{\Delta P^2 + \frac{8\Delta\rho_{og}g\sigma_{og}\cos\theta}{\sin\theta'}}\right)}{2\Delta\rho_{og}g} \tag{5-8}$$

式中　$w_{\min}$——启动最小裂缝开度，m；

　　　ΔP——驱动力沿上行缝方向的分量，N；

　　　$\Delta\rho_{og}$——油气密度差，kg/m^3；

　　　g——重力加速度，$9.8m/s^2$；

　　　θ'——裂缝倾角，(°)；

　　　σ_{og}——油气界面张力，N/m；

　　　θ——油气接触角，(°)。

（3）氮气水平驱替阶段启动下行缝沟通有泄压点溶洞剩余油。

在氮气水平驱替阶段，驱动力对于下行缝沟通有泄压点溶洞存在向下的驱动力分量，如图5-12（d）所示。因此，此时有三个力的作用，包括驱动力分量、重力（浮力）和毛管力，其中驱动力分量为动力，毛管力和重力（浮力）为阻力。氮气水平驱替阶段启动上行缝沟通有泄压点溶洞时，驱替力和重力之和必须大于等于毛管力，启动上行缝沟通有泄压点溶洞的最小尺度裂缝开度满足如下关系式：

$$\Delta P = \frac{2\sigma_{og}\cos\theta}{w} + \Delta\rho_{og}g \cdot \frac{w}{\sin\theta'} \tag{5-9}$$

求解式（5-9），得到启动最小尺度裂缝开度 w 的表达式：

$$w_{min} = \frac{\sin\theta' \cdot \left(\Delta P + \sqrt{\Delta P^2 - \frac{8\Delta\rho_{og}g\sigma_{og}\cos\theta}{\sin\theta'}}\right)}{2\Delta\rho_{og}g} \tag{5-10}$$

式中　w_{min}——启动最小裂缝开度，m；

ΔP——驱动力沿上行缝方向的分量，N；

$\Delta\rho_{og}$——油气密度差，kg/m³；

g——重力加速度，9.8m/s²；

θ'——裂缝倾角，(°)；

σ_{og}——油气界面张力，N/m；

θ——油气接触角，(°)。

氮气下行驱替阶段力学机制：注入氮气在采油井附近，由 T_7^4 顶部自上而下运移到生产层段。对于上行裂缝［图 5-13（a）、(b)］，向下的驱替力虽然无沿裂缝的驱替力分量，但由于重力（浮力）为动力，存在克服毛管力而启动上行缝沟通溶洞剩余油的可能性。对于下行裂缝沟通的盲端洞［图 5-13（c）］，由于无泄压点，没有沿下行缝的驱动力分量，且重力和毛管力均为阻力，无法启动盲端洞内剩余油。对于下行裂缝沟通有泄压点溶洞［图 5-13（d）］，沿下行缝的驱动力分量为动力，存在克服毛管力和重力的可能性。因此，分析建立了氮气下行驱替阶段启动上行裂缝和下行裂缝沟通有泄压点溶洞剩余油 3 种情况下的力学机制。

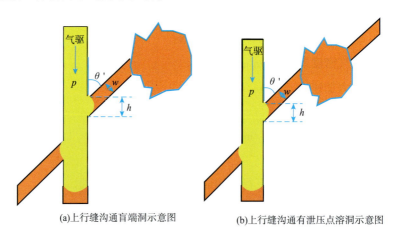

(a)上行缝沟通盲端洞示意图　　(b)上行缝沟通有泄压点溶洞示意图

图 5-13　氮气下行驱替阶段不同角度裂缝沟通溶洞示意图

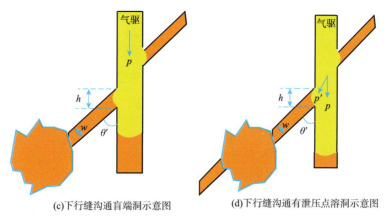

(c)下行缝沟通盲端洞示意图　　(d)下行缝沟通有泄压点溶洞示意图

图 5-13　氮气下行驱替阶段不同角度裂缝沟通溶洞示意图（续）

（1）氮气下行启动上行缝沟通溶洞剩余油力学机制。

注入氮气在生产井周围自上向下驱油，氮气下行启动上行裂缝沟通溶洞剩余油时，无论是盲端洞［图 5-13（a）］还是有泄压点溶洞［图 5-13（b）］，驱动力垂直向下，没有向上的分量。因此，对于上行裂缝沟通的盲端洞，主要存在毛管力和重力，其中毛管力是阻力，重力（浮力）是动力。氮气下行启动上行缝沟通溶洞时，重力（浮力）必须大于等于毛管力，启动上行裂缝沟通溶洞的最小尺度裂缝开度满足如下关系式：

$$\Delta \rho_{og} g \cdot \frac{w}{\sin\theta'} = \frac{2\sigma_{og}\cos\theta}{w} \tag{5-11}$$

求解式（5-11），得到启动最小尺度裂缝开度的表达式：

$$w_{min} = \sqrt{\frac{2\sigma_{og}\cos\theta\sin\theta'}{\Delta\rho_{og} g}} \tag{5-12}$$

式中　$\Delta\rho_{og}$——油气密度差，kg/m^3；

　　　g——重力加速度，$9.8m/s^2$；

　　　θ'——裂缝倾角，（°）；

　　　w——裂缝开度，m；

　　　σ_{og}——油气界面张力，N/m；

　　　θ——油气接触角，（°）。

（2）氮气下行启动下行缝沟通盲端洞剩余油力学机制。

注入氮气在生产井周围自上向下驱油，氮气下行启动下行裂缝沟通盲端洞剩余油［图 5-13（c）］，驱动力沿下行缝沟通盲端洞时，无泄压点，没有沿下行缝的驱动力分量。因此，对于下行裂缝沟通的盲端洞，主要存在毛管力和重力，其中毛管力是阻力，重力（浮力）是动力。氮气下行启动下行缝沟通溶洞时，重力（浮力）必须大于等于毛管力，启动上行裂缝沟通溶洞的最小尺度裂缝开度满足如下关系式：

$$\Delta \rho_{og} g \cdot \frac{w}{\sin\theta'} = \frac{2\sigma_{og}\cos\theta}{w} \qquad (5-13)$$

求解式（5-13），得到启动最小尺度裂缝开度的表达式：

$$w_{\min} = \sqrt{\frac{2\sigma_{og}\cos\theta\sin\theta'}{\Delta\rho_{og}g}} \qquad (5-14)$$

式中　$\Delta\rho_{og}$——油气密度差，kg/m^3；

　　　　g——重力加速度，$9.8m/s^2$；

　　　　θ'——裂缝倾角，(°)；

　　　　w——裂缝开度，m；

　　　　σ_{og}——油气界面张力，N/m；

　　　　θ——油气接触角，(°)。

（3）氮气下行启动下行缝沟通有泄压点溶洞剩余油力学机制。

生产井周围，氮气从油层顶部向下驱替剩余油，启动下行缝沟通有泄压点溶洞剩余油，如图5-13（d）所示。氮气从上往下的驱替力，对于下行缝沟通有泄压点溶洞，有沿下行缝的驱动力分量。因此，此时的作用力主要包括驱动力向下的分量、重力（浮力）和毛管力，其中驱动力向下的分量为动力，重力（浮力）和毛管力为阻力。氮气下行启动下行缝沟通有泄压点溶洞剩余油时，驱动力向下的分量要大于等于毛管力和重力的和，启动最小尺度裂缝开度满足以下关系式：

$$\Delta P - \Delta\rho_{og}g \cdot \frac{w}{\sin\theta'} = \frac{2\sigma_{og}\cos\theta}{w} \qquad (5-15)$$

求解式（5-15），得到启动最小尺度裂缝开度w的表达式：

$$w_{\min} = \frac{\sin\theta' \cdot \left(\Delta P + \sqrt{\Delta P^2 - \frac{8\Delta\rho_{og}g\sigma_{og}\cos\theta}{\sin\theta'}}\right)}{2\Delta\rho_{og}g} \qquad (5-16)$$

式中　$w_{\min}$——启动最小裂缝开度，m；

　　　　ΔP——驱动力沿下行缝方向的分量，N；

　　　　$\Delta\rho_{og}$——油气密度差，kg/m^3；

　　　　g——重力加速度，$9.8m/s^2$；

　　　　θ'——裂缝倾角，(°)；

　　　　σ_{og}——油气界面张力，N/m；

　　　　θ——油气接触角，(°)。

3. 氮气宏观驱替力学机制

氮气驱油过程中存在垂向上的油气重力分异作用力与井间驱替作用力，如图 5－14 所示。在油气重力分异力作用下，注入气进入储集体后向上运移形成气顶，同时气顶向下驱替原油过程中抑制气体黏性指进，在一定驱替速度下保持油气界面稳定，实现均衡驱替，扩大气驱的波及程度。同时，在井间驱替力作用下，气体横向驱替原油流向生产井，但因油气流度比远大于油水流度比，气体横向驱替原油的能力不及水驱。因此，充分发挥油气的重力分异作用，实现垂向重力稳定驱替，是提高气驱效果的关键。为了定量表征垂向重力分异力与气驱水平驱替力的相互作用大小，提出驱动准数的概念，其值为重力分异作用力和井间驱替压差的比值，如式（5－17）：

驱动准数：

$$N_D = \frac{\Delta \rho g h}{\Delta p} \tag{5-17}$$

式中　Δp ——水平作用力；

$\Delta \rho g h$ ——垂向作用力。

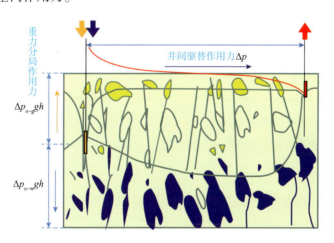

图 5－14　气/水在油藏中波及形态示意图

垂向渗透率与水平渗透率比值越大，油气的重力分异作用越强。针对塔河缝洞型油藏，结合达西定律，当纵横向渗透率比值大于 10 时，驱替压差小于 9MPa 时，水平驱替速度小于垂向驱替速度，储集体中油气重力分异作用产生的垂向驱替为主（图 5－15）。利用驱动准数式（5－17）绘制了不同油气密度差、不同油柱高度条件下，保持垂向驱替为主的横向驱替压差界限图版，如图 5－16 所示。

通过概念模型的物理模拟实验，建立了驱动准数与采出程度关系，随着驱动准数增大，重力作用增强，驱油效率升高；要实现驱动较好的重力驱替作用，驱动准数应大 0.05（图 5－17）。

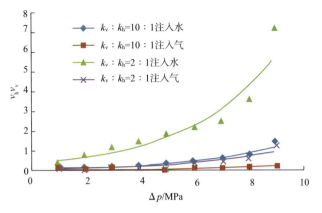

图 5-15　气/水的 v_h/v_v 与压差关系曲线

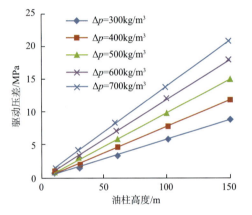

图 5-16　不同高度重力稳定驱的横向驱替压差

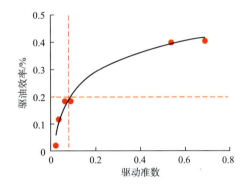

图 5-17　驱动准数与驱油效率曲线

三、缝洞型油藏氮气驱气水协同作用机理

1. 基于仿真物理模型的气水协同实验研究

在示范区内 12 个气驱效果变差的井组开展气水协同先导试验，11 个井组见效，增油 3.4×10^4 t。图 5-18 是 TK666 井组气水协同驱综合开发曲线，可见气水复合驱增油效果良好，表明缝洞型油藏气水复合驱既能利用氮气与原油的重力分异作用驱替油藏顶部阁楼油，也能发挥水驱的作用，驱替油藏底部的井间剩余油，在两者的共同作用下达到 $1+1>2$ 的效果。

依据实际地质剖面，建立物理模型如图 5-19 所示，研究了气水协同波及规律。注入气、水在重力作用下，分别向上、向下运移，形成的气顶能量与底水相互博弈，二者达到均衡时，井间剩余油横向流动，达到气水协同作用效果。ΔP_1 表示注气压差，ΔP_2 表示底水压差。分别以底水 5mL/min + 注气 10mL/min、底水 5mL/min + 注气 5mL/min 和底水 5mL/min + 注气 3mL/min 进行驱替实验，得出如下结论：当 $\Delta P_1 > \Delta P_2$，剩余油主要集中于向下移动；$\Delta P_1 < \Delta P_2$，剩余油主要集中于向上移动；$\Delta P_1 = \Delta P_2$，剩余油主要集中于横向移动。

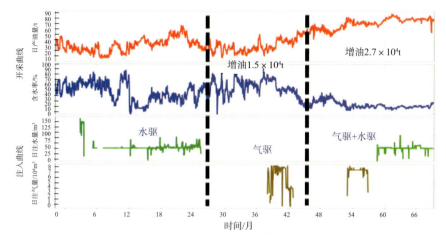

图 5-18　气水协同驱综合开发曲线

在底水和注水驱替实验过后，以底水 5mL/min + 注气 3mL/min 进行驱替实验时，底水能量压制注入气体能量，水驱界面间断上升，注入气体在横向连通弱的地质构造部位向下驱替井间剩余油，在横向连通的地质构造部位则重复"积累能量，释放能量"进行驱替的过程。对于采出程度和含水率而言，其瞬时含水率均在 90% 以上，采油周期较长，不适用于现场驱油实验。

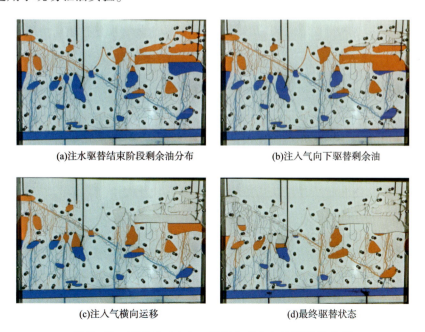

图 5-19　底水 5mL/min + 注气 3mL/min 驱替效果分析

在底水和注水驱替实验过后,若以底水 5mL/min + 注气 5mL/min 进行驱替实验时,底水能量和注气能量相抗衡,纵向和横向的波及效果更好,而且采出时间适宜,其各阶段剩余油如图 5-20 所示。

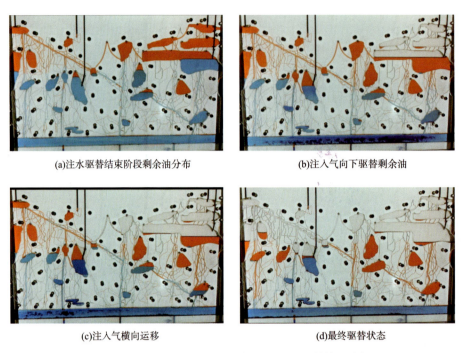

(a)注水驱替结束阶段剩余油分布　　(b)注入气向下驱替剩余油

(c)注入气横向运移　　(d)最终驱替状态

图 5-20　底水 5mL/min + 注气 5mL/min 驱替效果分析

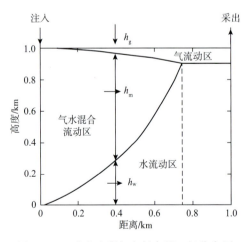

图 5-21　砂岩油藏气水复合驱三相分布图

2. 基于油藏工程的气水混合流动区研究

砂岩油藏气水复合驱,主要因为存在气水混合流动区域,实现平面与纵向上波及体积的扩大,如图 5-21 所示。交替注入水和气体,能够在孔隙尺度有效降低气相的渗透率,改善气体和驱替相流度,从而减少气体的垂向窜流,减缓气窜的发生。同时,还可以通过气驱波及正韵律厚油层上部水驱波及不到的油层,从而增加整个油层的采出程度。

对于缝洞型油藏,缝、洞等储集体尺度较大,气水复合驱过程中重力分异作用明显,气水各走各自的路径,气水混合流动区域较小。

第五章 缝洞型油藏井组注氮气提高采收率技术

根据达西定律，水平和垂向流动速度表达式如下：

$$v_v = \frac{k_v \Delta \rho g h}{\mu h} = \frac{k_v \Delta \rho g}{\mu} \tag{5-18}$$

$$v_h = \frac{k_h \Delta p}{\mu L} \tag{5-19}$$

水平与垂直流动速度比值 R 的表达式如下：

$$R = \frac{v_h}{v_v} = \frac{k_h \Delta p}{k_v \Delta \rho g L} \tag{5-20}$$

塔河缝洞型油藏典型油藏参数见表 5-7。

表 5-7 塔河缝洞型油藏典型油藏参数表

参　　数	数　值
井距/m	700
油水密度差/(kg/m³)	150
油气密度差/(kg/m³)	850
压差/MPa	5

基于表 5-7 中的油藏参数，根据式 5-20，推算出注入水和注入气的水平和垂向速度的比值。注入气的水平速度为垂向速度的 0.8 倍，而注入水水平速度为垂向速度的 4.8 倍，因此注入气以垂向流动为主，注入水以水平流动为主。由此得知，塔河缝洞型油藏气水混合流动区较小，如图 5-22 所示。

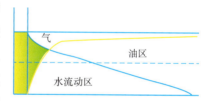

图 5-22 缝洞型油藏气水复合驱三相分布图

经过长细管实验、注氮气启动剩余油实验、气水协同实验以及相关研究工作，得出如下结论。

（1）基于实际地质模型与发育概念模式，建立了表层岩溶带、古暗河和断溶体二维剖面可视化驱油模型。在注气驱油过程中，注气井底气体能量充足，气体压制底水、气水协同驱油，生产井底依靠底水驱替，井间气体横向驱替至气窜后结束。

（2）表层岩溶带储集体注气后，剩余油主要富集在井间与注气井、生产井底；古暗河储集体注气后，剩余油主要为井控范围外剩余油、盲端洞剩余油，在致密充填段呈现上气下水中间剩余油富集；断溶体注气后剩余油分布特征受断裂发育控制，类似于单个溶洞内剩余油分布形式，呈现"上气中油下水"的分布模式。

（3）氮气辅助重力驱时，初期注气井底压制底水（生产井排水），整体气水协同，驱替更为平稳，可有效启动生产井底和井间剩余油。

（4）对于氮气辅助重力驱，建议选择高部位注气，可避免生产井底（低部位）过早水淹；弱底水能量时，应合理控制注气速度，否则，注气能量过强，可能将剩余油压至生产层位下部区域。

（5）对于表层岩溶带和古暗河储集体，在并联裂缝中，小尺度、下部裂缝被屏蔽，形成绕流；对于断溶体，注入井与生产井间不同的断裂面储集体通过裂缝沟通，裂缝连接位置决定气顶驱作用程度。

（6）溶洞充填使得溶洞中流体流动阻力增加，一定程度上延缓了气体窜逸，增加了气体纵向波及程度，对于断溶体尤甚。对于注气（低注高采）开发，溶洞致密充填时，高部位注气效果较好；溶洞疏松充填时，建议选用低注位注气，有效抑制注气井底底水锥进，延缓气体横向窜逸，增强生产井底底水驱油作用。

（7）溶洞充填致密时，可适当增加注气速度，但对于溶洞疏松充填情况，增加注气速度会加重横向窜逸。弱底水能量时，更容易实现气水协同驱替，对注入井底周围的剩余油启动较多。

（8）基于毛管力、重力与驱替力等受力分析，建立了气驱和水驱启动最小裂缝（连接无泄压溶洞）尺度计算公式，注气可动用1mm以上裂缝沟通的盲端洞剩余油和0.2mm以上裂缝沟通的溶洞剩余油，较之注水启动裂缝尺度小，注气可波及更多的储集体。

（9）缝洞结构复杂时，注气以井间驱替为主；缝洞结构简单时，注气以驱替生产井、注入井底溶洞为主；缝洞结构越复杂，越需要驱替力与重力达到平衡，以实现稳定驱替。

第二节 氮气驱波及规律及评价方法

一、缝洞型油藏注气波及规律

1. 表层岩溶带储集体注气波及规律

在3mL/min底水驱、注水驱替实验的基础上，以3mL/min注气速度对表层岩溶带储集体二维剖面模型分别进行高/低注气高采驱替实验。

由图5-23可知，注采位置对剩余油分布区域的影响不大。相对于低注高采而言，高注高采时，对注入井附近溶洞的波及程度更高；高注高采时，注入气体主要沿横向流动，压制剩余油向下运动；低注高采时，注入气体先向上纵向移动，再横向流动驱替原油，注入井附近气体压力聚集，为压力较高区域，而生产井附近压力较低，因此低注高采时，底水主要沿生产井附近流动，注入井附近剩余油向下运动不明显。

(a)高注低采　　　　　　　　　　　　　(b)低注高采

图 5-23　表层岩溶带高注低采/低注高采注气驱替实验图

2. 古暗河储集体注气波及规律

在 3mL/min 注入速度进行底水驱、注水驱替实验的基础上，以 3mL/min 注气速度分别进行低注高采和高注高采驱替实验。各驱替实验结束后剩余油分布状态如图 5-24 所示。

(a)低注高采

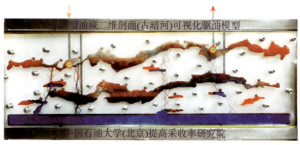

(b)高注高采

图 5-24　低注高采和高注低采时古暗河注气驱替实验图

由剩余油分布图 5-24 可知，改变注气井的位置对储集体的波及范围影响不大，井控范围之外、盲端洞及致密充填处的油未被驱出。从驱替路径来看，低注高采时，注入气体先沿注入井附近裂缝向上运动，到达模型顶部后再产生横向运动向生产井方向运动，驱替模拟油。高注高采时，注入气体直接进行横向运动驱替模拟油。低注高采时，注入井附近气体聚集,为压力高峰值区域,而采出井附近为泄压通道,其压力较低,底水优先由此采出井附近上升驱替,导致采出井采出水较多。高注高采时,高压区聚集在较高的注入井处,对底水的压制作用没有低注高采明显,因此,高注高采的波及程度比低注高采波及的程度略大。

根据两组驱替实验过程中古暗河储集体二维剖面模型中产出油、水情况,绘制不同注气速度下注气量与采出程度的关系曲线图,如图 5-25 所示。

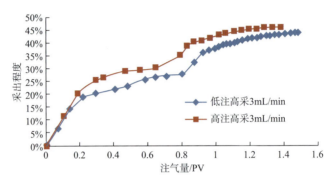

图 5-25 古暗河低注高采、高注高采注气驱采出程度曲线

由采出程度曲线图 5-25 可知,总体来说,低注高采与高注高采采出程度增长趋势接近,但由于高注高采对注入井附近剩余油的波及程度较高,因此高注高采的采出程度比低注高采的采出程度略高。

3. 断溶体储集体注气波及规律

以底水 3mL/min,注气 3mL/min 注入速度分别进行低注高采和高注高采驱替实验,注气驱后剩余油分布图如图 5-26 所示。

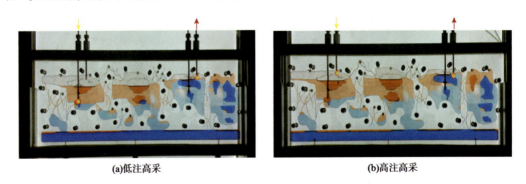

图 5-26 低注高采、高注高采驱替实验图

如图 5-26 驱替实验图可知,注气部位不同时,注气驱替过程、剩余油分布形式与前述驱替实验类似。但是,与低注高采驱替实验不同的是,高注高采时,由于注入井位高,注入气体大部分直接进行横向运移,向下运移非常少,注入气体的横向推移速度相

对较快，底水作用周期相应缩短，造成生产井附近剩余油相对较多。

二、基于拟相渗反演的气驱前缘理论及波及评价

1. 油藏尺度拟相渗反演方法

JBN 方法是建立在 Buckley-Leverett 驱油机理上的测相对渗透率的不稳定法。该方法试图得到的是反映地层渗流规律的相对渗透率曲线。在缝洞型油藏介质气驱油过程中，油气重力分异是必须考虑的现象，考虑单一流体渗流规律时，认为其占据所有渗流空间的假设实际而言是错误的。采用 JBN 方法反演的相对渗透率的概念相较于传统意义的相对渗透率概念发生了变化。

为了便于描述和加以区分，本文将 JBN 方法应用于矿场产出动态反演的过程称为"气驱分流特征反演方法"。同时，将气驱分流特征反演方法得到的相对渗透率曲线称之为"拟相对渗透率曲线"或"拟相渗曲线"。

1）JBN 反演基本原理

Buckley-Leverett 驱油理论是建立在忽略重力，忽略毛管力和液体压缩性的情况下，对一维流动的方程求解。其关键性而又容易被石油工程师们忽视的假设是，垂直油层中心线的方向上压力不变，由此需要建立起的渗流端面应足够小。而在矿场实际应用 Buckley-Leverett 驱油机理时，储层介质的渗流端面不应该被忽视。

JBN 公式推导中有两个基本假设：①流速需要足够大，以便使毛细管效应小到可以忽略；②两相均不可压缩，在气驱油渗流中，压力应足够大。

反演方法建立过程如下：

已知 Buckley-Leverett 驱油理论中，等饱和度面移动方程为：

$$x = \frac{f'_g(S_g)}{\phi A}\int_0^t Q(t)\mathrm{d}t \tag{5-21}$$

等饱和度面移动方程在产出端有：

$$L = \frac{f'_g(S_{ge})}{\phi A}\int_0^t Q(t)\mathrm{d}t \tag{5-22}$$

式中　$f'_g(S_{ge})$——含气率对含气饱和度的导数；

　　　$Q(t)$——注入气量（地层条件下），cm^3/s；

　　　ϕ——岩样孔隙度；

　　　A——岩样截面积，cm^3；

　　　L——岩样长度，cm；

　　　S_{ge}——岩样出口端含气饱和度。

无因次注入气量表示为：

$$\bar{V}(t) = \frac{\int_0^t Q(t)\,dt}{\phi AL} \tag{5-23}$$

因此：

$$\bar{V}(t) = \frac{1}{f'_g(S_{ge})} \tag{5-24}$$

达西定律中：

$$\frac{Q_o}{A} = \frac{\partial p}{\partial x}\frac{KK_{ro}}{\mu_o} \tag{5-25}$$

不考虑两相压缩性，注采速度应平衡，表示为：

$$u = \frac{Q}{A} = \frac{Q_o}{f_o A} \tag{5-26}$$

式中 f_o ——出口端含油率。

因此，式（5-25）中压力梯度项表征为：

$$\frac{\partial p}{\partial x} = \frac{\mu_o u f_o}{KK_{ro}} \tag{5-27}$$

对压力梯度项沿程积分，得到注采两端压差为：

$$\Delta p = p_1 - p_2 = -\int_0^L \frac{\partial p}{\partial x}dx = \frac{\mu_o u}{K}\int_0^L \frac{f_o}{K_{ro}}dx \tag{5-28}$$

由式（5-21）、式（5-22）可得：

$$x = \frac{f'_g(S_g)}{f'_g(S_{ge})}L \tag{5-29}$$

对 x 求微分：

$$dx = \frac{L}{f'_g(S_{ge})}df'_g(S_g) \tag{5-30}$$

因此式（5-28）变形为：

$$\Delta p = \frac{\mu_o u}{K}\int_0^{f'_g(S_{ge})} \frac{f_o}{K_{ro}}\frac{L}{f'_g(S_{ge})}df'_g(S_g) \tag{5-31}$$

重新整理式（5-31），得：

$$\int_0^{f'_g(S_g)} \frac{f_o}{K_{ro}}df'_g(S_g) = \frac{f'_g(S_{ge})K\Delta p}{\mu_o uL} \tag{5-32}$$

定义注入能力之比为：

$$I = \frac{\mu_o uL}{K\Delta p} = \frac{u/\Delta p}{K/(\mu_o L)} = \frac{u/\Delta p}{u_s/\Delta p_s} \tag{5-33}$$

式中 u_s ——初始时刻注入速度，cm/s；

u ——任意时刻注入速度，cm/s；

Δp_s——初始注采压差,10^5Pa;

Δp——任意时刻注采压差,10^5Pa。

根据式(5-24)以及式(5-33),式(5-32)变形为:

$$\int_0^{f'_g(S_g)} \frac{f_o}{K_{ro}} df'_g(S_g) = \frac{1}{\overline{V(t)} \cdot I} \qquad (5-34)$$

对式(5-24)求导:

$$\frac{f_o(S_{ge})}{K_{ro}(S_{ge})} = \frac{d(\frac{1}{\overline{V(t)} \cdot I})}{df'_g(S_g)} \qquad (5-35)$$

由此,建立起产出端含气率和油相相渗的关系为:

$$K_{ro}(S_{ge}) = f_o(S_{ge}) \cdot \frac{df'_g(S_g)}{d(\frac{1}{\overline{V(t)} \cdot I})} = \frac{d(\frac{1}{\overline{V(t)}})}{d(\frac{1}{\overline{V(t)} \cdot I})} \qquad (5-36)$$

式(5-21)~式(5-36)中建立了储层末端(产出端)含气饱和度S_{ge}与产出相对渗透率K_{ro}的关系。而产出端含气饱和度S_{ge}的确定方法,在Buckley-Leverett的水驱油理论同样给出。

根据Buckley-Leverett的水驱油理论,1952年Welge给出了见水后两相渗流区中平均含水饱和度变化规律。模仿其思路,Welge给出气驱油符合Buckley-Leverett两相渗流理论的介质平均含气饱和度变化规律。

岩心平均含气饱和度可以由下式确定:

$$\overline{S_g} L = \int_0^L S_g dx \qquad (5-37)$$

将式(5-30)代入式(5-37)中,可变形为:

$$\overline{S_g} = \frac{\int_{f'_g(S_{g0})}^{f'_g(S_{ge})} S_g df'_g(S_g)}{f'_g(S_{ge}) - f'_g(S_{g0})} \qquad (5-38)$$

式中 S_{ge}——产出端$x=L$的含气饱和度;

S_{g0}——注入端$x=0$的含气饱和度。

对式(5-38)的分子项分部积分,得:

$$\overline{S_g} = \frac{S_{ge} f'_g(S_{ge}) - S_{g0} f'_g(S_{g0}) - \int_{S_{g0}}^{S_{ge}} f'_g(S_g) dS_g}{f'_g(S_{ge}) - f'_g(S_{g0})} \qquad (5-39)$$

因为$S_{g0} = S_{gmax}$,$f_g(S_{g0}) = 1$,$f'_g(S_{g0}) = 0$,因此,式(5-39)变形为:

$$\overline{S_g} = \frac{S_{ge} f'_g(S_{ge}) - [f_g(S_{ge}) - 1]}{f'_g(S_{ge})} \qquad (5-40)$$

出口端含油率可以写作：

$$f_o(S_{ge}) = 1 - f_g(S_{ge}) \quad (5-41)$$

结合式（5-24），式（5-41）可以变形为：

$$\overline{S}_g = S_{ge} + \overline{V}(t)f_o(S_{ge}) \quad (5-42)$$

由此，建立起出口端含气率，无因次注入倍数，出口端含气饱和度与地层平均含气饱和度的关系。

在达西定律里，产出端气油流量的比值可以如下表征：

$$\frac{Q_g}{Q_o} = \frac{K_{rg}/\mu_g}{K_{ro}/\mu_o} = \frac{f_g}{1-f_g} \quad (5-43)$$

结合式（5-36），气相相对渗透率 $K_{rg}(S_{ge})$ 表示为：

$$K_{rg}(S_{ge}) = K_{ro}(S_{ge})\frac{\mu_g f_g(S_{ge})}{\mu_o f_o(S_{ge})} \quad (5-44)$$

由此，建立起由产出动态 f_g、I 反演渗流介质相渗曲线的方法。

2）拟相渗反演方法

相对渗透率曲线是根据针对两种不混溶流体在同一区域同时流动时各自流动能力的反映。将多孔介质视作假想的连续介质，并引入宏观介质参数，当研究两种或两种以上流体同时流动时，每种流体可视为完全充满流动区域（其中流体的含量随时间和空间变化）的连续流体，而每种连续流体同时占据整个流动区域。原来描述单相液体饱和多孔介质流动的达西定律，可以推导出通过柱体同时流动的两种不溶混流体的各自流动：

$$q_1 = \frac{k_1}{\mu_1}\frac{\Delta p_1}{L} \quad (5-45)$$

$$q_2 = \frac{k_2}{\mu_2}\frac{\Delta p_2}{L} \quad (5-46)$$

其中：

$$q = Q_a/A_a, \ a = 1, 2$$

式中　Δp_a——第 a 种流体的压降。

k_1、k_2——某种流体的有效渗透率，即认为介质中全部为该流体时，渗流符合达西定律的渗透率。

由于存在另一种流体的影响，应用于单相流体通过多孔介质流动而建立起的达西定律中渗透率的概念需要做出修正，由此提出了相对渗透率的概念。人们常常采用比率表示相对渗透率：

$$k_{r1} = \frac{k_1}{k} \quad (5-47)$$

$$k_{r2} = \frac{k_2}{k} \quad (5-48)$$

在以上的方程中,已经预先假定 k_a 仅仅依赖于 k 和 S_a。在油层物理学中,定义相对渗透率的基准分母有 3 种形式,一般定义相对渗透率的基准分母为介质全部被油相占据时的单相渗透率。

相对渗透率的概念是将单种流体的运动方程推广到两种或两种以上流体同时流动的基础。当研究某点处某种流体的流动时,由于该点附近的孔隙空间部分被另一种流体占据,因此孔隙介质相对于所研究流体的渗透率应当减小,这意味着相对渗透率仅仅依赖于饱和度,而不应该受到其他参数的影响。

实际上,两种流体在同一介质中运移,其渗流必然会相互影响。一方面,润湿流体优先接触多孔介质并黏附在其表面,非润湿流体处处被润湿流体包围。由此,每种流体通过多孔介质建立各自特有通道的设想是可疑的。也就是说,相对渗透率要受到孔隙空间的两种流体的分布方式和饱和历史的影响。

流体间的黏度不同会引起它们之间的相互干扰,$k_{ro} + k_{rw} < 1$ 即证明了这个事实。经常被提及的"边界层"也反映了这一事实。在孔隙空间中,黏滞力可以传递到流体 – 流体界面的另一侧,因此"相对渗透率与黏度比无关"这一认识不能将达西定律简单推广至两相流动。

与此同时,压力梯度对相对渗透率也有影响,通常资料显示,至少对于非湿润相,其渗透率随压力梯度的增加而增大。

从上面的讨论来看,把运动方程(达西定律)推广到两相不混溶流体同时,流动的相对渗透率的概念依赖于饱和度以及某些其他因素。学者们提出了许多种测量或表征相对渗透率的方法和公式,而在石油工程中,两相流动问题的解决办法通常为 Buckley-Leverett 理论。

研究的问题为两种不可压缩流体的稳定一维流动。在倾斜的均质、等厚度(b)的油层中,如果 b 足够小,则可以假定在垂直油层中心线方向上压力不变。由此,建立起的 JBN 反演方法结果应是不依赖于重力、毛细管力以及液体黏度的相对渗透率曲线。由此,相对渗透率曲线应用于 Buckley-Leverett 驱油机理的模型中,可以得到正确的描述两相渗流过程的解。

理论上,相对渗透率曲线不依赖于重力、毛细管力以及液体黏度。实际上,油藏气驱分流特征反演方法中,油气重力差异导致储层中油气分异情况十分严重(图 5 – 27)。

图 5 – 27　实际油气渗流中渗流剖面不均匀

由此，Buckley-Leverett 驱油理论的关键性前提——垂直油层中心线的方向上压力不变，渗流剖面均匀的假设，在理论上无法应用于实际储层。但是，在气驱分流特征反演方法中，本质仍旧是采用 JBN 方法反演了产出动态。此时，将地下渗流介质看作是"黑箱"，只关心其输入与输出，反演的拟相渗曲线用以表征渗流介质，不能解释实际渗流形态，但是可以描述渗流的表现形式（图 5-28）。

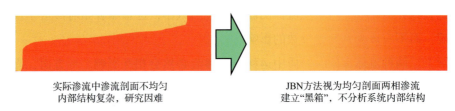

实际渗流中渗流剖面不均匀　　　　　JBN方法视为均匀剖面两相渗流
内部结构复杂，研究困难　　　　　　建立"黑箱"，不分析系统内部结构

图 5-28　气驱分流特征反演方法实际建立了"黑箱"

气驱分流特征反演方法将本来不符合 Buckley-Leverett 驱油理论前提假设的渗流人为理解成符合其前提假设的均匀剖面两相渗流，由此建立起的拟相渗曲线，便可以宏观上表征整个油气两相渗流和渗流介质共同影响造成的分流量结果。

2. 缝洞型油藏气驱前缘理论

1）气驱渗流模型的建立

在气驱油基础模型中，重力对基岩、裂缝、孔洞介质中的渗流起着极大程度的控制作用，尤其是油气黏度比较大（大于 100），重力作用导致气相指进几乎只发生在介质高部位；同时，重力分异的结果（气在油上）也更加容易形成。根气驱油基础模型的实际流动形态，将气驱油渗流过程简化为三个部分（图 5-29）。

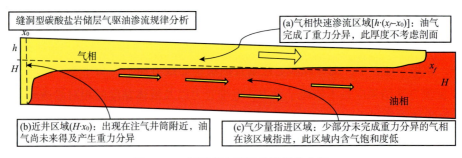

图 5-29　厚储层气驱油渗流规律分析

定义 h 为气驱油过程介质高部位，$H-h$ 为气驱油过程介质低部位。

如图 5-29 所示，结合气驱油基础模型，由于重力的影响，气驱油过程中气相指进绝大多发生在介质高部位（图 5-29 中的 h 厚度），极少数发生在介质低部位。气驱油整个过程可以大致分为 3 个部分。

（1）气相快速渗流区域。如图 5-29 所示，此区域是油气在完成重力分异之后，气相快速驱动油相，并产生指进的渗流区域。此区域内的油气渗流不再考虑重力分异的作用，即认为其渗流端面的饱和度是近似相等的，与 Buckley-Leverett 驱油机理建立的假设基础保持一致。因此认为，这一部分的气驱油渗流过程可以用 Buckley-Leverett 驱油机理近似表征。

（2）近井区域。如图 5-29 所示，此区域出现在近注气端面。注入气和重力产生的重力分异效果并不能瞬时完成，在近注气端，未来得及产生重力分异作用的气相将主要受黏滞力控制。同时，由于油气重力差异太大，重力分异快速形成，此区域的长度不长。

（3）气少量指进区域。除去气相快速渗流区域和近井区域，如图 5-29 所示，剩下的这个区域内，少部分的气相由于指进进入油相，同时这部分气相仍然继续在重力作用下向上运移。因此判断该区域内，气相实际饱和度十分低。

对于整体的介质气驱油渗流过程来说，近井区域出现的体积占整体介质渗流过程体积十分小，且影响不大（重力分异完成快），气少量指进区域出现的体积理论上占整体介质渗流过程体积十分大，但是其中气相饱和度太低，对油相和气相的渗流影响有限。因此，在建立气驱油基本渗流模型时，可以适当忽略掉近井区域和气少量指进区域。

根据以上分析，进一步将气驱油整体的渗流过程做如下简化（图 5-30）。

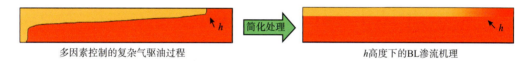

多因素控制的复杂气驱油过程　　　　　　　　h 高度下的 BL 渗流机理

图 5-30　气驱油基本渗流模型的简化处理示意

由此认为，气驱油渗流过程简化为了 h 高度下的符合 Buckley-Leverett 驱油机理的两相混合流动，以及在 $H-h$ 高度内基本未被波及的油相。

这里要注意的是，$H-h$ 高度内的油相并非未被动用，只是因为气相沿 h 高度快速渗流，在 $H-h$ 高度内，气相渗流速度低，渗流流量小，且重力分异效果一直影响渗流，导致了该部分的油相虽然会发生渗流，但是相较于高部位快速运移的油气两相完全可以被忽略掉。

2）模型求解

定义 h 为等饱和度前缘厚度。表征气驱油过程中，油气重力分异后形成的高部位气驱油渗流通道。建立起气驱油基础渗流模型的关键点在于 h 的求解。

注气非活塞式驱油基础理论模型中，建立起了拟相渗的概念，以此表征介质整体的气驱油渗流特征。在建立拟相渗的过程中，实际上是将渗流介质处理为了理想的无重力情况下的符合 Buckley-Leverett 驱油机理的两相混合流动。

如图 5-31 所示，基本渗流模型认为 h 高度油气混合渗流为符合 Buckley-Leverett 驱油机理的两相混合流动，JBN 方法中认为整体介质内渗流为符合 Buckley-Leverett 驱油机理的两相混合流动。对于注入和产出，两种表征手段的结果应该是相当的。

图 5-31 两种处理手段的结果相同

已知 Buckley-Leverett 驱油理论中，等饱和度面移动方程为：

$$x = \frac{f'_g(S_g)}{\phi A}\int_0^t Q(t)\,\mathrm{d}t \tag{5-49}$$

若设渗流介质的宽度为 b，在图 5-31 的两种处理手段情况下，等饱和度面移动方程可以表征为：

$$x = \frac{f'_{gh}(S_g)}{\phi bh}\int_0^t Q(t)\,\mathrm{d}t \tag{5-50}$$

$$x = \frac{f'_{gH}(S_g)}{\phi bh}\int_0^t Q(t)\,\mathrm{d}t \tag{5-51}$$

在式（5-50）中，h 高度下的油气两相渗流被认为真实地建立在 Buckley-Leverett 驱油理论下，因此其分流量方程应按照下式计算：

$$f_{gh}(S_g) = \frac{\dfrac{K_{rg}(S_g)}{\mu_g}}{\dfrac{K_{ro}(S_g)}{\mu_o} + \dfrac{K_{rg}(S_g)}{\mu_g}} \tag{5-52}$$

式（5-52）中的相渗曲线取值可由实际室内实验测的，也可由矿场给定。总之，式（5-52）采用的相渗值是"真实相渗曲线"的相渗值，是不考虑重力和毛细管力下的针对两种不混溶流体在同一区域同时流动时各自流动能力的反映。

在式（5-51）中，整体介质中油气两相渗流被认为虚构地建立在 Buckley-Leverett 驱油理论下，因此其分流量应该由实际的生产曲线建立，或者说，可以由气驱分流特征反演方法建立的"拟相渗曲线"求得。因为气驱分流特征反演方法将本来不符合 Buckley-Leverett 驱油理论前提假设的渗流人为地理解成符合其前提假设的均匀剖面两相渗流，由此建立起的拟相渗曲线可以宏观上表征整个油气两相渗流和渗流介质共同影响造成的分流量结果。

$$f_{gH}(S_g) = \frac{\dfrac{K_{rg}(S_g)}{\mu_g}}{\dfrac{K_{ro}(S_g)}{\mu_o} + \dfrac{K_{rg}(S_g)}{\mu_g}} \tag{5-53}$$

式（5-53）中采用的相渗值是"拟相渗曲线"的相渗值，是考虑重力的两种不混溶流体在介质中同时流动时宏观的体现。

总之，同一介质中，式（5-50）和式（5-51）的两种求解方法在介质的产出动态上应该是同解的，联立得：

$$x = \frac{f'_{\mathrm{gh}}(S_{\mathrm{g}})}{\phi b h}\int_0^t Q(t)\,\mathrm{d}t = \frac{f'_{\mathrm{gH}}(S_{\mathrm{g}})}{\phi b H}\int_0^t Q(t)\,\mathrm{d}t \qquad (5-54)$$

化简得：

$$\frac{f'_{\mathrm{gh}}(S_{\mathrm{g}})}{h} = \frac{f'_{\mathrm{gH}}(S_{\mathrm{g}})}{H} \qquad (5-55)$$

式（5-55）中，两种情况下的分流量曲线可以确定，因此可以求解等饱和度前缘厚度h。

3）气驱前缘油藏工程表征方法

（1）裂缝介质前缘表征。

实际缝洞型油藏中，裂缝形态复杂。在研究裂缝组合介质气驱前缘时，将裂缝组合介质简化为平行裂缝组合（图5-32）。

无论裂缝是垂直于储层还是平行于储层，气体都将沿裂缝组合介质的高部位运移。而且，由于裂缝介质内蕴渗透率大，气体在裂缝内窜流速度快，在高部位运移的气体指进现象严重，导致裂缝组合介质的气驱油过程见气时机早，含气上升速度快。由此，在裂缝组合介质中的气驱油过程符合基本渗流模型的假设（图5-33）。

图5-32 平行裂缝组合示意图

图5-33 孔洞介质气驱油等效示意图

按照基本渗流模型，将裂缝介质分为高部位h和低部位$H-h$，认为注入气只沿着高部位运移（基础模型中实际如此）。

①气驱前缘表征方法。

前缘运移位置由Buckley-Leverett驱油理论确定：

$$x = \frac{f'_{\mathrm{gH}}(S_{\mathrm{g}})}{\phi A}\int_0^t Q(t)\,\mathrm{d}t \qquad (5-56)$$

$f_{\mathrm{gH}}(S_{\mathrm{g}})$由实际产出动态给出，$\phi$为裂缝表观孔隙度，$A$为渗流截面积。

②驱前缘厚度表征方法。

气驱前缘厚度即为注入气实际渗流的高部位h，由式（5-55）得：

$$h = \frac{f'_{gh}(S_g)}{f'_{gH}(S_g)} H \tag{5-57}$$

$f_{gh}(S_g)$ 为在高部位 h 的油气渗流符合的分流量规律，由理论裂缝油气相对渗透率曲线确定。

一般认为，裂缝内的相渗曲线为所谓"十字交叉形"，但是实际上，整个裂缝系统所表现出来的相渗曲线并非如此。

"十字交叉形"的相渗实际反映的是研究裂缝内的单个质点时，认为裂缝的内蕴渗透率高，两种流体共同占据该质点，但相互难以影响对方的渗流形态，即两种流体都将在裂缝内建立起各自完整的难以互相被影响的渗流通道。

在裂缝组合介质基础模型中，建立的基础相渗为"十字交叉形"（图 5-34）。

在消掉重力分异影响之后的对比模型中，利用 JBN 方法反演的拟相渗曲线如图 5-35 所示。

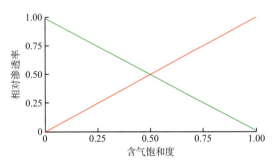

图 5-34 裂缝介质气驱油基本模型基础相渗曲线

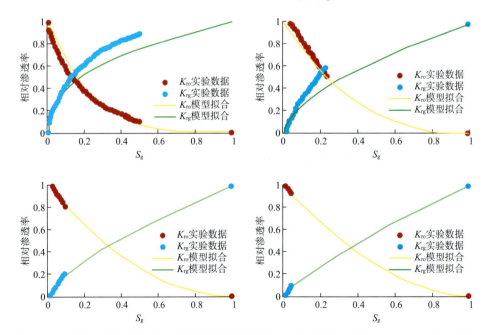

图 5-35 裂缝介质气驱油基本模型反演拟相渗曲线（油气黏度比依次为 1、10、100、500）

反演得到的拟相渗曲线形态接近于"十字交叉形"，但是远不是"十字交叉形"能够解释的。当讨论裂缝内某一被研究质点和单条裂缝时，"十字交叉形"的相渗曲线是被认可的,但是当裂缝组合介质的裂缝各自开度不同时,开度大的裂缝和开度小的裂缝对整体裂缝介质的渗流特征起到的控制作用不同。当开度大的裂缝几乎完全产气时,开度小的裂缝可能尚未突破。裂缝开度对裂缝渗流速度和渗流流量的影响显著。因此对于整个裂缝介质表现出的渗流特征,简单的"十字交叉形"相渗不足以解释。

(2)孔洞介质前缘表征。

在基础模型研究中,建立了孔隙型介质气驱油基础模型和孔洞介质气驱油基础模型,旨在探究理想的孔隙型基质和孔洞形态不确定性对分流规律的影响。实际缝洞型油藏中,裂缝和孔洞往往不可分割,裂缝应是沟通孔洞的通道,孔洞是缝洞型油藏主要的储集空间。

对于孔洞介质中渗流过程的处理手段应与裂缝介质相当(图5-36、图5-37)。

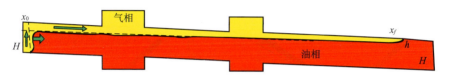

图5-36 孔洞介质气驱油形式分析

图5-37 孔洞介质气驱油等效示意图

按照基本渗流模型,将孔洞介质分为高部位h和低部位$H-h$,认为注入气只沿着高部位运移(基础模型中也是如此)。

①气驱前缘表征方法。

前缘运移位置由Buckley-Leverett驱油理论确定:

$$x = \frac{f'_{gH}(S_g)}{\phi A}\int_0^t Q(t)\mathrm{d}t \quad (5-58)$$

式中,$f_{gH}(S_g)$由实际产出动态给出;ϕ为孔洞介质孔隙度;A为渗流截面积。

②气驱前缘厚度表征方法。

气驱前缘厚度即为注入气实际渗流的高部位h,由式(5-55)得:

$$h = \frac{f'_{gH}(S_g)}{f'_{gH}(S_g)}H \quad (5-59)$$

$f_{gH}(S_g)$即为在高部位h的油气渗流符合的分流量规律,由理论孔洞油气相对渗透率曲线确定。

在孔洞组合介质基础模型中,建立的基础相渗为"十字交叉形"(图5-38)。

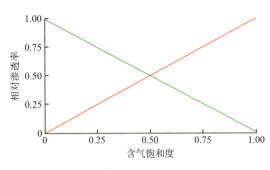

图 5-38 孔洞介质气驱油基本模型基础相渗曲线

在消掉重力分异影响之后的对比模型中，利用 JBN 方法反演的拟相渗曲线如图 5-39 所示。

由于设置的孔洞介质渗透率孔隙度处处均一，不存在类似裂缝介质的开度不同的影响。因此对比模型（消除重力分异影响）的拟相渗曲线接近于"十字交叉形"的基础相渗曲线，但是需要注意的是，拟相渗曲线的初始点不是从 $S_g = 0$ 开始的，主要是因为基础相渗曲线是稳态模型，而采用 JBN 方法反演，整个渗流过程实际是非稳态的。

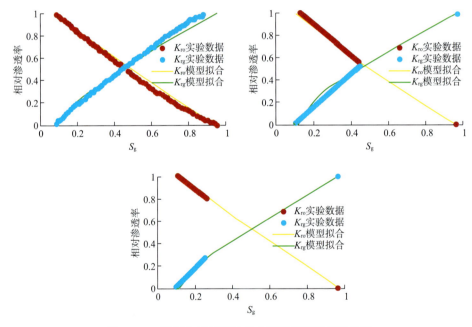

图 5-39 孔洞介质气驱油基本模型反演拟相渗曲线

（3）裂缝-孔洞介质前缘表征。

在基础模型研究中，建立了孔隙型介质气驱油基础模型和孔洞介质气驱油基础模型，旨在探究理想的孔隙型基质和孔洞形态不确定性对分流规律的影响。在实际缝洞型油藏中，裂缝和孔洞往往不可分割，裂缝应是沟通孔洞的通道，孔洞是缝洞型油藏主要的储集空间。

裂缝是裂缝-孔洞介质渗流的主控介质，但孔洞存在形状、大小、连通性等未知因素（图 5-40）。

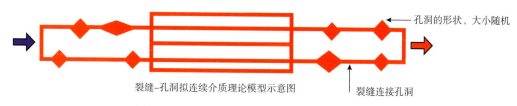

图 5-40 裂缝-孔洞拟连续介质理论模型示意图

裂缝-孔洞拟连续介质气驱前缘的表征方法应与裂缝组合介质气驱前缘表征方法相同。

① 气驱前缘表征方法。

前缘运移位置由 Buckley-Leverett 驱油理论确定:

$$x = \frac{f'_{gH}(S_g)}{\phi A}\int_0^t Q(t)\,dt \qquad (5-60)$$

$f_{gH}(S_g)$ 由实际产出动态给出，ϕ 为孔隙度，A 为渗流截面积。

② 气驱前缘厚度表征方法。

气驱前缘厚度即为注入气实际渗流的高部位 h，由式（5-55）得:

$$h = \frac{f'_{gh}(S_g)}{f'_{gH}(S_g)}H \qquad (5-61)$$

③ 气驱前缘推进规律。

首先，建立气驱概念模型。

设裂缝介质长度为 200m，渗流有效横截面积为 500m²。注入端注入气驱油，注入量折算地下体积流量为 33.3m³/d（注入气地面体积流量为 20000m³/d，注入气与渗流介质的匹配关系为 0.4，即注入气在介质有效渗流比例为 0.4）。不考虑压力变化，采出体积与注入体积相当。在介质中（地下），油相密度为 800kg/m³，气相密度为 300kg/m³；油相黏度为 15mPa·s，气相黏度为 0.03mPa·s。忽略毛管力；介质倾角为 10°（高注低采），重力加速度为 9.8m/s²。

建立概念模型的真实油气相渗曲线和拟相渗曲线形状如图 5-41 所示。

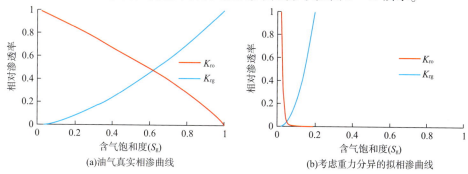

图 5-41 裂缝组合介质气驱概念模型相渗曲线

相对渗透率曲线的指数形式拟合公式如下：

$$k_{ro} = k_{romax}\left[\frac{1-S_g-S_{or}}{1-S_{or}-S_{gc}}\right]^{n_o} \quad (5-62)$$

$$k_{rg} = k_{rgmax}\left[\frac{1-S_g-S_{gc}}{1-S_{or}-S_{gc}}\right]^{n_g} \quad (5-63)$$

拟合参数如表 5-8 所示。

表 5-8　裂缝组合介质气驱概念模型相渗曲线赋值

参数	真实油气相渗曲线	拟相渗曲线
油相指数	0.8	15
气相指数	1.5	2
S_{gc}	0.02	0.02
S_{or}	0	0.8
K_{romax}	1	1
K_{romin}	0.000005	0
K_{rgmax}	1	1
K_{rgmin}	0	0

其次，前缘推进规律。

由拟相渗曲线，建立起裂缝介质气驱概念模型的分流量曲线（图 5-42）。

$$f_g = \frac{\dfrac{K_{rg}}{\mu_g}}{\dfrac{K_{ro}}{\mu_o}+\dfrac{K_{rg}}{\mu_g}}\left[1+\frac{\dfrac{KK_{ro}}{\mu_o}A\left(\dfrac{\partial p_c}{\partial x}+(\rho_o-\rho_g)g\sin\alpha\right)}{q_t}\right] \quad (5-64)$$

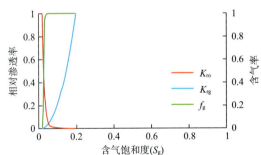

图 5-42　裂缝组合介质气驱概念模型的分流量曲线

由贝克莱-列维尔特公式可得：

$$x = \frac{f'_{gf}(S_{gf})}{\phi A}\int_0^t Q(t)\mathrm{d}t \quad (5-65)$$

利用图解法，建立驱替含气饱和度和前缘含气率求解方法：

$$f'_{gf}(S_{gf}) = \frac{f_{gf}(S_{gf})}{S_{gf} - S_{gc}} \qquad (5-66)$$

图解法如图 5-43 所示。确定前缘含气饱和度为 0.0283，确定前缘含气率导数取值为 85~86。建立生产含气率与注入倍数的关系如图 5-44 所示。

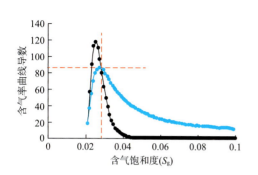

图 5-43　曲线斜率和连线斜率交点确定含气率曲线导数

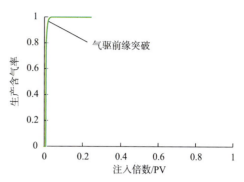

图 5-44　裂缝组合介质气驱概念模型生产含气率与注入倍数的关系关系

建立起气驱前缘位置和注入倍数的关系如图 5-45 所示。在注入倍数为 0.0116 时，气驱突破。同时，建立起不同注入倍数时地层饱和度分布关系，如图 5-46 所示。

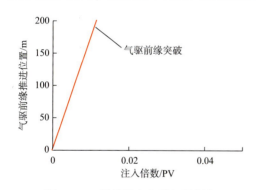

图 5-45　裂缝组合介质气驱概念模型气驱前缘推进位置与注入倍数的关系

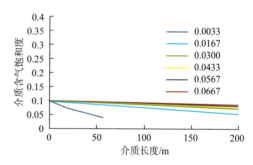

图 5-46　裂缝组合介质气驱概念模型不同注入倍数时介质注入气饱和度分布

④孔洞介质前缘推进规律。

首先，建立气驱概念模型。

设孔洞介质长度为 200m，渗流有效横截面积为 500m²。注入端注入气驱油，注入量折算地下体积流量为 33.3m³/d。不考虑压力变化，采出体积与注入体积相当。在介质中（地下），油相密度为 800kg/m³，气相密度为 300kg/m³；油相黏度为 15mPa·s，气相黏度为 0.03mPa·s。忽略毛管力；介质倾角为 10°（高注低采），重力加速度为 9.8m/s²。

建立概念模型的真实油气相渗曲线和拟相渗曲线形状如图5-47所示。

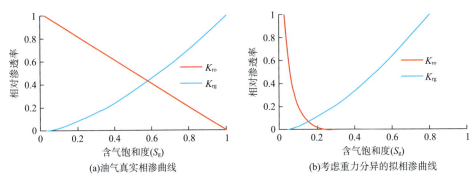

(a)油气真实相渗曲线　　　　(b)考虑重力分异的拟相渗曲线

图5-47　孔洞介质气驱概念模型相渗曲线

相对渗透率曲线的指数形式拟合公式如下：

$$k_{ro} = k_{romax}\left[\frac{1-S_g-S_{or}}{1-S_{or}-S_{gc}}\right]^{n_o} \tag{5-67}$$

$$k_{rg} = k_{rgmax}\left[\frac{S_g-S_{gc}}{1-S_{or}-S_{gc}}\right]^{n_g} \tag{5-68}$$

拟合参数如表5-9所示。

表5-9　孔洞介质气驱概念模型相渗曲线赋值

参　数	真实油气相渗曲线	拟相渗曲线
油相指数	1	15
气相指数	1.5	1.5
S_{gc}	0.02	0.02
S_{or}	0	0.2
K_{romax}	1	1
K_{romin}	0.000005	0
K_{rgmax}	1	1
K_{rgmin}	0	0

其次，前缘推进规律。

由拟相渗曲线，建立起裂缝介质气驱概念模型的分流量曲线，如图5-48所示。

$$f_g = \frac{\dfrac{K_{rg}}{\mu_g}}{\dfrac{K_{ro}}{\mu_o}+\dfrac{K_{rg}}{\mu_g}}\left[1+\frac{\dfrac{KK_{ro}}{\mu_o}A\left(\dfrac{\partial p_c}{\partial x}+(\rho_o-\rho_g)g\sin\alpha\right)}{q_t}\right] \tag{5-69}$$

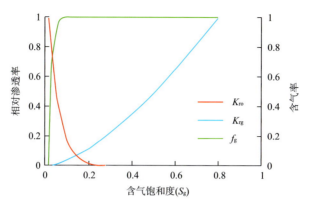

图 5-48　孔洞介质气驱概念模型的分流量曲线

由贝克莱-列维尔特公式可得：

$$x = \frac{f'_{gf}(S_{gf})}{\phi A}\int_0^t Q(t)\,\mathrm{d}t \tag{5-70}$$

利用图解法，建立驱替含气饱和度和前缘含气率求解方法：

$$f'_{gf}(S_{gf}) = \frac{f_{gf}(S_{gf})}{S_{gf} - S_{gc}} \tag{5-71}$$

图解法如图 5-49 所示。确定前缘含气饱和度为 0.02902，前缘含气率导数取值为 50~55。建立生产含气率与注入倍数的关系，如图 5-50 所示。

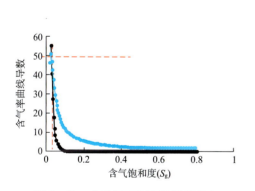

图 5-49　曲线斜率和连线斜率交点
确定含气率曲线导数

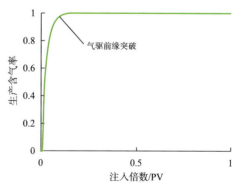

图 5-50　孔洞介质气驱概念模型
生产含气率与注入倍数的关系关系

建立起气驱前缘位置和注入倍数的关系如图 5-51 所示。在注入倍数为 0.01923 时，气驱突破。同时，建立起不同注入倍数时地层饱和度分布关系如图 5-52 所示。

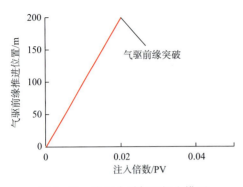
图 5-51 孔洞介质气驱概念模型
模型气驱前缘推进位置与注入倍数的关系

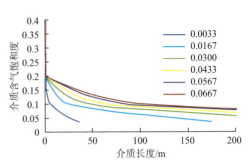
图 5-52 孔洞介质气驱概念模型
不同注入倍数时介质注入气饱和度分布

⑤缝洞介质前缘推进规律。

首先,建立气驱概念模型。

设缝洞型储层长度为500m,渗流有效横截面积为1000m^2,孔隙度为0.01。注入端注入气驱油,注入气不溶解,注入量折算地下体积流量为10m^3/d。不考虑压力变化,采出体积与注入体积相当。在介质中(地下),油相密度为800kg/m^3,气相密度为300kg/m^3;油相黏度为15mPa·s,气相黏度为0.03mPa·s。忽略毛管力;介质无倾角。

取拟相渗曲线参数,设置9组对比参数如表5-10所示。

表5-10 拟相渗曲线拟合参数对比表

组别 参数	一 取值	二 取值	三 取值	四 取值	五 取值	六 取值	七 取值	八 取值	九 取值
油相指数	5	5	5	2	3	4	5	5	5
气相指数	2	3	4	2	2	2	2	2	2
S_{gc}	0.02	0.02	0.02	0.02	0.02	0.02	0.02	0.02	0.02
S_{or}	0.5	0.5	0.5	0.5	0.5	0.5	0.4	0.3	0.2
K_{romax}	1	1	1	1	1	1	1	1	1
K_{romin}	0	0	0	0	0	0	0	0	0
K_{rgmax}	1	1	1	1	1	1	1	1	1
K_{rgmin}	0	0	0	0	0	0	0	0	0

其次,前缘推进影响因素分析。

a. 气相指数。

气相指数增大,气相拟相渗曲线降低,含气率上升幅度变低(图5-53)。

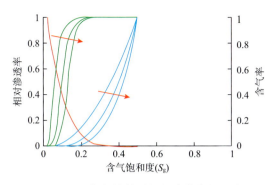

图 5-53　气相指数对拟相渗曲线的影响

气相指数增大，注入气突破时注入倍数增加，同时含气率上升速度增大；注入气突破时，地层平均含气饱和度增加（图 5-54）。

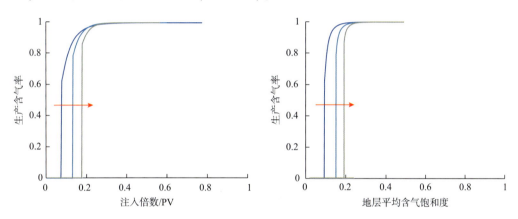

图 5-54　气相指数对分流规律的影响

同时，气相指数增大，最终采出程度增大（图 5-55）。

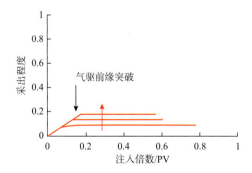

图 5-55　气相指数对采出程度的影响

气相指数增大，气相整体的饱和度分布变不均匀（图 5-56）。

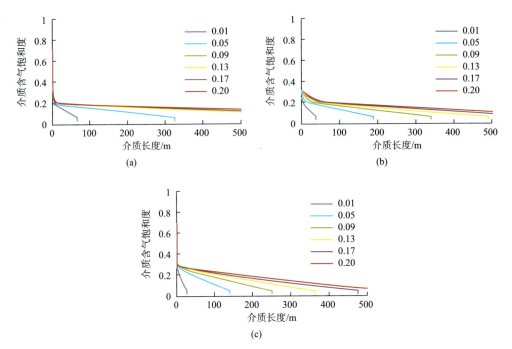

图 5-56 气相指数对不同注入 PV 地层饱和度分布的影响
(a) (b) (c) 气相指数逐渐增加

由拟相渗曲线分析可知,气相指数增大,反映的是气相的整体渗流能力减弱;气驱指进的影响减弱,在渗流过程中,指进气驱油两相驱距离缩短,气驱突破时间变慢,但气驱突破后含气上升速度加快。

b. 油相指数。

油相指数增大,油相拟相渗曲线降低,含气率上升幅度略微升高(图 5-57)。

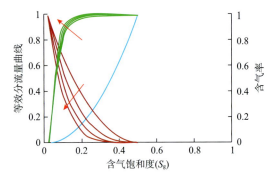

图 5-57 油相指数对拟相渗曲线的影响

油相指数增大,注入气突破时注入倍数略显减小,同时含气率上升速度增大;注入气突破时,地层平均含气饱和度略显减小(图 5-58)。

同时,油相指数增大,最终采出程度减小(图 5-59)。

油相指数增大,气相整体的饱和度分布变均匀(图5-60)。

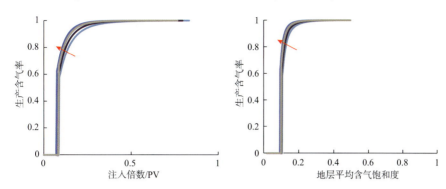

图5-58 油相指数对分流规律的影响

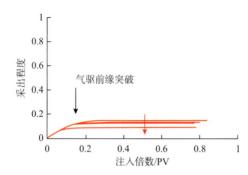

图5-59 油相指数对采出程度的影响

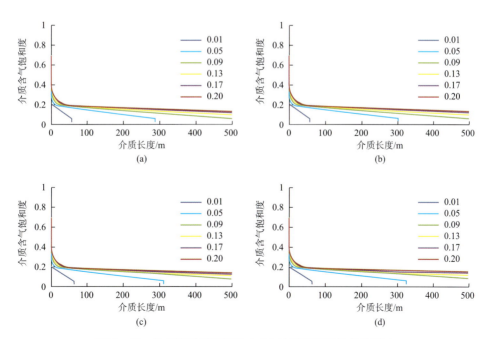

图5-60 油相指数对不同注入PV地层饱和度分布的影响
(a)(b)(c)(d)油相指数逐渐增加

由拟相渗曲线分析可知，油相指数增大，反映的是油相的整体渗流能力减弱；相对地，气驱指进的影响增加，在渗流过程中，指进气驱油两相驱距离增加，气驱突破时间提前。实际上，由于油气黏度比太大（油气黏度比为500），较于气相指数，油相指数的同等变化对气驱前缘推进规律影响较小。

c. 拟残余油饱和度。

拟残余油饱和度增大，油相拟相渗曲线增加，气相拟相渗曲线降低，含气率上升幅度提高（图5-61）。

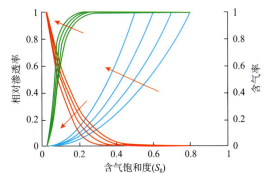

图5-61 拟残余油饱和度对拟相渗曲线的影响

拟残余油饱和度增大，注入气突破时注入倍数减小；注气突破时，地层平均含气饱和度减小（图5-62）。

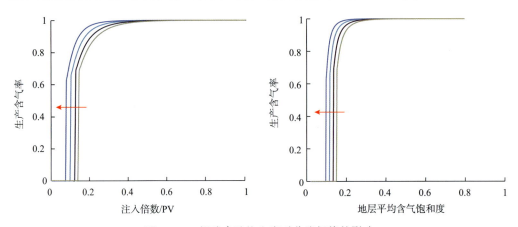

图5-62 拟残余油饱和度对分流规律的影响

同时，拟残余油饱和度增大，最终采出程度减小（图5-63）。

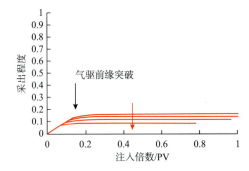

图5-63 拟残余油饱和度对采出程度的影响

拟残余油饱和度增大，气相整体的饱和度降低（图5-64）。

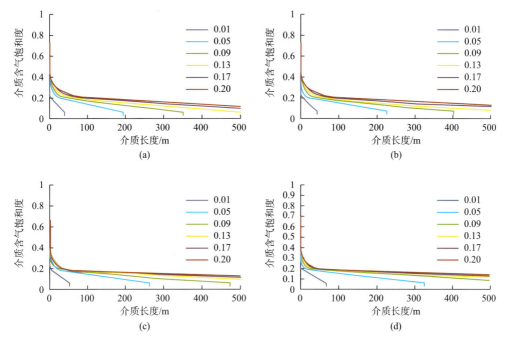

图5-64 拟残余油饱和度对不同注入倍数地层饱和度分布的影响
(a)(b)(c)(d) 拟残余油饱和度逐渐增加

由拟相渗曲线分析可知，拟残余油饱和度实际是介质未被波及的剩余油饱和度和已被波及的残余油饱和度的综合反映。拟残余油饱和度增加，主要反映的是气驱波及体积的减小。从而造成了突破时间提前，采出程度降低的现象。

3. 基于拟相渗理论的气驱波及定量评价方法

以气驱油基本渗流模型为基础，建立起缝洞型油藏注气波及体积、动用体积、气驱饱和度分布等注气波及参数的计算方法。

注气动用体积：油藏储层中由于注入气而产生渗流作用的流体所占介质体积。只要流体发生渗流，即认为流体所占体积已被动用。

注气波及体积：油藏储层中注入气饱和度大于某一定值（一般可取 $S_g \geq 0.02$）的介质体积。认为只有注入气大于具有实际应用意义的饱和度的体积为波及体积。一般认为，$S_g = 0.02$ 是束缚气饱和度的数值。$S_g < 0.02$ 的体积没有被波及的实际意义。

如图5-65所示，在缝洞型油藏注气驱过程中，将气驱油渗流过程简化为气相快速渗流区域，近井区域气少量指进区域。

在此基础上，进一步将气驱油渗流剖面划分出剖面波及体积和剖面动用体积的概念，如图5-66所示。

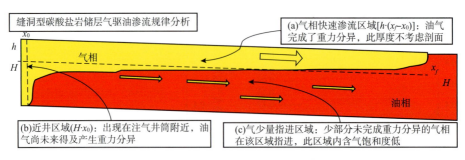

图 5-65　缝洞型碳酸盐岩储层气驱油渗流规律

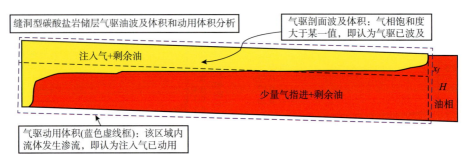

图 5-66　注气驱剖面波及体积和动用体积

1）气驱动用体积计算

如式（5-72）所示，动用体积的计算方法是：

$$E_d = \frac{x_f}{L} \cdot E_A \tag{5-72}$$

式中，E_A 为面积波及系数；x_f 为气驱前缘；L 为渗流介质长度。

气驱前缘 x_f 由贝克莱-列维尔特方程求解：

$$x_f = \frac{f'_{gH}(S_{gf})}{\phi b H} \int_0^t Q(t) \, dt \tag{5-73}$$

$f'_{gH}(S_{gf})$ 为拟相渗曲线含气率前缘导数；H 为渗流介质高度，b 为渗流介质宽度。

面积波及系数 E_A 计算方法如下：

在平面井网中，因为压力梯度不同，只有部分储层面积为气波及，气波及区在井网面积中所占的比例就是均匀井网见气时的面积波及系数。

对于直线系统，见气时的面积波及系数计算公式为：

$$E_A = \frac{\frac{2\pi d}{a} - 4\exp\left(-\frac{2\pi d}{a}\right) - 2.776}{\frac{2\pi d}{a}\left[1 - 8\exp\left(-\frac{2\pi d}{a}\right)\right]} \sqrt{\frac{1+M}{2M}} \tag{5-74}$$

式中，E_A 为面积波及系数；d 为排距；a 为井距。

M 表示流度，以下式确定：

$$M = \frac{K_{ro}(S_{gf}) + K_{rg}(S_{gf})}{\mu_g} / \frac{K_{ro}(S_{gc})}{\mu_o} \qquad (5-75)$$

式中，S_{gf} 为驱替前缘含气饱和度。

当 $M \geq 1$，$d/a \geq 1$ 时，式 (5-74) 可以进一步简化为：

$$E_A = \left(1 - 0.4413 \frac{a}{d}\right) \sqrt{\frac{1+M}{2M}} \qquad (5-76)$$

对于五点、反九点和反七点面积井网，见气时的波及系数可分别确定为：

$$E_{A5} = 0.718 \sqrt{\frac{1+M}{2M}} \qquad (5-77)$$

$$E_{A9} = 0.525 \sqrt{\frac{1+M}{2M}} \qquad (5-78)$$

$$E_{A7} = 0.743 \sqrt{\frac{1+M}{2M}} \qquad (5-79)$$

2）气驱波及体积计算

如式（5-80）所示，见气后气驱垂向波及系数的计算方法是：

$$E_v = \frac{h}{H} \cdot \frac{x_f}{L} \qquad (5-80)$$

式中，h 为定义的气驱前缘厚度，即为注入气实际渗流的高部位 h 高度。

定义气驱重力分异系数 $k = h/H$，以评价重力分异在注入气驱油过程中的影响，求解方法为：

$$k = \frac{h}{H} = \frac{f'_{gh}(S_g)}{f'_{gH}(S_g)} \qquad (5-81)$$

在计算波及体积的时候，可以跳过评价渗流介质高度 H 和渗流介质宽度 b。在已知真实相渗曲线和拟相渗曲线的基础上，直接给出气驱重力分异系数的理论值。

在矿场实际生产中，往往难以准确给出某井组或某层位精确的真实相渗曲线。在这里，同时提出不给定真实相渗曲线的波及体积计算方法。

在注气驱过程中，注入气只沿介质高部位驱替原油，在高部位发生非活塞式驱替。最终，气驱实现的效果是将高部位的原油基本驱替干净。给定气驱残余油饱和度 S_{or} 和束缚水饱和度 S_{wc}，在拟相渗曲线上读出气驱最大含气饱和度 S_{gmax}，根据物质平衡原理、气驱最大含气饱和度可知，占气驱理论可以驱替的原油饱和度的占比即表征了气驱实际波及系数，即重力分异系数 k。求解公式为：

$$k = \frac{h}{H} \approx \frac{S_{gmax}}{1 - S_{wc} - S_{or}} \qquad (5-82)$$

3）波及系数计算

以缝洞型油藏气驱前缘移动方程为基础。当前缘位置到达生产井，由此得到产出井注入气突破对应的注气时间为：

$$T = \frac{1}{f'_{gH}(S_{gfH})} = \frac{\rho_g \phi b H L}{\rho_{gs} Q_{in}} \tag{5-83}$$

由此，建立起注气后，井间气驱垂向波及系数计算方法为：

$$E_v = \frac{t}{T} \frac{h}{H} \cdot \frac{x_f}{L} \tag{5-84}$$

第三节 注入气与原油的作用机理

一、不同注入气的传质作用机理

研究缝洞型油藏原油和填充介质对注入气扩散规律的影响因素，明确原油性质和填充介质对注入气扩散规律的作用机理，深入注气提高采收率机理认识，为缝洞型油藏注气高效开发提供理论依据及技术指导。

油气田开发过程中，气顶气与饱和油之间、注入流体与地层流体之间等都发生扩散现象。注入气在原油中的扩散作用是分析注气提高采收率机理最基本的手段；注入气在地层流体中的传质行为分析关系到油气生产动态预测，注气参数优化等实际应用；气体的扩散系数是数值模拟重要参数，影响开发预测准确性。目前存在的主要问题是：

一是，缝洞型油藏地层条件下原油的物性多样，注气开发效果差异大，原油物性对注入气开发效果的影响机理有待深入认识；

二是，岩溶缝洞是缝洞型油藏主要的空间，但70%以上的空间被地下河沉积砂泥和洞穴垮塌角砾等物质充填，填充介质对注入气开发效果的影响机理急需明确。

（一）油藏条件下扩散系数测定实验

扩散系数是计算物质通量和浓度剖面的重要参数，通过量化注入气与地层流体的流动及浓度变化，能系统性评价注入气对原油性质影响程度，如黏度降低、体积膨胀、饱和压力改变等。在前人研究方法基础上，测量了塔河缝洞型碳酸盐岩油藏条件下氮气的扩散系数，分析了该类型油藏储层流体物性和填充介质物性对扩散系数的影响，进而深化缝洞型油藏注气提高采收率机理认识，为现场注气优化提供参考。

1. 实验装置

扩散实验装置如图 5-67 所示，主要由注入泵系统、高温高压活塞中间容器、高温高压耐腐蚀气体缓冲罐、高温高压密封反应釜、温控系统、高精度压力传感器等组成。3 种高温高压容器均能满足压力最高温度 150℃、最高压力 70MPa 的要求，其密封均采用耐腐蚀的增强石墨自密封环结构，增强了装置的密封结构，降低了实验过程中气体泄漏导致的压力异常。

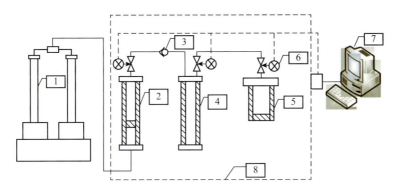

图 5-67　气体-原油扩散系数实验装置图

1—ISCO（100DX）恒速恒压泵；2—高温高压活塞中间容器；3—单向阀；4—高温高压耐腐蚀气体缓冲罐；
5—高温高压密封反应釜；6—高精度压力传感器；7—压力数据处理系统；8—HW-Ⅲ型自控恒温箱

2. 实验材料

实验用油：塔河油田地层原油，稀油油样地层温度 140℃下原油，黏度为 1.42mPa·s，密度为 0.642g/cm³；稠油油样层温度 122℃下原油，黏度为 111.2mPa·s，密度为 0.9643g/cm³。实验用水：与原油相同生产井组的产出水。实验用气：高纯 CO_2，纯度为 99.99%；高纯 N_2，纯度为 99.999%（北京京高气体有限公司）。

3. 实验步骤

（1）检测装置气密性。采用石油醚清洗高温高压活塞中间容器、高温高压耐腐蚀储气罐和高温高压密封反应釜清洗中间容器，并烘干；按照实验流程图将实验设备连接在一起，打开所有阀门，向连通的容器中注入一定压力的高纯氮气（一般为 10MPa），通过电脑显示仪观察对应测压点的压力变化，在 3h 内，压力稳定不变，则表示中间容器和管线密封性良好。

（2）分两种情况操作，第一种情况：测定气体在纯液相中的扩散系数时，直接量取 200mL 的原油并转移至高温高压密封反应釜，打开所有管线，对整个系统抽真空 2h；开启恒温箱，设定实验温度为 120℃，待温度达到实验温度后，稳定 2~4h。第二种情况：测定气体在多孔介质中的扩散系数时，将压制好的填充介质模型放入岩心夹持器，抽真空后饱和地层水，计算孔隙体积，注入实验用油建立初始含油饱和度（测定 3 组，含油饱和度分别为72%、50%和0%),并老化24h;老化后将充填模型用环氧密封端面,放入高温高压扩散釜中,对整个系统抽真空时间为2h,开启恒温箱,设定实验温度为常温,稳定时间在4h以上。

(3)采用增压泵将目标气体注入高温高压活塞中间容器,耐腐蚀储气罐注入端压力加压的实验所需要的压力,待压力稳定后,快速打开中间容器的连接阀门,连接中间容器的压力传感器达到实验压力时,立即关闭注入端的压力控制阀,气相体积为100mL。

(4)利用压力传感器和温度传感器记录实验数据变化,记录时间间隔0.5~10min不等,用数据处理,当扩散一定时间后,如果3h内压力的变化小于5kPa时,则认为扩散已经达到平衡,停止扩散实验。

(5)用石油醚和氮气清洗实验设备,按照(1)~(4)的实验方法进行下一组实验。

(二)不同气体在原油中的扩散特征

升高压力,单位体积内氮气分子增加,氮气在塔河油样中的扩散系数增加,促进氮气向原油中扩散。相同条件下,氮气在稀油中的扩散系数高于稠油一个数量级,即氮气更易在稀油中的溶解且达到扩散平衡。与此同时,不同黏度原油中氮气的扩散系数对压力敏感性不同,随着压力由20MPa升至50MPa,氮气在稠油中扩散系数增加6倍,而在稀油中则仅增加30%,稠油对扩散系数压力敏感性高于稀油(图5-68)。造成扩散系数差异的主要原因在于,氮气与稀油的表面张力低于稠油,故更容易进入油相中,扩散系数较高。

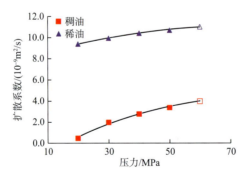

图5-68 不同黏度油样中氮气扩散系数与压力变化关系
其中实心标注的为实测值,空心为预测值

结合不同原油黏度与氮气扩散系数的实验分析,现场注氮气过程中,应结合油藏原油物性特征对注气参数进行优化以得到最佳注气效果:对于稀油油藏,则保持相对稳定的注入压力,保持氮气稳定扩散进入油相;对于稠油油藏,为使氮气溶解降黏等改善原油流动性的效果达到最佳,则适当提高注入压力,促进氮气在稠油扩散。

（三）不同气体在原油中的扩散特征

在注入气混入其他类型气体一同注入，发挥多种注入气提高采收率的协同作用，最终实现提高注气效率的目的。缝洞型油藏注气开发过程中，根据储集体类型和剩余油分布情况，采用不同比例的氮气和二氧化碳作为注入气，进而使注气开发具有针对性，最终提高油气采收率。

相同条件下，气体组成及种类的不同，造成了其在油相扩散的压力变化规律各异（图5-69）。在原油扩散初期，纯氮气（二氧化碳摩尔分数为0）压力呈近直线下降趋势，随注入气中二氧化碳组分的增加，下降曲线斜率增加，即注入气与原油接触初期阶段，气-油体系压力降幅速率随二氧化碳含量的增加而逐渐增加，二氧化碳的增加促进了注入气在原油中的溶解速率。随扩散的进行，压力曲线逐渐平稳，最终达到溶解平衡。当二氧化碳摩尔分数由0升至100%时，扩散最终的压力降幅由0.0356增至0.0655，降幅增加达到84.20%。二氧化碳的存在促进了注入气在油相中的溶解。同时，二氧化碳摩尔分数的高低反映出复合气扩散过程中与纯气相的相似程度：二氧化碳摩尔分数为20%的注入气在原油中的扩散压降曲线与纯氮气相似；当二氧化碳摩尔分数升高至70%时，注入气在原油中的扩散压降曲线则与纯二氧化碳接近。

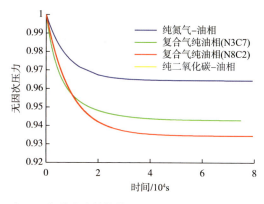

图5-69 不同比例N_2和CO_2在稀油油样扩散过程中无因次压力变化（$T=120$℃，$P\approx50$MPa）

注入气体组分不同，除了影响注入气在地层流体中的压力变化规律之外，最终引起扩散系数的变化（图5-70）。根据测量的实验数据，采用指数函数拟合了注入气二氧化碳摩尔分数与扩散系数的关系[式（5-85）]，其中，D为扩散系数，m^2/s；x为注入气中N_2摩尔分数。对于相同油样，当注入气由纯氮气转变至纯二氧化碳过程中，气体扩散系数增加了4倍。

$$D = 4.0555 \times 10^{-8} e^{-1.4061x} \tag{5-85}$$

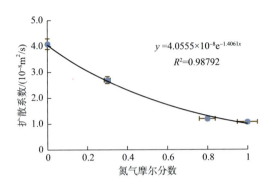

图 5-70 注入气的扩散系数与氮气摩尔分数关系 ($T=120℃$，$P=50MPa$)

结合不同比例氮气和二氧化碳的扩散数据可以看出，二氧化碳的存在降低了注入气在原油中的溶解平衡时间，同时促进了注入气在地层原油中的扩散。因此，注氮气过程中，混入一定比例的二氧化碳，有助于提高注入气在地层原油中的溶解，促进注入气在地层原油中的扩散，进而降低注入气的焖井时间，扩大波及体积。

（四）不同气体在充填介质中的扩散特征

研究表明，岩溶缝洞是缝洞型油藏主要的空间，但70%以上的空间被地下河沉积砂泥和洞穴垮塌角砾等物质充填。在实际注气过程中，除了与缝洞体内未填充的地层流体接触之外，大部分注入气通过扩散作用进入填充介质的流体中。因此，注入气在缝洞型油藏中的填充介质扩散特征有助于分析注气开发效果。

根据金强对塔河油田不同缝洞储集体内填充介质物性统计结果，划分了3种缝洞单元储集体内部基本的填充类型：垮塌型填充［孔隙度16%～18%，渗透率（500～1000）×$10^{-3}\mu m^2$］、砂泥型填充［孔隙度12%～16%，渗透率（50～100）×$10^{-3}\mu m^2$］和垮塌型填充［孔隙度<10%，渗透率<$10\times 10^{-3}\mu m^2$］。根据划分的填充介质类型，制作了物性与之相对应的填充模型并进行了氮气扩散系数测量（表5-11）。

表5-11 缝洞型油藏填充物参数及分类

填充类型	孔隙度/%	渗透率/$10^{-3}\mu m^2$	迂曲度	孔隙中值半径/μm
垮塌型	16.49	652	3.43	6.09
砂泥型	14.70	72	3.79	2.37
致密型	9.52	9.67	5.64	1.61

从扩散的无因次压力变化可以看出（图5-71），扩散初期压力变化与填充介质的致密程度无关，主要因为氮气首先进入填充介质表面的原油中，然后进入填充介质内部的孔隙中。随扩散时间的增加，填充介质对注入气压力变化影响效果逐渐明

显,氮气在致密气中的扩散压力降幅逐渐缩小,而在砂泥型和垮塌型填充介质中扩散则继续降低。

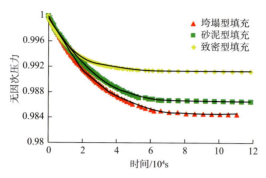

图 5-71 氮气在不同填充介质中扩散无因次压力变化 ($T=120$℃, $P\approx50$MPa)

不同于纯油相中大幅快速降低特点,氮气在缝洞型填充介质中扩散压力降幅特点为小幅缓慢下降,填充介质的存在降低了氮气在油藏中运移速率和在原油中的溶解量。同时,填充介质物性对氮气的扩散特征影响明显:氮气在饱和原油的致密填充介质的压力降幅为 0.4367MPa,压降百分比为 0.8723%;在砂泥填充介质中的压力降幅为 0.67419MPa,压降百分比为 1.3470%;在垮塌填充介质中的压力降幅为 0.77584MPa,压降百分比为 1.5487%。随致密程度的增加,氮气通过扩散作用进入填充介质的能力下降。最终,氮气在垮塌型填充介质中的扩散系数为 4.41×10^{-10}m²/s,在致密填充介质中的扩散系数则为 5.111×10^{-11}m²/s,达到固体级别的扩散系数(图 5-72)。

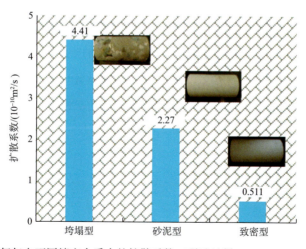

图 5-72 氮气在不同填充介质中的扩散系数(稀油油样,$T=120$℃,$P\approx50$MPa)

结合氮气在不同填充介质中的扩散实验结果,对于现场注气开发角度,填充介质的存在降低了氮气在缝洞型油藏中的运移速率,填充介质的不均匀导致注入气在缝洞储集体内部运移的不均匀;填充介质物性差异也会引起缝洞单元内部注入气扩散运移不均匀;从扩散角度分析,注氮气开发致密填充的缝洞单元,其效果远不及垮塌型填充或机械填充。

(五) 氮气在不同含水饱和度垮塌充填介质中的扩散特征

地下河系统是塔河碳酸盐岩缝洞型油藏规模最大的岩溶系统,具有复杂的地下通道系统,底水发育,天然能量充足,以井组和单井为开发单元的油井易受边底水或注水开发的影响,造成注水缝洞单元内部的油水分布不均匀。填充介质中的含水饱和度对后续注入气的开发效果影响较大,本部分分析了垮塌型填充介质中不同含水饱和度对氮气扩散特征,为处于不同含水阶段的油藏注氮气开发提供一定的依据。

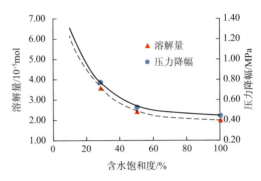

图 5-73 含水饱和度与溶解量和扩散压降的关系(稀油油样,$T=120℃$,$P≈50MPa$)

氮气在不同含水饱和度下填充介质扩散结果如图 5-73 所示。相同初始压力下,氮气在垮塌型填充介质中的压力降幅由束缚水饱和度的 0.7758MPa 减少至纯含水饱和度下的 0.4480MPa,压降幅度降幅高达 42.25%,对应的溶解量则由 $3.595×10^{-5}$ mol 降至 $2.066×10^{-5}$ mol,随含水饱和度的升高,氮气在垮塌型填充介质中的溶解性能下降。地层水的存在降低了氮气在填充介质的溶解能力,进而导致扩散平衡压力高,具有一定的保压特性。同样,填充介质中水相的存在,导致氮气的扩散系数下降,纯水相的填充介质中扩散系数为 $6.591×10^{-11} m^2/s$(图 5-74)。

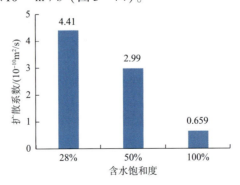

图 5-74 含水饱和度的与氮气扩散系数关系图($T=120℃$,$P=50MPa$,稀油油样)

填充介质中含水饱和度与氮气溶解的物质的量呈衰竭指数关系，填充介质中含水饱和度对氮气的扩散系数填充影响明显；100%含水饱和度的垮塌型填充介质中，氮气扩散系数达到固体扩散系数数量级（$10^{-11}m^2/s$），氮气更易在含油饱和度高的多孔介质中扩散。

研究表明，氮气与原油的表面张力低于水相的表面张力。因此，在扩散过程中，氮气更不易进入水相，扩散系数随含水饱和度的增加而降低，导致达到溶解平衡的压力过高，溶解量降低。现场注气时，为提高注氮气的利用率，建议选择含水率较低的井作为注气吞吐井，以提高氮气利用率。

（六）注不同注入气扩散特征小结

结合塔河缝洞型碳酸盐岩油藏流体物性和储层物性，采用压力衰竭法测定了塔河缝洞型油藏高温高压条件下氮气的扩散系数，从分子扩散角度分析缝洞型油藏注氮气提高采收率的深层次机理，并对现场注气提供具体理论支持，得到以下结论。

（1）物性不同的原油，氮气的扩散系数存在差异，现场注气过程中应对注气参数进行针对性优化，例如增加稠油油井的吞吐焖井时间和注气压力，对稀油油井注气则保持压力稳定。

（2）二氧化碳的存在促进了注入气在原油中的扩散，针对注采单元内部储集体特征，选取合适比例的氮气和二氧化碳作为注入气，可以最大程度地发挥两种气体提高采收率的优势。

（3）缝洞单元储集体内部的填充介质对氮气扩散影响明显，填充介质迂曲度增加，孔隙中质半径缩小，降低了氮气在缝洞单元储集体内部的扩散，从而减小了波及体积。

（4）填充介质中地层水的存在同样阻碍了氮气在填充介质中的扩散，为扩大氮气波及效率，尽可能选择含水率较低的采油井进行注气。

二、不同注入气的抽提作用机理

注入溶剂与地层原油之间的相态特征是注气混相驱机理和可行性研究的关键问题之一。注入气-地层原油体系的相态研究对于注气混相驱的设计和动态分析是必不可少的方法和手段。气驱提高原油采收率的基本原理就是通过注入气在原油中的溶解而使原油体积膨胀、降低原油黏度、降低界面张力、通过注入气和地层原油的传质互溶来提高原油采收率，所有这些都是和原油相态变化密切相关的。气驱油时，由于气在原油中的大量溶解，地层原油的物理化学性质（如饱和压力、体积系数、黏度、界面张力、气液相组成等）会发生很大变化。对注入气-地层原油体系相态行为研究是研究驱替机理的重要依据，还可以为数值模拟提供必要的参数。

塔河缝洞型油藏采用注气开采，取得了较好效果（表5-12），但同时也暴露出一些问题：①注气参数优化时，组分模型数值模拟的相态计算缺少实验依据；②随着注气规模的不断扩大，抽提萃取后井筒产出原油黏度增加，造成井筒堵塞，对其产生机理及如何防治有待深入研究；③随着氮气的不断注入，气窜后，油品性质发生很大变化，有轻质油产生，密度为0.69g/cm³，油品挥发性大，注入气与原油作用机理不清。因此，有必要根据塔河油田的实际油藏压力和温度条件，选择代表性的原油样品进行相态实验。

表5-12 塔河油田典型的油藏压力温度条件

序号	地层压力/MPa	气油比/(m³/m³)	饱和压力/MPa	油藏温度/℃
1	68.8	78.19	13.9	141.2
2	66.15	185	26.6	141.4
3	59.54	55.66	12.66	122
4	68.9	17	5.3	148
最小	59.54	17	5.3	122
最大	68.9	185	26.6	148
平均	65.85	83.96	14.62	138.15

注：本项目选取的相态实验为多级接触（向前、向后）混相实验，选取的实验条件为148℃、69MPa塔河TH12559稠油以及141.4℃、66MPa塔河S117轻质油。

（一）油藏条件下多次接触混相实验

1. 多级接触实验基本概念

多级接触实验是模拟注入气与油藏油连续接触的动态平衡实验。多级接触实验包括向前多次接触和向后多级接触实验（图5-75、图5-76）。其中，向前多级接触实验模拟蒸发气驱过程；向后多级接触实验模拟凝析气驱过程。

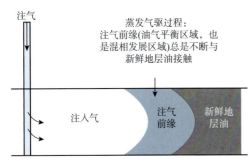

图5-75 向前接触混相示意图
（蒸发气驱过程）

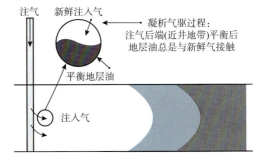

图5-76 向后接触混相示意图
（凝析气驱过程）

(1) 向前多级接触混相概念。

向前接触混相是用多级接触实验模拟蒸发气驱过程（vaporizing drive）。在蒸发气驱过程中，注入气一般较为轻质，随着注入气前缘在地层多孔介质中向前推进，原油中的轻质及中质组分会不断地挥发到气相中，从而使得注入气重组分含量增多，使注入气产生富化现象。随着注入气的富化，气驱前缘扫过新鲜地层原油时，原油中更重的组分亦能被抽提，从而使得注入气富化程度进一步加深，直到注入气的组分与原油接近时发生混相。这一过程是富化平衡气不断与新鲜地层油接触的过程。

(2) 向后多级接触混相概念。

向后接触混相是用多级接触实验模拟凝析气驱过程（condensing drive），在凝析气驱过程中，注入气一般较为重质（如含有一定量丁烷）。随着富气不断注入，在近井地带，注入富气当中的重质组分（相对地层油来说仍然是轻质组分）源源不断地凝析到地层油当中，使得近井地带的地层油不断被富化（变得越来越轻质），直到该区域地层油与注入富气组分接近而实现混相。该实验中，如注入气较轻质，会使得原油越来越黏稠，无法实现混相。本项目的实验结果证实了这一点，如图5-77所示。

(3) 主要工作流程。

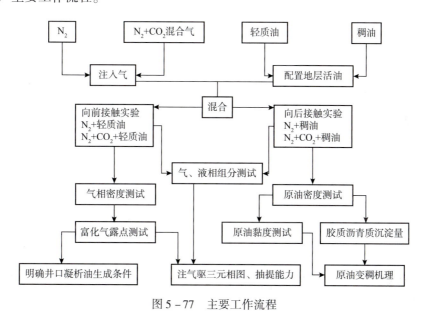

图5-77 主要工作流程

2. 多级接触实验介绍

(1) 实验原理。向前多级接触实验、向后多级接触实验的原理如图5-78、图5-79所示。

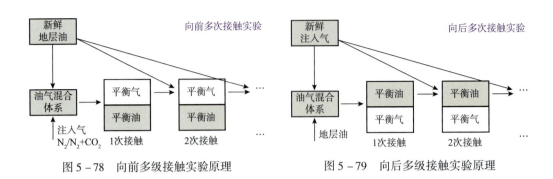

图5-78 向前多级接触实验原理　　　　图5-79 向后多级接触实验原理

如前所述,向前多次接触实验能够模拟气驱过渡带前缘条件。在前缘,注入气与地层原油在地层温度和压力下接触,实验中每次接触后形成气液两相;平衡气相再与前面新鲜的地层原油接触形成平衡气液两相,新的平衡气再向前接触,从而模拟注入气在油藏中的向前运动。

（2）实验装置。

多次接触实验设备为法国ST公司生产的无汞全透明活塞式高压PVT装置（见图5-80）。该装置主要由PVT容器、恒温空气浴、压力传感器、温度传感器、样品筒、高压计量泵、操作控制系统和观察记录系统组成。高压釜为活塞式变体积釜,其体积变化可通过计算机控制的精密马达驱动活塞进行控制。高温高压落球式黏度计最大工作压力为70MPa,最高工作温度为180℃。ST-PVT实验装置图见图5-80,实验流程见图5-81。

(a)实验装置照片

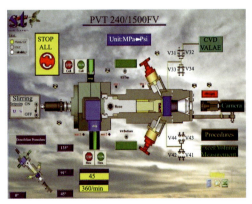

(b)实验装置模块

图5-80 ST-PVT实验装置图

（3）实验流体特征。

本研究所用的地层原油样品是用S117井和TH12559井的地面脱气原油样品和按闪蒸气组成配制的溶解气,按地层原油的平均饱和压力在实验室配制的地层原油样品。

N_2、CO_2 或 N_2/CO_2 混合气注入气样品购自北京分析仪器厂。

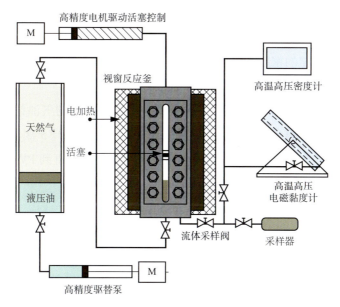

图 5-81 正向多次接触实验流程图

（4）实验程序。

①向前多级接触混相实验程序。

将全视窗高压 PVT 分析仪在设定的油藏地层温度（141.4℃ 或 148℃）下清洗干净，抽真空。首先将一定量注入气注入 PVT 釜中，在相应的地层温度与地层压力下测试注入气体积。然后按 1∶1 的气油体积比，在保持压力温度不变的条件下加入配制的地层原油样品，充分搅拌平衡后，形成气液两相。测试平衡气相和液相体积；保持设定的实验压力（66MPa 或 69MPa），分次排出平衡油相进行单次脱气实验，分析测试油相的密度、黏度、组成等参数；待油相完全排空后，PVT 釜中只剩平衡气相；按凝析气闪蒸实验的方法，排出部分平衡气进行闪蒸分离，分析测试气相的密度、组成等参数。至此完成注入气与地层原油的第一次向前接触实验。

第一次接触实验后，PVT 釜中只有被富化的平衡气，再按 1∶1 的气油体积比，加入地层原油样品，重复上述步骤进行第二次向前接触实验。如此重复，共进行 5 次油气向前接触，每次接触均测试平衡油气相的体积、密度和组成等参数变化。或者直到 PVT 釜中剩余的平衡气量减少到不能进行组成和其他物性分析测试时停止实验。

②向后多级接触混相实验程序。

将全视窗高压 PVT 分析仪在油藏地层温度（141.4℃ 或 148℃）下清洗干净，抽真空。首先将一定量地层原油样品注入 PVT 釜中，在相应的地层温度与地层压力下测试原油体积。然后按 1∶1 的气油体积比，在保持压力温度不变的条件下向 PVT 釜注气，充分搅拌平衡后，形成气液两相。测试平衡气相和液相体积；保持设定的实验压力（66MPa 或 69MPa），排出平衡气相进行凝析气闪蒸实验，分析测试气相的密度、黏度、组成等参数；待气相完全排空后，PVT 釜中只剩平衡油相，排出部分平衡油进行单次脱气实验，分析测试油相的密度、组成等参数。至此完成注入气与地层原油的第一次向后接触实验。

第一次接触实验后，PVT 釜中只有平衡油相，再按 1∶1 的气油体积比向 PVT 釜注气，重复上述步骤进行第二次向后接触实验。如此重复，共进行 5 次油气向后接触，每次接触均测试平衡油气相的体积、密度和组成等参数变化；或直到 PVT 釜中剩余的平衡油量减少到不能进行组成和其他物性分析测试时停止实验。

(5) 整体实验方案（表 5-13）。

表 5-13 整体实验方案

序号	类型	实验类别	压力/MPa 温度/K	备注
1	向前	N_2/CO_2（8∶2）+ S117 稀油	66/414.6	要求
2	向前	N_2 + S117 稀油	66/414.6	要求
3	向前	N_2 + TH12559 稠油	69/421.5	要求
4	向后	N_2/CO_2（8∶2）+ TH12559 稠油	69/421.5	要求
5	向后	N_2 + TH12559 稠油	69/421.5	额外
6	向后	N_2/CO_2（8∶2）+ S117 稀油	66/414.6	额外

(二) 不同地层原油的 PT 相图

1. 稠油的 PT 相图

塔河 TH12559 地层原油（稠油）相态特征见图 5-82。采用 PR 状态方程、40 组分计算（由 965459 次闪蒸计算得到）。图中色谱表示气化分率在气液两相区中的分布情况。气化分率 1 表示气相，气化分率 0 表示液相。油藏温度 148℃下的泡点压力约为 6.64MPa，TH12559 地层油的临界压力和温度分别为 3.89MPa 和 561.7℃。可见稠油在气液两相区内液相分布占主导趋势。

2. 轻质油的 PT 相图

塔河 S117 地层原油（轻质油）相态特征见图 5-83。采用 PR 状态方程、40 组分计算（由 3231248 次闪蒸计算得到）；图中色谱表示气化分率在气液两相区中的分布情况。油藏温度 141.4℃下的泡点压力约为 28.59MPa，S117 地层油的临界压力和温度分别为 19.40MPa 和 388.3℃（如图中临界点所示）。可见轻质油在气液两相区内气相分布占主导趋势。

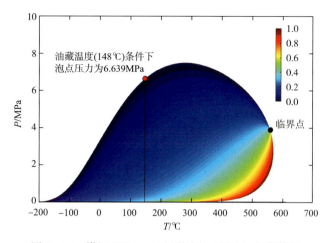

图 5-82 塔河 TH12559 地层原油（稠油）相态特征

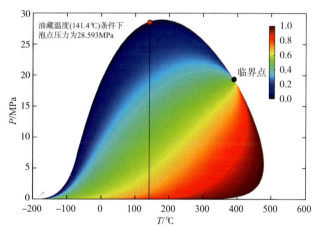

图 5-83 塔河 S117 地层原油（轻质油）相态特征

（三）不同注入气向前接触混相特征

1. N_2 向前接触 TH12559 稠油实验三元相图

进行 TH12559 注 N_2 向前多次接触实验。根据具体实验数据绘制三元相图如图 5-84 所示。

在图 5-84 中，三元相图的顶点代表注入气组分，靠近底边的深绿色点为 TH12559 地层油组分，当注入气与地层油第一次接触平衡时，形成了第一组平衡气相和平衡油相组分（分别以红色和蓝色点表示，并标有数字 1）；此时，平衡气 1 继续与新鲜地层油形成第二次接触混合，形成了第二组平衡气相（标有数字 2）和平衡油相组分；此时，平衡气 2 继续与新鲜地层油形成第三次接触混合，形成了第三组平衡气（标有数字 3）和平衡油相组分。重复该过程，完成 5 次油气向前接触实验。图中蓝线为 PVTsim20 计算得到的泡点线，红线为 PVTsim20 计算得到的露点线。

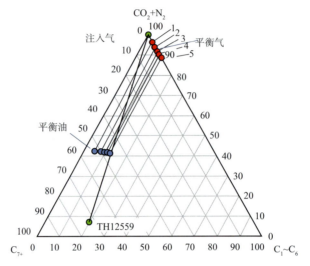

图 5-84　TH12559 注 N_2 向前多次接触实验（148℃，69MPa）

可以看出，虽然平衡油气组分在三元相图上向混相方向前进，但由于注入气较轻、原油太重，还是无法实现混相。N_2 向前接触使得平衡油中 C_{7+} 组分摩尔分数减小，注入气重组分增加明显。

2. N_2+CO_2 混合气向前接触 S117 轻质油实验三元相图

进行 S117 注 N_2+CO_2 混合气向前多次接触实验。根据具体实验数据绘制三元相图如图 5-85 所示。

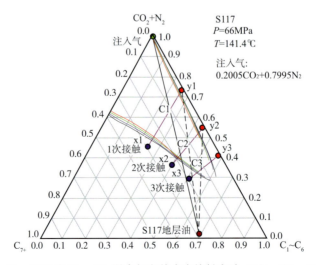

图 5-85　S117 注 N_2+CO_2 混合气向前多次接触实验（141.4℃，66MPa）

在图 5-85 中，三元相图的顶点代表注入气组分，靠近底边的深绿色点为 S117 地层油组分，当注入气与地层油第一次接触平衡时，形成了第一组平衡气相和平衡油相组分（分别以红色和蓝色点表示，并标有数字1）；此时，平衡气1继续与S117地层油形成第二次接触混合，形成了第二组平衡气相和平衡油相组分（标有数字2）；此时，平衡气2继续与S117地层油形成第三次接触混合，形成了第三组平衡气和平衡油相组分（标有数字3）。经过前3次油气向前接触实验，PVT筒中平衡气消耗较大，剩余气量不满足后续向前接触实验，所以本组实验仅采集到3组有效数据。图中蓝线为PVTsim20计算得到的泡点线，红线为PVTsim20计算得到的露点线。

在图5-85中，红色点为实测平衡气组分、蓝色点为实测平衡油组分。气液两相区的边界有4条：红色为注入气与S117原油的混合体系在该压力温度下的两相边界；绿色为第一次接触后的平衡气（y1）与S117原油的混合体系在该压力温度下的两相边界；蓝色为第二次接触后的平衡气（y2）与S117原油的混合体系在该压力温度下的两相边界；黑色为第三次接触后的平衡气（y3）与S117原油的混合体系在该压力温度下的两相边界。两相区边界由PR-EOS编程计算得到。

向前接触过程为：注入气与地层油首次接触混合形成平衡油气（x1，y1），平衡气y1继续与地层油第2次接触混合形成新的平衡油气（x2，y2）；此时平衡气y2再次与地层油接触混合形成平衡油气（x3，y3）。由于实验设备容积限制，此时y3如再与地层油接触，得到的气相太少，无法采样测试组分。因此实验停止。

实验和计算显示，虽然平衡油气的组分随接触次数增多逐渐接近，但在该$P-T-x$条件下，油气无法实现混相。

3. N_2向前接触S117轻质油实验三元相图

进行S117注N_2向前多次接触实验。根据具体实验数据绘制三元相图如图5-86所示。

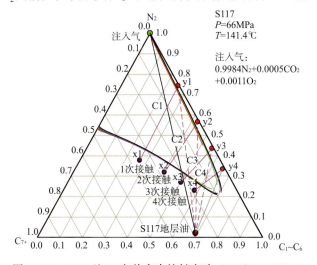

图5-86　S117注N_2向前多次接触实验（141℃，66MPa）

在图 5-86 中，三元相图的顶点代表注入气组分，靠近底边的深绿色点为 S117 地层油组分，当注入气与地层油第一次接触平衡时，形成了第一组平衡气相和平衡油相组分（分别以红色和蓝色点表示，并标有数字 1）；此时，平衡气 1 继续与 S117 地层油形成第二次接触混合，形成了第二组平衡气相和平衡油相组分（标有数字 2）；此时，平衡气 2 继续与 S117 地层油形成第三次接触混合，形成了第三组平衡气和平衡油相组分（标有数字 3）。经过前 4 次油气向前接触实验，PVT 筒中平衡气消耗较大，剩余气量不满足后续向前接触实验，所以本组实验仅采集到 4 组有效数据。图中蓝线为 PVTSim20 计算得到的泡点线，红线为 PVTsim20 计算得到的露点线。

图中气液两相区的边界有 5 条：红色为注入气与 S117 原油的混合体系在该压力温度下的两相边界；绿色为第一次接触后的平衡气（y1）与 S117 原油的混合体系在该压力温度下的两相边界；蓝色为第二次接触后的平衡气（y2）与 S117 原油的混合体系在该压力温度下的两相边界；灰色为第三次接触后的平衡气（y3）与 S117 原油的混合体系在该压力温度下的两相边界；黑色为第四次接触后的平衡气（y4）与 S117 原油的混合体系在该压力温度下的两相边界。两相区边界由 PR-EOS 编程计算得到。

实验和计算显示，在当前地层的 $P-T-x$ 条件下，注入氮气与地层原油在向前接触过程中未实现混相。但如果能否增加注入气中 CO_2 或 $C_1 \sim C_6$ 组分的含量，则有可能在此压力条件下实现混相驱替过程。

4. CO_2 浓度对于注入气与 S117 轻质油气液两相区的影响

通过调整注入气中 CO_2 的浓度，理论计算结果表明：当 CO_2 浓度增大时，气液两相区逐渐缩小。在油藏温度压力条件下，当 CO_2 浓度达到 65% 时，两相区突然消失。因此可得结论：对于 S117 原油，当注入气中 CO_2 摩尔分数达到 65% 以上时，注入气和地层原油可实现混相驱替（图 5-87）。

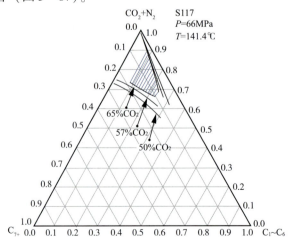

图 5-87　S117 注 N_2 向前多次接触实验（141.4℃，66MPa）

计算得到注入气与 S117 地层油的混合流体的气液两相区。从图 5-88 中可看出，当注入气中混合 20% CO_2 时，在油藏温度和压力条件下注入气和地层油形成的气液两相区相对较小。因此，可通过研究气液两相区大小与注入气中 CO_2 含量的关系，从而确定注入气中需要混合多少 CO_2 可使得气液两相区消失。该计算采用了 PR EOS 结合负向闪蒸算法遍历油气组分空间得到。

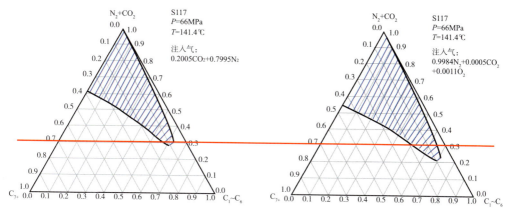

图 5-88　S117 注 N_2 向前多次接触实验（141.4℃，66MPa）

5. 不同注入气向前接触实验结论和认识

抽提效果可按式（5-86）进行量化：

$$\text{抽提指数} = 1 - \frac{1}{n}\sum_{i=1}^{n}\frac{\text{气相中}\,i\,\text{组分所摩尔分数}}{\text{注入气中}\,i\,\text{组分摩尔分数}} \tag{5-86}$$

抽提指数仅关注注入气中的组分变化，通过对平衡气中注入气原有组分变化的分析来定量推测注入气对原油中组分的抽提效果。

其中，i 为注入气中的组分，n 为注入气中的总的组分数。n 的最大值为 1，说明注入气中原有所有组分都溶解到液相中了，平衡气中组分全是从液相抽提上来的轻质组分构成，抽提效果最强。n 的最小值为 0，说明平衡气组分较之注入气组分没有变化，意味着没有任何轻质组分被抽提（为改变气相组分），所以没有抽提效果。

向前接触过程中，注入气（平衡气）中的 $C_1 \sim C_4$ 轻质组分随着接触次数增多的而增大，说明注入气对原油中轻质组分有较强的抽提效果（表 5-14、表 5-15）。

表 5-14　N_2 注入 TH12559 抽提效果

注入气	抽提指数（TH12559）				
	1 次接触	2 次接触	3 次接触	4 次接触	5 次接触
N_2	0.047	0.082	0.111	0.134	0.154

表 5-15　N_2/N_2+CO_2 注入 S117 抽提效果

注入气	抽提指数（S117）			
	1 次接触	2 次接触	3 次接触	4 次接触
N_2	0.259	0.438	0.569	0.670
N_2+CO_2	0.286	0.547	0.675	—

（四）不同注入气向后接触混相特征

1. N_2+CO_2 混合气向后接触 TH12559 稠油实验三元相图

进行 TH12559 注 N_2+CO_2 混合气向后多次接触实验。根据具体实验数据绘制三元相图如图 5-89 所示。

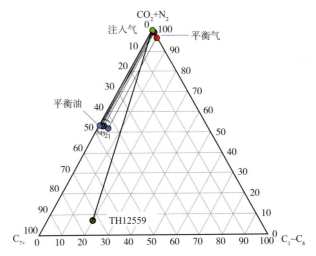

图 5-89　TH12559 注 N_2+CO_2 混合气向后多次接触实验（148℃，69MPa）

在图 5-89 中，三元相图的顶点代表注入气组分，靠近底边的深绿色点为 TH12559 地层油组分，当注入气与地层油第一次接触平衡时，形成了第一组平衡气相和平衡油相组分（分别以红色和蓝色点表示，并标有数字 1）；此时，平衡油 1 继续与注入气形成第二次接触混合，形成了第二组平衡气相和平衡油相组分（标有数字 2）；此时，平衡油 2 继续与注入气形成第三次接触混合，形成了第三组平衡气和平衡油相组分（标有数字 3）。重复该过程，完成 5 次油气向后接触实验。图中蓝线为 PVTsim20 计算得到的泡点线，红线为 PVTsim20 计算得到的露点线。根据实验和计算结果来看，TH12559 地层油和 N_2+CO_2 混合气在向后充分接触后，原始地层油当中的轻质组分 $C_1 \sim C_6$ 会显著减少（从接近 20% 变为接近 1%），对轻组分抽提严重；无法达到混相（向后接触一般注入轻质气均无法实现混相）。加入 20% CO_2 使得平衡油中 C_{7+} 组分摩尔分数显著减小。

2. N_2 向后接触 TH12559 稠油实验三元相图

进行 TH12559 注 N_2 向后多次接触实验。根据具体实验数据绘制三元相图如图 5-90 所示。

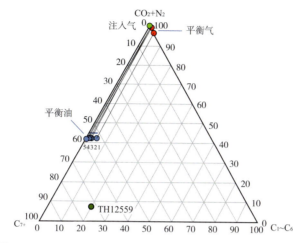

图 5-90　TH12559 注 N_2 向后多次接触实验（148℃，69MPa）

在图 5-90 中，三元相图的顶点代表注入气组分，靠近底边的深绿色点为 TH12559 地层油组分，当注入气与地层油第一次接触平衡时，形成了第一组平衡气相和平衡油相组分（分别以红色和蓝色点表示，并标有数字 1）；此时，平衡油 1 继续与注入气形成第二次接触混合，形成了第二组平衡气相和平衡油相组分（标有数字 2）；此时，平衡油 2 继续与注入气形成第三次接触混合，形成了第三组平衡气和平衡油相组分（标有数字 3）。重复该过程，完成 5 次油气向后接触实验。图中蓝线为 PVTsim20 计算得到的泡点线，红线为 PVTsim20 计算得到的露点线。根据实验和计算结果来看，TH12559 地层油和 N_2 在向后充分接触后，对轻组分抽提严重，原始地层油当中的轻质组分 $C_1 \sim C_6$ 会显著减少（从接近 20% 变为接近 1%），无法达到混相（向后接触一般注入轻质气均无法实现混相）。N_2 在地层油当中的溶解量也较 $N_2 + CO_2$ 混合气小。

3. $N_2 + CO_2$ 混合气向后接触 S117 轻质油实验三元相图

进行 S117 注 $N_2 + CO_2$ 向后多次接触实验。根据具体实验数据绘制三元相图如图 5-91 所示。

在图 5-91 中，三元相图的顶点代表注入气组分，靠近底边的深绿色点为 S117 地层油组分，当注入气与地层油第一次接触平衡时，形成了第一组平衡气相和平衡油相组分（分别以红色和蓝色点表示，并标有数字 1）；此时，平衡油 1 继续与注入气形成第二次接触混合，形成了第二组平衡气相和平衡油相组分（标有数字 2）；此时，平衡油 2 继续与注入气形成第三次接触混合，形成了第三组平衡气相和平衡油相组分（标有数字 3）。重复该过程，完成 5 次油气向后接触实验。图中蓝线为 PVTsim20 计算得到的泡点线，红线为 PVTsim20 计算得到的露点线。根据实验和计算结果来看，S117 地层油和 N_2+CO_2 混合气在向后充分接触后，原始地层油当中的轻质组分 $C_1 \sim C_6$ 会显著减少（从接近 69%变为接近 1%），无法达到混相（向后接触一般注入轻质气均无法实现混相）。

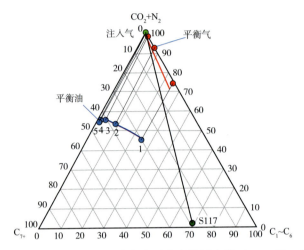

图 5-91　S117 注 N_2+CO_2 混合气向后多次接触实验（141.4℃，66MPa）

4. 不同注入气向后接触实验结论和认识

向后接触过程中，由于新鲜注入气与原油不断接触导致平衡原油中的轻质组分（主要是 $C_1 \sim C_{14}$）减少，重组分（C_{15+}）尤其是 C_{36+} 的含量在油相中显著（约为 22%）上升（表 5-16、表 5-17）。

表 5-16　N_2/N_2+CO_2 注入 TH12559 抽提效果

注入气	抽提指数（TH12559）				
	1 次接触	2 次接触	3 次接触	4 次接触	5 次接触
N_2	0.044	0.012	0.004	0.002	0.001
N_2+CO_2	0.061	0.016	0.004	0.001	0.001

表 5-17　N_2+CO_2 注入 S117 抽提效果

注入气	抽提指数（S117）				
	1 次接触	2 次接触	3 次接触	4 次接触	5 次接触
N_2+CO_2	0.288	0.084	0.020	0.005	0.001

（五）结论与认识

1. 组分变化规律描述

在多次接触实验过程中，气、液相中的组分变化直观地反映了注入气与原油在油藏压力温度条件下的相互作用情况。本文借鉴 Jaubert 等的方法采用 $(1 + x_i)$ 或 $(1 + y_i)$ 的自然对数值作为组分变化的观测量（其中 x_i 或 y_i 分别代表液相或气相中第 i 种组分的摩尔百分数），使得轻重组分的变化得到更加清晰（及均匀）的呈现。

图 5-92 ~ 图 5-94 总结了在对两种原油进行向后接触实验的过程中，平衡油、气两相的组分变化情况。整体上这 3 幅图显示了在向后多次接触过程中，注入气[氮气及 N_2/CO_2（8:2）混合气] 对于地层原油中的轻质（$C_1 \sim C_6$）至中质（$C_7 \sim C_{10}$）组分具有一定程度的抽提效果，突出反映在平衡油相中的轻质组分（$C_1 \sim C_6$）随着向后接触次数的增加流失非常严重。

图 5-92（a）显示 S117 地层原油中的较轻质组分（$C_1 \sim C_6$）随着向后接触的进行，含量迅速减少，尤其是原始地层油中含量最多的 C_1，至第 5 次向后接触完成时几乎被完全从油相中抽提；此外，注入气对于 $C_2 \sim C_4$ 组分也具有与 C_1 类似的抽提效果（几乎完全抽提）。注入气对于 S117 稀油当中的中质组分（$C_7 \sim C_{10}$）也有一定的抽提效果，但不如 $C_1 \sim C_6$ 显著。另外，可以看到 N_2/CO_2（8:2）注入气对于 S117 稀油中 C_{10+} 以上的组分几乎没有抽提作用，C_{10+} 以上的组分在油相中的摩尔分数随着接触次数的增加而增加，表明该原油由于轻质组分的流失而变得更加黏稠。图中的白色圆圈图例代表了地层原油的初始组分。

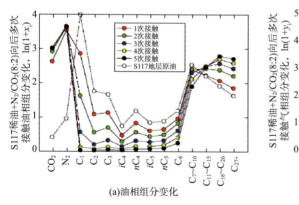
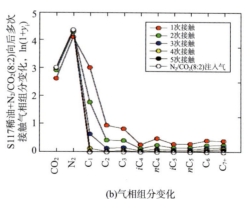

(a) 油相组分变化　　　　　　　　　(b) 气相组分变化

图 5-92　S117 轻质油 + N_2/CO_2（8:2）向后多次接触实验结果

图 5-92（b）反映了在向后接触过程中，气相组分的变化规律。向后接触过程是新鲜注入气与前一次接触完成后形成的平衡油进行接触平衡，因此在第一次接触平衡时，平衡气中抽提了较大量的轻质组分（$C_1 \sim C_6$）；待第二次接触时，由于平衡油相中残存的轻质组分较原始地层油中变少，因此注入气能够获得的轻质组分变少，并随着接触次数的增加迅速减少。实验结果精确地描述了该组分变化过程。

图 5-93 显示了与图 5-92 相同的注入气[N_2/CO_2（8:2）]对 TH12559 稠油进行向后多次接触实验后，稠油中平衡油气相组分随接触次数的变情况。整体上，该注入气

对于稠油显示了与 S117 稀油大体相同的抽提规律，即对于 $C_1 \sim C_6$ 轻组分，抽提效果较显著，使得稠油中的轻质组分大幅减少。经过 5 次向后接触，平衡油相 C_1 至 iC_5 的摩尔分数几乎为 0（小于 0.01%）。但与稀油中抽提效果不同的地方是，该注入气对于稠油中中质组分的抽提作用一直延续到了 C_{15}。图 5-93（a）中可以清晰地观察到每次接触后，平衡油相中的 $C_7 \sim C_{10}$ 组分均有大幅下降，$C_{11} \sim C_{15}$ 组分也有小幅下降，但 C_{16+} 以上的组分未显示被抽提，变化规律反转（不降反升）。此外，TH12559 稠油中的重质组分并未展现出类似 S117 稀油中重质组分含量随接触次数大幅升高的变化规律，仅仅小幅上升，这与稠油中整体轻质组分占比较低（$C_1 \sim C_6$ 总和摩尔分数小于 20%），被注入气抽提走的轻质及中质组分相对于稀油较少，因而其对稠油中重质组分含量的分布影响没有稀油显著。对比图 5-92 和图 5-93 中右侧的气相组分变化可以看出，对于相同的注入气 [N_2/CO_2（8∶2）]，稠油中的轻质组分含量较少，较难抽提；稀油中的轻质组分被注入气大量抽提。

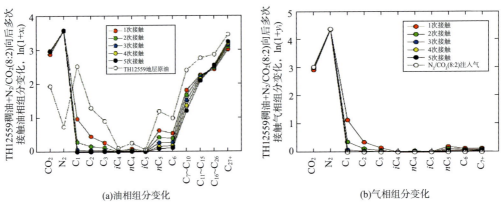

图 5-93　TH12559 稠油 + N_2/CO_2（8∶2）向后多次接触实验结果

图 5-94 显示了注入气为 100% N_2 时，向后接触过程中注入气对于 TH12559 稠油中组分的抽提情况。通过对比图 5-93 和图 5-94 的平衡油气组分结果，可以看出对于轻质组分 $C_1 \sim C_5$，两种注入气 100% N_2 和 N_2/CO_2（8∶2）显示了几乎一致的抽提效果 [图 5-93（a）、图 5-94（a）]。也就是说，当注入气中 CO_2 含量从 20% 降低到 0% 时，注入气对于 $C_1 \sim C_5$ 等轻质组分的抽提能力几乎未受到影响 [图 5-93（b）、图 5-94（b）]。但是图 5-94 清晰地显示了相对于 N_2/CO_2（8∶2）混合气，100% N_2 对于 C_6 及以上组分的抽提效果较差 [图 5-94（a）]。尤其是 100% N_2 对于 TH12559 稠油中的 $C_{11} \sim C_{15}$ 组分几乎没有抽提效果，其组分的含量几乎不随接触次数变化而变化 [图 5-94（a）]，这说明在氮气中混入少量 CO_2，可以改善注入气对中质（$C_7 \sim C_{15}$）组分的抽提效果。

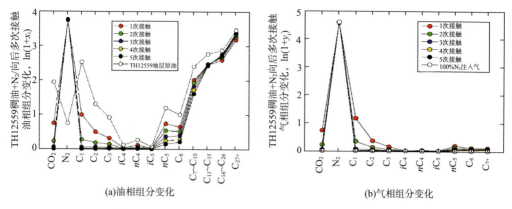

图 5-94　TH12559 稠油 + N₂ 向后多次接触接触实验结果

图 5-95～图 5-97 揭示了向前接触过程中，TH12559 稠油及 S117 稀油和注入气混合后，平衡油气相中的组分变化规律。图 5-95（a）为 100% N₂ 与 TH12559 稠油进行向前多次接触后平衡油相的组分变化，显示了氮气对于稠油中的轻质组分（C_1～C_3）有较强的抽提效果，但抽提效果随着油气向前接触次数的增加而逐渐减弱。此外，氮气对稠油中 C_5～C_6 组分仅在首次接触时显示了一定的抽提量，后续第 2 至第 5 次接触后稠油中 C_5～C_6 组分的变化量基本维持不变，说明后续的接触中，在平衡气中饱和了一定量的轻质组分的情况下，对稠油中的该类组分基本没有抽提效果［图 5-95（a）］。

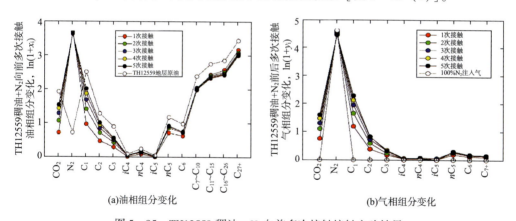

图 5-95　TH12559 稠油 + N₂ 向前多次接触接触实验结果

在向前接触过程中，图 5-95（a）表明氮气对于稠油中 C_{7+} 以上的重组分没有抽提作用。造成上述现象的原因主要是由油气向前接触的物理过程决定的。油气向前接触时，平衡气总是和新鲜的地层油进行接触，每一次接触时，由于组分差异，平衡气都能抽提一部分地层原油中的轻质组分，但平衡气的抽提能力随着其中轻质组分的逐渐增多而渐渐衰弱，因此随着接触次数增加，平衡油相中未能被抽提的轻质组分含量逐渐增多。此外，氮气在油相中的含量较原始地层油有大幅上升，虽然该含量随接触次数的增加呈现略微下降,但整体仍然较高,氮气是平衡油相中含量最多的组分;伴随每次接触时大量氮气溶解在平衡油相中,使得平衡油相中各组分的摩尔分数整体上略有减小[图5-95(a)]。

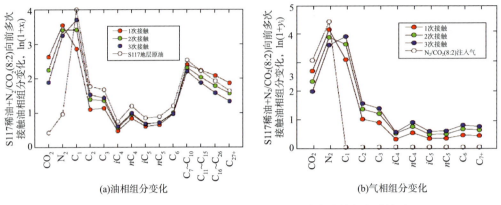

图5-96 S117稀油+N_2/CO_2(8:2)向前多次接触实验结果

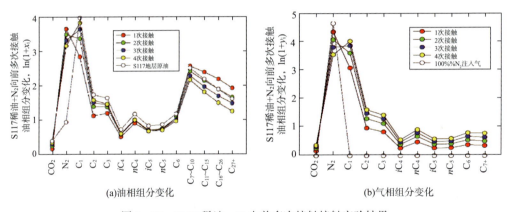

图5-97 S117稀油+N_2向前多次接触接触实验结果

对比图5-94和图5-95的组分变化结果,可以归纳出一个有趣的现象,即油气向后接触时,油相中轻组分大量减少[图5-94(a)],而油气向前接触时,气相中抽提了大量的轻质组分[图5-95(b)]。实际上,真实地层中注气驱过程发生的相态变化往往是蒸发气驱和凝析气驱的混合作用而并非单一的凝析气驱或蒸发气驱主导。本研究用向前多次接触物理实验近似模拟蒸发气驱过程,用向后多次接触物理实验近似模拟凝析气驱过程。如果把图5-94(a)(近似代表凝析气驱过程)和图5-95(b)(近似代表蒸发气驱过程)的实验现象综合起来看,则发现在蒸发-凝析混合作用机理下,随着注气前缘向下游推进,注气前缘后部的地层油油相中轻质组分不断流失且被注气前缘带走;注气前缘前部的新鲜地层油和被富化的注入气不断接触平衡,致使注气前缘中的轻质和中质组分达到饱和(对轻质组分抽提和析出的动态平衡),使得油气两相物理性质逐渐趋同进而实现近混相或混相状态。

图5-94（a）和图5-95（b）综合说明了氮气把稠油中的轻质组分从注气前缘上游（注气井侧）通过抽提"搬运"到注气前缘下游（生产井侧），下游稠油面对含有较大量$C_1 \sim C_3$组分的平衡气，地层原油品质会有所改善；而上游的地层原油由于轻质组分的大量流失，品质会恶化。因此可以看出，即使是氮气这种普遍认为不具有抽提效果的注入气，在足够高的压力和温度下，依然可以在注气过程中改善下游地层稠油的品质（需辅以其他手段防止注气上游地层原油品质的持续恶化）。本研究的实验结果虽然没有揭示最终的油气混相状态，但显示了注入气与地层油混合后，油气相态变化的上述机理，这一点在S117稀油和N_2/CO_2（8∶2）注入气的向前和向后接触两组实验结果中可以更加明显地观察到。

图5-96显示了N_2/CO_2（8∶2）与S117稀油经过向前接触的实验结果。图5-96（b）揭示了在3次向前接触实验中，每次平衡气相中的轻质组分（$C_1 \sim C_{7+}$）都有所增加，而对比图5-92（a）显示了相同的流体系统在经历向后接触时油相轻质组分迅速流失的情况。因此可以推断，在N_2/CO_2气体在真实地层中驱替S117地层原油时，这两种现象会同时分别发生在注气前缘（图5-92）的上下游两侧。综合图5-92（a）和图5-96（b）的实验结果可得，注气前缘对于地层油中轻质组分"搬运"的直接观测证据。该结果类似上述氮气和TH12559稠油［图5-94（a）、图5-95（b）］相互作用的机理，但油气组分变化更加剧烈。图5-96（a）显示了在注入气N_2/CO_2（8∶2）与S117稀油向前接触过程中，由于富化气中轻质组分逐渐增多导致对油相中轻质组分的抽提能力逐渐减弱的情况，即油相中轻质组分的残余量随接触次数的增加而升高。

相对于图5-96，图5-97减少了注入气中CO_2的含量，改用100% N_2对S117稀油进行向前多次接触实验，以期观察CO_2含量对于油气多次接触平衡组分变化的影响。对比图5-97和图5-96中的结果，发现两种注入气组分差异对于S117稀油向前多次接触的油气平衡组分变化影响较小，未能观察到显著差异。说明当氮气中混入少量CO_2时，混合气对于油气相态的影响与使用纯氮气作为注入气差别不大，该实验结果与Abrishami和Hatamian得到的实验结果类似。Abrishami和Hatamian采用多次接触实验模拟了N_2/CO_2（0.85∶0.15）对凝析油的作用效果，结果表明在纯氮气中混入15%的CO_2，采收率仅提高了2%。

因此，在目标油藏的压力温度条件下，当注入气组分对于S117稀油相态影响差别不大的情况下，建议使用纯氮气进行注气驱提高采收率作业，从而避免注入井、产出井的CO_2腐蚀问题，有利于节省地面工程中对于CO_2处理工艺的额外投资。

2. 抽提指数

为了定量评价注入气与地层原油相互作用过程中对原油中轻质组分的抽提效果，本文结合实验数据分析，提出了如下抽提指数（E）的定义：

$$E = 1 - \frac{1}{N} \sum_{i=1}^{N} \frac{y_i}{Y_i} \#(1) \tag{5-87}$$

式中，下标 i 表示注入气中的第 i 种组分；N 为注入气中总的组分数；Y_i 为注入气中第 i 种组分的摩尔分数；y_i 为当前油气接触平衡后，平衡气相中第 i 种组分的摩尔分数（注意 y_i 与注入气组分对应，仅考虑注入气中组分；平衡气中有而注入气中没有的组分不考虑）。

该抽提指数（E）通过计算注入气自身组分的在平衡前后的变化量，实现了注入气对于原油中其他轻质组分的整体抽提效果间接定量评价。式（5-87）实际上反映了注入气中各组分在与原油接触平衡后的变化情况，如果基本没有变化，则 $y_i/Y_i \approx 1$，抽提指数 $E \approx 0$，这种情况意味着原油与注入气基本没有物质交换，因为只要有任何抽提作用发生，$y_i/Y_i \leq 1$ 必然成立，则抽提指数 $E \geq 0$。极限状况是，注入气完全溶解于原油中（虽不可能发生，但可用来界定抽提指数 E 的上限），气相全部为原油中的轻质组分。此时，由于注入气组分在气相中的含量为零（$y_i = 0$），因而 $y_i/Y_i = 0$（$i = 1,\cdots,N$），从而得到抽提指数上限为 $E = 1$。由此可见，抽提指数 E 的取值范围介于 0 和 1 之间，且其值越大说明注入气对于油相中轻质组分的整体抽提效果越强。

应用式（5-87）计算得到的本文中多次接触实验的抽提指数结果见表5-18，从表5-18中可以看到，注入气与地层原油多次接触实验中，向前接触实验的抽提指数随着接触次数的增大而增大，说明随着接触的进行，平衡气组分与原始注入气产生了较大的差别。此外，在 S117 稀油的两组向前接触实验中，相对于纯氮气，注入气中加入 20% CO_2 后对原油中轻质组分的抽提效果有所增强，但未显示出显著增强。此外，相同注入气（氮气）在向前多次接触过程，对 S117 稀油比对 TH12559 稠油的抽提指数平均高出 4.2 倍。向后接触实验中，抽提指数随着接触次数的增加逐渐减小至 0，说明向后接触实验后期，平衡气相组分相比注入气原始组分基本没有发生变化。

表5-18　本文各实验计算得到的抽提指数

注入气	原油	实验类型	抽提指数（E）				
			1次接触	2次接触	3次接触	4次接触	5次接触
N_2	S117	向前	0.259	0.438	0.569	0.670	—
$N_2 + CO_2$	S117	向前	0.286	0.547	0.675	—	—
N_2	TH12559	向前	0.047	0.082	0.111	0.134	0.154
N_2	TH12559	向后	0.044	0.012	0.004	0.002	0.001
$N_2 + CO_2$	TH12559	向后	0.061	0.016	0.004	0.001	0.001
$N_2 + CO_2$	S117	向后	0.288	0.084	0.020	0.005	0.001

3. 实验平衡气液组分连线长度

平衡气液组分连线（TL，tie-line）是在相图上连接该流体的气液平衡状态的直线，其长度可由平衡气液组分定义为：

$$TL = \sqrt{\sum_{i=1}^{N_c} (x_i - y_i)^2} \qquad (5-88)$$

式中　TL——平衡气液组分连线长度（无量纲）；

　　　x_i——平衡油相摩尔组分（无量纲）；

　　　y_i——平衡气相摩尔组分（无量纲）；

　　　N_c——体系中总的组分数。

由此可见，TL 实际反映了平衡气液两相在组分空间中的距离。如果 TL 为零，说明平衡气液相组分相同，因此可以借由 TL 的长度变化来检验多次接触实验中平衡气液相的组分接近程度。向后多次接触导致平衡气液组分差距加大，因此本文仅讨论向前多次接触实验结果反映出的 TL 长度变化，如图 5-98 所示。

由图 5-98 可见，在 S117 稀油与注入气的向前多次接触实验中，平衡气液组分向着混相的趋势发展。虽然

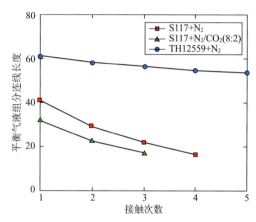

图 5-98　三组向前接触实验中，平衡油气相连线长度随接触次数的变化

由于实验用设备容积及组分测试条件的限制，未能实现混相，但在真实油藏条件下，平衡气液在多孔介质中的混合要比在实验系统中更加充分（实验系统只能观测离散的点，真实油藏条件下混合过程连续进行）。因此，在真实油藏情况下，沿着实验中观察到的趋势，表明氮气驱有可能与目标油藏内原油实现混相或近混相驱替状态。而 TH12559 稠油与注入气（100% N_2）的混合虽然减小了平衡连线长度，但每次接触的减小量较小，不易形成混相驱替。

第四节　气窜形成机理及气窜预警

气驱是缝洞型油藏水驱后提高采收率的重要技术，塔河油田实施注氮气驱油已呈现较好的开发效果。但是，缝洞型油藏因多期次构造运动，不同岩溶地质条件下储集体发育特

征差异很大,导致注气效果差异很大。表层岩溶带储集体的平面展布范围大且连通性好;暗河储集体沿河道条带状分布,充填程度高;断溶体主要沿断裂展布。这些差异性导致氮气驱的气窜特征不同,气窜前增油效果差异大。为此,开展气窜规律实验研究,通过揭示不同岩溶储集体的气窜特征,明确气窜主控因素,探索气窜预判方法及抑制气窜的途径,为矿场防治气窜以及提高缝洞型油藏注气采收率的整体实施效果具有重要的指导意义。

对于缝洞型油藏多井单元水驱及气驱受效差异化特点及多井间气窜规律,尚有很多科学性问题需要探索和研究。本课题拟采用室内实验的方法,在明确缝洞型油藏多井单元注气过程中各井受效差异特征的基础上,考虑缝洞介质特点,揭示缝洞型油藏多井单元气驱开发效果差异化机理,研究多井间气窜规律;通过注气措施改善,调整注气剖面,并探索改善注气过程井间受效差异的有效方法措施,以期充分发挥气驱的最大作用,为矿场注氮气提高采收率技术实施提供实验依据。

目前,存在问题是:不同岩溶储集体的气窜机理不清晰;缝洞型油藏注水、注气开发中存在窜逸问题,严重影响了气驱采收率;针对不同岩溶成因储集体类型,现有井网注气后各井受效顺序和受效程度存在差异;主要影响因素不清,裂缝发育、溶洞充填、底水强度等对井间气窜的影响规律有待研究。

为此,基于缝洞型油藏地质特征,设计制作不同缝洞结构物理概念模型、不同岩溶储集体物理模型,开展天然底水驱油、注水驱油、注气驱油实验,结合动态分析和理论分析,研究不同岩溶地质背景下多井单元井间气窜影响因素。通过不同类型物理模型,改变注气速度以及生产井井位变化,开展注水驱油、注气驱油实验,分析产出端产量、含水、产气的变化规律,以及油-水介质、剩余油分布、充填程度、裂缝发育、连通关系等因素对气窜的影响,确定主控因素,探索气体窜逸预判方法,揭示多井间气窜规律(图5-99)。

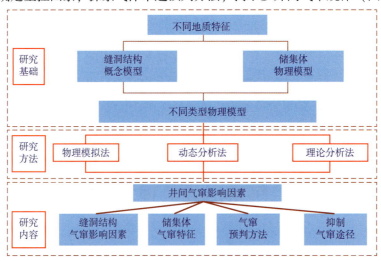

图5-99 缝洞型油藏多井间气窜规律实验研究思路图

一、气窜形成条件及影响因素

以岩溶背景认识为基础，结合地质模型资料，用 Petrel 地质建模软件将地质模型在三维空间进行孔、缝、洞、基质和断裂的精准抽提与剥离，360°无死角观察溶洞、断裂在三维空间的分布（图5-100）。通过渗透率的分级，确定地层中的高低渗透带，根据钻井取心、测井曲线和成像测井等资料，确定孔、缝、洞之间的连通程度。在 petrel 地质建模软件中，首次提出分层投影叠加的物理模拟方法。将地质模型进行

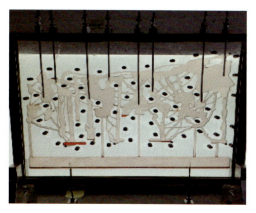

图5-100 岩溶带水平模型

纵向和横向投影，对孔、缝、洞和断裂进行抽提与优化，补充高低井位和底水槽，模拟地层真实情况。

根据获取的地质资料，使用 Petrel 地质建模软件对微观模型进行样本提取，然后采用优质亚克力板，以最大限度地模仿溶洞及裂缝的结构特征进行图形描绘，再依据已描绘图形进行电脑编程，采用数控加工方式对该图形进行精确雕刻（不同缝洞结构需不同大小刀具精细加工），并模仿油井的位置进行深孔加工，最后采用特殊工艺展开模型封闭工序，同时确保模型的密封性和耐压能力。在模型设计过程中，根据研究内容的需要，每一井眼段均设置了高低井位，相邻采出井之间的距离也设置了长距离和短距离；在储集空间方面，设计了不同位置的溶洞以及每个溶洞不同的裂缝配位数，不同的裂缝开度、迂曲度和长度，并进行编号，模型的有效尺寸为 480mm×480mm×10mm。如此制作缝洞型油藏二维可视化物理模型，并开展物理模拟实验，以观察不同模型中气驱油的运动形态和过程，包括界面移动和气驱油细节等。

二维可视化物理模型实验内容由两部分组成，首先进行零充填实验，即模型中不添加任何物质，按照设计方案做完实验后，再根据渗透率和孔隙度，用直径为 2mm 的透明玻璃珠对模型中的每块溶洞进行差异化充填；然后按照相同方案再进行一遍实验，使用单一变量控制方法开展两组实验，分析数据和总结规律，为后续缝洞型油藏模型气窜实验研究提供理论依据和指导。

1. 模型气驱油实验研究

1）物理模拟实验方法

（1）对可视化模型进行抽真空处理，注入模拟油，标定物理模型的有效孔隙体积。

（2）按照既定模型井眼的注采情况和井位高低，连接管线，从底部水槽注入地层水模拟地层环境。

（3）固定模型，将光源板打开，竖立在模型后面，调试相机和三脚架位置，检查管线连接情况和阀门打开状态以及呈液装置，准备实验。

（4）根据研究内容和实验要求，设计相应的实验方案进行注水、注气和注泡沫驱替实验，根据实验现象及生产动态数据确定缝洞型碳酸盐岩油藏注水、注气和注泡沫驱替的生产特征，重点分析气体的波及特征、路径和窜逸机理。

（5）对模型进行充填，按照地层中高渗带和低渗带的划分进行分级充填，体现出模型的差异性，尽可能还原地层中真实充填情况，再按照既定实验方案进行实验。

（6）根据剩余油的分布状况和气窜情况，进行注采工艺的调整，将受气窜因素影响未开采出的剩余油采出，分析气窜的特征、气窜的治理方法和预防气窜的途径。

2）缝洞型油藏气窜物理模拟实验材料

根据塔河油田地层流体条件以及相关实验要求，具体的实验材料和实验条件如下：实验温度为25℃，实验用模拟油由液体石蜡与煤油按一定比例配置，其黏度为25mPa·s（室温），密度为0.83g/mL，为了增强可视化效果，用苏丹红将模拟油染为红色；实验用泡沫气液比为5:2，起泡剂为α-烯烃磺酸钠（AOS），起泡剂溶液质量浓度为0.3%，并用质量浓度为0.15%聚合物（北京恒聚公司，分子量2500万）作为稳泡剂；实验所用气体为纯度99.2%的工业氮气；实验用水为模拟地层水，并用纯蓝色墨水染色，黏度为1mPa·s，密度为1g/mL。模拟地层水离子组成情况如表5-19所示。

表5-19 模拟地层水离子组成

总矿化度/(mg/L)	离子浓度/(mg/L)					
	Cl^-	$Na^+ + K^+$	Ca^{2+}	Mg^{2+}	SO_4^{2-}	HCO_3^-
235828.4	197484.1	61385.4	25987.1	872.6	516.8	517.1

2. 实验流程

按照实验方案，先在模型中饱和实验模拟油，换算出模型储油空间体积。将井1作为注入井与六通阀相连，六通阀分别连接用纯蓝墨水染色的水罐和气体流量计装置，同时打开同样用纯蓝色墨水染色的底水罐开关，向模型中预注入少许地层水，打开井6开关作为采油井，通过管线连接到试管进行接液读数。实验开始时，关闭2、3、4、5井，由井1气水同注，向模型中同时注入气水段塞，注氮气速度为5mL/min，注水速度为5mL/min，井6接液读数并记录，当井6发生气窜时实验结束。实验过程通过相机全程录像,采用相关节点处图片作为分析和参考依据。

首先,本次研究的二维模型包含3种地质背景,分别是岩溶带储集体、断溶体储集体和暗河储集体,针对这3种储集体从填充程度、注采位置、注气速度、注底水速度、单井和井排注采、横向和纵向注采以及注泡沫这7个角度来设计实验方案,现按照不同的地质背景分别开展研究。可视化缝洞模型实验流程如图5-101所示。

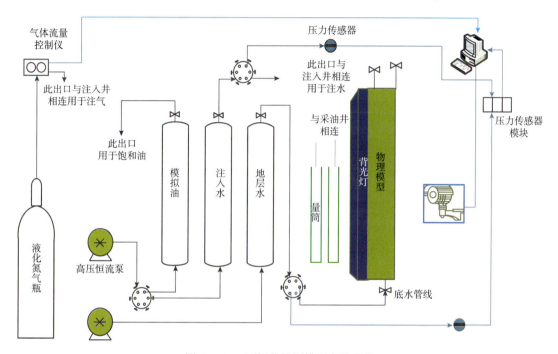

图5-101 可视化缝洞模型实验流程

3. 模型气驱油实验

运用单一控制变量法,观察在不同的注气速度和注底水速度下,生产动态如何变化。

(1) 中间5#气水同注(注气、注水速度均为5mL/min),底水强度为10mL/min,1#、3#和7#采油。

(2) 中间5#气水同注(注气速度为20mL/min,注水速度为5mL/min),底水强度为10mL/min,1#、3#和7#采油。

(3) 中间5#气水同注(注气、注水速度均为5mL/min),底水注入速度为20mL/min,1#、3#和7#采油。

实验结果如表5-20所示。

表 5-20 岩溶带纵向模型实验数据

实验编号	模型含油体积/mL	采出量/mL	采出程度	气窜时间/min							
				1#	2#	3#	4#	5#	6#	7#	8#
2-1	383	269	70.20%	22		24				26	
2-2	383	270	70.50%	10		16				18	
2-3	383	302	78.90%	26		28				34	
2-4	383	290	75.60%		34						30
2-5	383	302	78.90%				18	20			
2-6	383	263	68.70%						26	18	
2-7	383	241	63.00%	26							18
2-8	383	316	82.50%	28		28				32	
2-9	383	306	80.00%			23	24				

实验研究表明：单井注气驱油，增强底水强度和注气速度均能提高采收率，底水强度越强，气体可以波及的区域越大，但采收率增长幅度不会很高，因为底水过强，会更早形成水流优势通道，导致水窜，注气速度过强会过早形成气流优势通道，导致气窜。综合对比，相对于提高注气速度而言，增加底水强度的采收率更高（图5-102）。

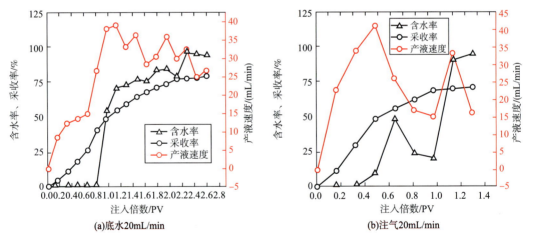

图 5-102　模型产出动态曲线

气锥形成机理分析：在井组注气过程中，由于油气水密度的差异，气体从模型上部慢慢向下挤压，而底水自模型下部匀速向上推进，双方能量的不断博弈使得模型中间含油部分逐渐由厚变薄，最终变成条带状。在井底附近，由于缝洞介质具有宏观连续性，且油气水三相界面之间存在相互作用，因此当底水能量充足时，采出井附近会同时出现气锥与水锥，即"气水同锥"现象。从实验截图来看（图5-103），整个二维可视化物理模型中，油气水三相界面呈显著的油水两相锥体相交状，该锥体范围及高度存在临界值。

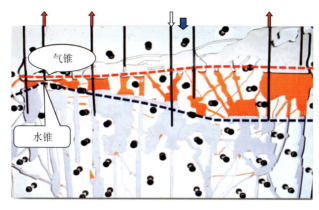

图5-103 模型"气水同锥"展示图

二、缝洞型油藏气窜预警技术

气窜指当注入气驱油至生产井，气驱前缘突破，油井见气及发生气窜（图5-104）。

 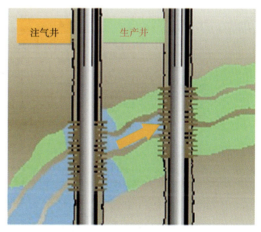

图5-104 井组气窜示意图

气窜类型划分：截至2018年12月，已气窜井组12个。统计气窜井组的地质背景、储集体类型，结合气窜井组不同轮次气驱受效状况，划分气驱井组的气窜类型。共划分为三大类，分别为：受效-气窜有效型、受效-气窜无效型和未受效-气窜型（表5-21）。

表5-21 井组气窜分类统计表

注气井	受效井号	地质背景	储集体类型	不同轮次气驱受效状况						气窜类型
				第一轮次	第二轮次	第三轮次	第四轮次	第五轮次	第六轮次	
TK439	TK466	风化壳	未充填溶洞型	关井	受效	受效	受效	短期受效后失效,气窜	未受效气窜	受效-气窜无效型
	TK474			关井	受效	短期受效,失效未见气	气驱失效	未受效气窜	未受效气窜	受效-气窜无效型
TK440	TK421CH		裂缝孔洞型	未受效,直接气窜						未受效-气窜型
	TK424CH			未受效,直接气窜						未受效-气窜型
TK411	T401		未充填溶洞型	长期受效,失效气窜	短期受效后失效,气窜	未受效,气窜				受效-气窜有效型
TK7-451	TK461	古暗河	裂缝-孔洞型	关井	关井	气驱失效,未见气	气驱失效,气窜	未受效气窜	未受效气窜	受效-气窜无效型
	TK447			受效	受效	受效	短期气窜	未受效气窜	未受效气窜	受效-气窜无效型
TK861	T701CH	断溶体	溶洞型	受效	长期受效,失效气窜					受效-气窜无效型
TH12149	TH12118			受效	受效	未受效气窜				受效-气窜无效型
TK742	TK874CH			短期受效,失效后气窜						受效-气窜无效型
TH12501	TH12301CH			受效	短期受效,失效气窜	未受效气窜				受效-气窜无效型
TP218X	TP205X		裂缝-孔洞型	受效	短期受效,失效后气窜	未受效气窜				受效-气窜无效型
TH12137	TH121111			未受效气窜	未受效气窜					未受效-气窜型
	TH12104			受效	长期受效失效后气窜					受效-气窜无效型
TK852CX	TK725			受效	短期受效,失效后气窜	短期受效,失效后气窜	短期受效,失效后气窜	短期受效,气窜		受效-气窜有效型
	S91			受效	未受效气窜	关井	关井	关井		受效-气窜无效型
S91	TK832CH		裂缝型	短期受效,失效后气窜	关井	关井	未受效气窜			受效-气窜无效型

不同类型井组气窜特征:对比井组气窜动态指标和静态地质资料,研究表明:不同类型气窜井组静动态特征存在明显差异。

1. 受效-气窜有效型

受效-气窜有效型井组2个,占总气窜井组的16.7%。以TK411-T401井组为例,井组动态曲线(图5-105)。

(1)气驱受效阶段:套压缓慢增加,产液量上升,无水生产或含水下降,气油比平稳波动。

(2)气窜阶段:套压急剧增大,产液量明显增加,含水率增大,产油量下降,气油比增大。

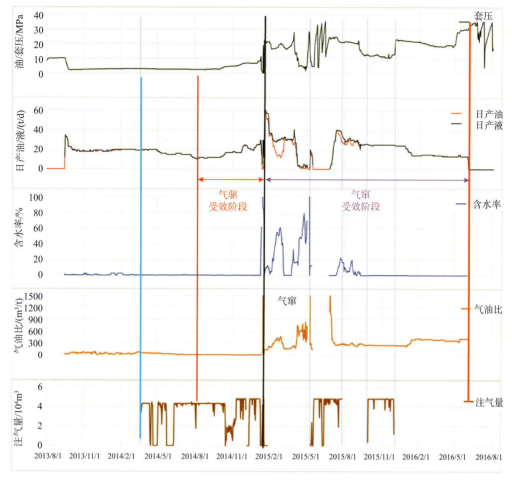

图 5-105　TK411-T401 井组注采动态曲线

（3）气窜-受效阶段：套压增加后平稳波动，产液量平稳，含水波动，下降或无水生产，气油比下降。

TK411-T401 井组，气驱示踪剂产出动态曲线存在两个波峰（图 5-106），研究表明井组井间发育两条气驱路径。

井组气驱示踪剂、构造和井间储集体展布特征研究表明井组沿构造山脊和井间断裂发育两条气驱路径。

TK411-T401 井组，井组纵向气驱波及高度达 53m，井间发育构造残丘型储集体发育（图 5-107）。

研究表明井组发育两条气驱路径，且井间残丘型储集体发育，气驱受效。当其中一条气驱路径突破后，其他路径仍可有效驱油。

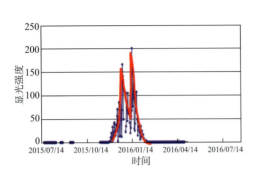

图 5-106 TK411-T401 井组构造图

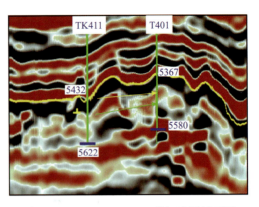

图 5-107 TK411-T401 井组地震剖面图

2. 受效-气窜无效型

受效-气窜有效型井组 8 个，占总气窜井组的 66.7%。以 TK439-TK466CH 井组为例，井组动态曲线（图 5-108）。

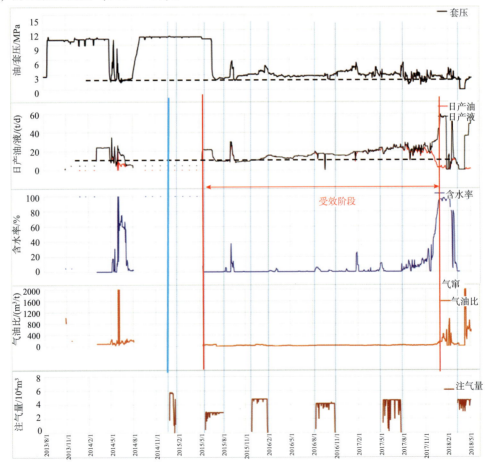

图 5-108 TK439-TK466CH 井组注采动态曲线

（1）气驱受效阶段：套压平稳波动，产液量上升，无水生产或含水下降，气油比平稳波动。

（2）气窜阶段：套压急剧增大，产液量明显增加，产油量下降，含水率增大，气油比增大。

（3）气窜-失效阶段：套压平稳，产液量高，含水90%以上，气油比极大。

TK439-TK466CH 井组，位于高部位构造条带，井组间残丘型储集体发育，阁楼油丰富。井组沿 T74 顶面注采，注入气主要沿 T74 顶面构造山脊波及洞顶阁楼油，当气驱前缘逼近生产井井底，表现为气驱受效，后气窜失效特征。残丘型储集体发育规模越大，气驱效果越好（图 5-109）。

3. 未受效-气窜型

受效-气窜有效型井组 2 个，占总气窜井组的 16.7%。以 TK440-TK424CH 井组为例，井组动态曲线（图 5-110）。

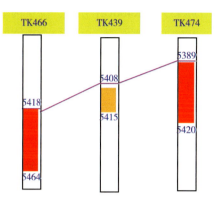

图 5-109 TK439-TK466CH 井组连井剖面图

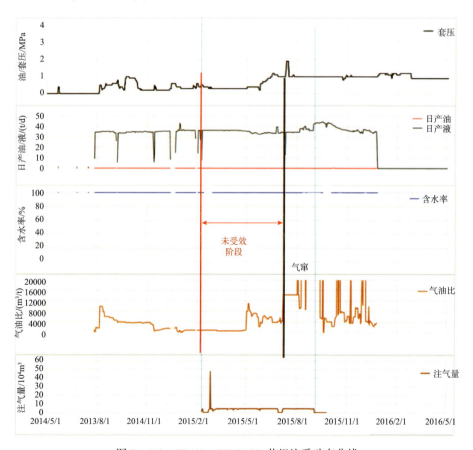

图 5-110 TK440-TK424CH 井组注采动态曲线

（1）气驱未受效阶段：产液量稳定，产油量极低，含水极高。

（2）气窜阶段：套压急剧增大，产液量高，产油量极低，含水率极高，气油比增大。

TK439-TK466CH 井组，位于构造斜坡位置，井间无构造高点，井组间残丘型储集体不发育，井组下注上采，井间残丘型储集体不发育，沿 T74 顶面气窜（图 5-111）。

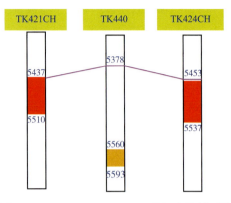

图 5-111　TK440-TK424CH 井组连井剖面图

三、气窜预警特征

通过不同类型气窜井组特征分析，明确"套压缓慢增加、气油比波动"时，井组气窜预警（表 5-22）。

表 5-22　不同类型气窜井组预警特征对比表

气窜类型	预警特征	典型动态曲线	预警模式图
受效-气窜有效型	◆套压缓慢增加 ◆气油比稳定 ◆气窜前暴性水淹		
受效-气窜无效型	◆套压缓慢增加 ◆气油比稳定 ◆短期内快速上升		
未受效-气窜型	◆套压缓慢增加 ◆气油比波动 ◆持续高含水		

为了更好地量化表征气窜预警特征，筛选套压振幅和气油比增幅百分数为气窜预警指标（表 5-23）。

表5-23 气窜预警指标统计表

定量判别指标	计算方法		物理意义
套压振幅	$s = \sqrt{\dfrac{\sum_{i=1}^{n}(p_i - \bar{p})^2}{n}}$	套压方差	气窜井套压波动幅度
气油比增幅百分数	$\lambda = \dfrac{\bar{R}_{og(t+1)} - \bar{R}_{og(t)}}{\bar{R}_{og(t)}}$	气油比增幅与前一时刻气油比的比值	气窜井气油比上升幅度

井组气驱过程中,气驱前缘未波及受效井井底,生产井气驱受效。随着气驱前缘推进,先后经历气驱受效期和气锥成锥期。当气驱前缘突破至生产井井底,油井气窜。

据此,通过动态分析和油藏工程结合,建立一套基于"套压振幅"和"气油比增幅百分数"的两参数联动气窜预警图版(图5-112)。

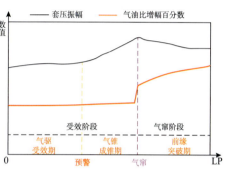

图5-112 气窜预警图版

四、气窜风险评估方法

1. 参数筛选

基于气窜特征和影响因素分析,综合筛选风险评估参数,评估参数体系包括数值型参数和分类型参数(图5-113),且以分类型参数为主,增加评估计算难度。

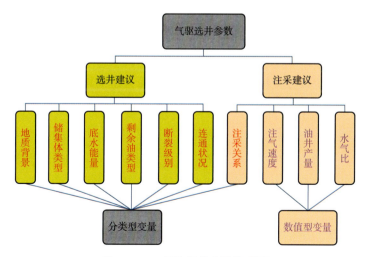

图5-113 风险评估参数体系图

2. 参数量化

依据评估参数与气窜风险间的逻辑关系,确定变量秩序,进而转换为数值变量。类型参数量化如表 5-24 所示。

表 5-24 类型参数量化统计表

参数类别	评估参数	量化结果
地质背景	暗河型	3
	风化壳型	2
	断溶体型	1
储集体类型	溶洞型	3
	孔洞型	2
	裂缝型	1
底水能量	强底水	2
	弱底水	1
剩余油类型	阁楼油发育区	2
	优势通道屏蔽区	1
断裂级别	主干断裂发育带	1
	次级断裂发育带	2
连通关系	气驱动态连通	1
	动态+示踪剂连通	2
注采关系	上注下采	3
	下注上采	2
	顶面注采	1

研究中主要通过主成分分析方法,计算评估气窜井组的风险得分。

主成分分析(principal component analysis,PCA)是多变量分析中最著名的方法技术,其核心是降维。该方法最早是由美国统计学家皮尔逊在1901年的生物学理论研究中引入的。主成分分析法的原理是以较少数的综合变量取代原有的多维变量,使数据结构简化,把原来的指标综合成较少几个主成分,再以这几个主成分的贡献率为权数进行加权平均,构造出一个综合评价函数。1933年,HOTELLING 将此想法应用于心理学研究。随后,主成分分析法大量运用在综合指标的评价中,例如城市创新能力综合评价、竞争力评价指标体系等,涉及经济、社会、海洋、安全等多个领域。与其他评价方法相比较,主成分分析法所确定的指标权数是基于数据分析而得到的,具有较好的客观性,能有效排除不相关指标的影响，从而进行针对性的定量化评价，得出的综合指标之间相互独立，不仅简化了评价体系，而且减少了信息的交叉和冗余，是一种处理高维数据的方法。

假设我们要研究的问题中有 P 个指标，并将其作为 P 个随机变量，记为 X_1，X_2，$\cdots$，X_P。按主成分分析法（PCA）的思想就是把这 P 个指标的问题，转变成研究 P 个指标的线性组合的问题，得到的新的指标 F_1，F_2，$\cdots$，F_P。这些新的指标应能够充分反映原指标的主要信息，并且这些新变量要相互独立。线性方程表达如下。

设 X_1，X_2，$\cdots$，X_p 为某实际问题所涉及的 p 个随机变量。记 $X = (X_1, X_2, \cdots, X_p)^T$，其协方差矩阵为：

$$\sum = (\sigma_{ij})_{p \times p} = E\{[X - E(X)][X - E(X)]^T\} \quad (5-89)$$

它是一个 p 阶非负定矩阵，设：

$$\begin{cases} Y_1 = l_1^T X = l_{11}X_1 + l_{12}X_2 + \cdots + l_{1p}X_p \\ Y_2 = l_2^T X = l_{21}X_1 + l_{22}X_2 + \cdots + l_{2p}X_p \\ \cdots\cdots \\ Y_p = l_p^T X = l_{p1}X_1 + l_{p2}X_2 + \cdots + l_{pp}X_p \end{cases} \quad (5-90)$$

则有：

$$\begin{cases} \mathrm{Var}(Y_i) = \mathrm{Var}(l_i^T X) = l_i^T \sum l_i, i = 1,2,\cdots,p, \\ \mathrm{Cov}(Y_i, Y_j) = \mathrm{Cov}(l_i^T X, l_j^T X) = l_i^T \sum l_j, j = 1,2,\cdots,p. \end{cases} \quad (5-91)$$

第 i 个主成分，一般地，在约束条件：

$$l_i^T l_i = 1 \quad (5-92)$$

主成分即新生成的变量之间要相互独立，即没有重叠的信息：

$$\mathrm{Cov}(Y_i, Y_k) = l_i^T \sum l_k = 0, k = 1,2,\cdots,i-1. \quad (5-93)$$

求 l_i 使 Var（Y_i）达到最大，由此 l_i 所确定的：

$$Y_i = l_i^T X \quad (5-94)$$

$l_i X$ 被称为 X_1，X_2，$\cdots$，X_p 的第 i 个主成分。

在应用主成分分析时应首先尽量使指标的选择具有代表性、客观性、独立性、全面性、宏观性等特点。指标数据间的相关程度有 3 种：第一，N 个指标完全相关，此时剔除 $N-1$ 个指标就只留一个可以做出排序；第二，N 个指标完全不相关，此时不可能将它们压缩为较少的指标，因为指标之间完全不相关，其数据矩阵为满秩对角矩阵；第三种情况是介于第一、二两种极端之间，即 N 个指标之间有一定相关关系，只有在第三种条件下才可能应用主成分分析。因此，主成分分析的前提条件是，原始数据各个变量之间应有较强的线性相关关系。

在进行主成分分析时，由于在很多情况下，不同参数的数据间存在量纲或者取值范围的较大差异，直接应用就会影响分析的结果，所以需要对在数据进行标准化 使标准化后的数据居于同一数量级上，使它们主成分结构上的作用变得可比。

利用主成分分析要有符合实际的合理解释，如果计算结果不能很好地解释原始数据或者与实际相悖，就应做进一步思考和分析，看原始数据是否有特异数据，是否有多余数据或者漏掉重要数据。如果分析过程没有问题，那就不适合应用主成分分析法。

主成分分析法是一种针对线性数据进行的一种降维方法，当原始数据不具备线性的特点时，如果简单地进行线性处理，就会导致结果的偏差，因此对原始数据要进行函数处理、描绘原始数据的散点图，根据散点图呈现出的某种曲线特征做相应变换处理，再利用主成分分析法进行分析。

3. 算法流程

（1）数据标准化。不同的变量之间有不同的量纲，由于不同的量纲会引起各变量取值的分散程度差异较大，这时总体方差则主要受方差较大的变量控制。为了消除由于量纲的不同可能带来的影响，常采用变量标准化的方法，即：

$$X_i^* = \frac{X_i - \mu_i}{\sqrt{\sigma_{ii}}}, i = 1, 2, \cdots, p, \qquad (5-95)$$

其中 $\mu_i = E(X_i)$，$\sigma_{ii} = \text{Var}(X_i)$。这时 $X^* = (X_1^*, X_2^*, \cdots, X_p^*)^T$。

（2）协方差矩阵计算。

$$\sum = (\sigma_{ij})_{p \times p} = E\{[X - E(X)][X - E(X)]^T\} \qquad (5-96)$$

$$\begin{cases} \text{Var}(Y_i) = \text{Var}(l_i^T X) = l_i^T \sum l_i, i = 1, 2, \cdots, p \\ \text{Cov}(Y_i, Y_j) = \text{Cov}(l_i^T X, l_j^T X) = l_i^T \sum l_j, j = 1, 2, \cdots, p \end{cases} \qquad (5-97)$$

（3）贡献率计算。通过 MATLAB 软件求解协方差矩阵的特征值 λ_i 和特征向量。根据主成分贡献率计算方法，第 k 个主成分的贡献率为：

$$\frac{\lambda_i}{\sum_{i=1}^{p} \lambda_i} \qquad (5-98)$$

前 m 个主成分累计贡献率为：

$$\frac{\sum_{i=1}^{m} \lambda_i}{\sum_{i=1}^{p} \lambda_i} \qquad (5-99)$$

表明前 m 个主成分 Y_1，Y_2，…，Y_m 综合提供 X_1，X_2，…，X_p 中信息的能力。

（4）相关系数计算。

由于 $Y = P^T X$，故 $X = PY$，从而有：

$$\begin{cases} X_j = e_{1j}Y_1 + e_{2j}Y_2 + \cdots + e_{pj}Y_p \\ \mathrm{Cov}(Y_i, X_j) = \lambda_i e_{ij} \end{cases} \quad (5-100)$$

由此可得 Y_i 与 X_j 的相关系数为：

$$\rho_{Y_i, X_j} = \frac{\mathrm{Cov}(Y_i, X_j)}{\sqrt{\mathrm{Var}(Y_i)}\sqrt{\mathrm{Var}(X_j)}}$$

$$= \frac{\lambda_i e_{ij}}{\sqrt{\lambda_i}\sqrt{\sigma_{jj}}} = \frac{\sqrt{\lambda_i}}{\sqrt{\sigma_{jj}}} e_{ij} \quad (5-101)$$

4. 风险评估计算

通过风险评估方法计算步骤，绘制算法流程图（图 5-114）。

以 17 个气窜井对为研究对象，结合气窜风险评估参数，构建原始数据矩阵（见表 5-25）。

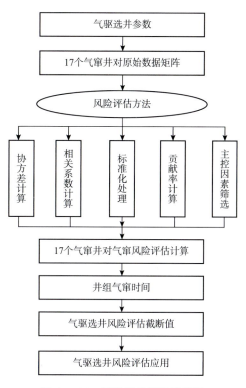

图 5-114　风险评估算法流程图

表 5-25　17 个气窜井对气窜风险评估原始数据表

注气井	受效井	地质背景	储集体类型	底水能量	剩余油类型	断裂级别	连通状况	注采关系	注气速度/(mL/min)	油井产液量/m³	气水比
TK439	TK466	3	3	2	2	2	1	3	3.96	15.42	14.90
	TK474	3	3	1	2	2	1	1	3.96	23.17	14.90
TK440	TK421CH	2	2	1	1	1	1	1	4.65	65.5	1.90
	TK424CH	2	2	1	1	1	1	1	4.65	44.03	1.90
TK7-451	TK461	2	2	1	2	2	1	1	4.91	20.24	12.92
	TK447	2	2	2	2	2	1	1	4.91	15.41	12.92
TK411	T401	2	3	1	2	2	2	1	3.75	46.35	5.71
TH12137	TH121111	1	2	1	2	1	1	1	4.51	44.09	0.00
TK742	TK874CH	1	2	1	2	1	1	1	4.27	24.31	22.54
TP218X	TP205X	1	2	1	2	1	1	2	6.4	21.42	19.16
TK852CX	TK725	1	2	1	2	2	2	1	3.58	19.51	62.34
S91	TK832CH	1	3	1	1	1	1	1	3.57	27.58	50.20
TH12149	TH12118	1	3	2	2	1	1	1	5.15	29.7	24.58

续表

注气井	受效井	地质背景	储集体类型	底水能量	剩余油类型	断裂级别	连通状况	注采关系	注气速度/(mL/min)	油井产液量/m³	气水比
TK861	T701CH	1	3	1	2	2	1	2	3.57	23.8	17.53
TH12137	TH12104	1	2	2	2	1	1	2	3.6	37.3	0.00
TH12501	TH12301CH	1	2	1	2	2	1	2	1.56	13.2	76.40
TK852C	S91	1	2	1	2	2	1	2	3.96	42.2	46.32

计算前，对原始数据进行标准化处理，结果见表 5-26。

表 5-26 17 个气窜井对气窜风险评估标准化数据表

注气井	受效井	地质背景	储集体类型	底水能量	剩余油类型	断裂级别	连通状况	注采关系	注气速度/(mL/min)	油井产液量/m³	气水比
TK439	TK466	1.000	1.000	1.000	1.000	1.000	0.000	1.000	0.504	0.958	0.195
	TK474	1.000	1.000	0.000	1.000	1.000	0.000	0.000	0.504	0.809	0.195
TK440	TK421CH	0.500	0.500	0.000	0.000	0.000	0.000	0.000	0.362	0.000	0.025
	TK424CH	0.500	0.500	0.000	0.000	0.000	0.000	0.000	0.362	0.411	0.025
TK7-451	TK461	0.500	0.500	0.000	0.000	0.000	0.000	0.000	0.308	0.865	0.169
	TK447	0.500	0.500	1.000	0.000	0.000	0.000	0.000	0.308	0.958	0.169
TK411	T401	0.500	1.000	0.000	0.000	0.000	1.000	0.000	0.548	0.366	0.075
TH12137	TH121111	0.000	0.500	0.000	0.000	0.000	0.000	0.000	0.390	0.409	0.000
TK742	TK874CH	0.000	0.500	0.000	0.000	0.000	0.000	0.000	0.440	0.788	0.295
TP218X	TP205X	0.000	0.500	0.000	0.000	0.000	0.000	0.000	0.000	0.843	0.251
TK852CX	TK725	0.000	0.500	1.000	1.000	0.000	0.000	0.000	0.583	0.879	0.816
S91	TK832CH	0.000	0.500	0.000	0.000	0.000	0.000	0.000	0.585	0.725	0.657
TH12149	TH12118	0.000	0.500	0.000	0.000	0.000	0.000	0.000	0.258	0.685	0.322
TK861	T701CH	0.000	1.000	0.000	0.000	0.000	0.000	0.000	0.585	0.797	0.229
TH12137	TH12104	0.000	0.500	1.000	0.000	0.000	0.000	0.000	0.579	0.539	0.000
TH12501	TH12301CH	0.000	0.500	0.000	0.000	0.000	0.000	0.000	1.000	1.000	1.000
TK852C	S91	0.000	0.500	0.000	0.000	0.000	0.000	0.500	0.504	0.446	0.606

此外，依次计算协方差矩阵、相关系数矩阵、计算载荷矩阵等。由此，确定气驱井组气窜风险评估得分。此外，统计实际气窜井组的气窜时间，如表 5-27 所示。

表 5-27 17 个气窜井对气窜风险评估标准化数据表

注气井	受效井	气窜风险评估值	预警-气窜时间/d
TK439	TK466	16.030	149
	TK474	41.858	53

续表

注气井	受效井	气窜风险评估值	预警–气窜时间/d
TK440	TK421CH	86.342	35
	TK424CH	82.850	12
TK7-451	TK461	45.613	18
	TK447	36.321	22
TK411	T401	43.960	105
TH12137	TH121111	69.085	12
TK742	TK874CH	54.906	29
TP218X	TP205X	74.617	12
TK852CX	TK725	48.005	8
S91	TK832CH	67.209	15
TH12149	TH12118	48.576	17
TK861	T701CH	37.595	24
TH12137	TH12104	49.845	5
TH12501	TH12301CH	33.833	17
TK852C	S91	46.117	15

由此建立气窜风险评估判别标准，如表5-28所示。

表5-28 气窜风险评估判别标准

风险等级	气窜风险评估值	气窜时间/d
高风险	>60	<20
中风险	30~60	20~60
低风险	<30	>60

方法验证：气窜风险评估计算与实际气窜时间结合，确定气窜风险评估截断范围。17个气窜井对中，15个井对的气窜规律与风险评估结论一致，符合率为88%（图5-115所示）。

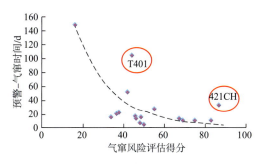

图5-115 气窜风险评估得分–气窜时间关系图

第六章 应用效果与发展战略

第一节 应用效果

一、剩余油及改善水驱提高采收率技术应用效果

针对塔河油田 S67、S74、S86、S80 单元的剩余油及潜力进行分析，明确了剩余潜力，为油田提高采收率奠定了地质基础。利用井间连通程度及注水利用率评价技术，对塔河油田 S67、S74、S86、S80 单元的井间连通程度及注水利用率进行评价分析，明确了注水开发的问题及改善方向；在此基础上，利用注采井网设计及注采参数优化技术，提出完善井网及注采参数调整建议。研究成果已在塔河油田碳酸盐岩缝洞型油藏得到应用，塔河主体示范区 2016～2017 年新增注水井组 10 个，新增水驱控制储量 15.91Mt，水驱控制储量达到 77.81Mt，示范区两年累增油 15.15×10^4t，应用效果显著，对塔河油田提高采收率具有重要的支撑意义。

二、注气提高采收率技术应用效果

明确缝洞型油藏注氮气提高采收率机理，形成了碳酸盐岩缝洞型油藏注氮气提高采收率技术，完善了缝洞型油藏提高采收率技术体系，有效支撑了注氮气提高采收率示范区的建设与技术的规模化应用，为塔河油田可持续开发提供了强有力的技术支撑。研究成果已在塔河油田碳酸盐岩缝洞型油藏得到广泛应用，塔河主体示范区 2016～2017 年注气 78 口井，其中新增单井注气 32 口，新增单元注气 8 口，优化调整单井注气 35 口，改善治理单元注气 3 口，新增注气控制储量 31.73Mt，累计增油 25.96×10^4t，取得了较好的试验效果。

第二节 发展战略

中国碳酸盐岩油气藏成藏模式多样、构造复杂、储集层差异大，目前的提高采收率

理论与方法还不能完全解决碳酸盐岩油气藏开发中的各种问题，今后仍然面临诸多挑战：

（1）新发现超深层碳酸盐岩油气藏埋深不断增加，地质条件更加复杂，需要更先进的提高采收率技术。例如，塔里木盆地顺北油田奥陶系碳酸盐岩断裂溶蚀型油藏，平均埋藏深度超 7000m，岩溶作用小，断控作用更加显著，缝洞储集体结构及流动机理差异大，具有平面分段、纵向厚度大（300~1000m）、储层非均质性强、高温、高应力、原油流动差异大等突出特点，塔河开发技术难以照搬。

（2）塔河油田采收率低于 25%，改善水驱、氮气洞顶驱等方法虽见到好的效果，但剩余油还较多，提高采收率还有较大空间。

深层、超深层碳酸盐岩油藏技术发展战略：

（1）加强油藏精细描述与表征研究。中国下古生界碳酸盐岩塔河缝洞型油藏，具有很强的非均质性与随机性，针对复杂油藏不准确性问题，加强静态、动态一体化研究，地球物理模型、地质模型与动态模型的三模合一研究，减小整个油藏系统的不准确性，实现开发研究整体化、系统化、定量化。

（2）进一步加强超深层断控油藏的开采机理研究，包括高矿化水与烃组分的相态影响、深层油藏条件复合介质应力变形、高温高压条件下油气水多相流规律，发展超深层油气藏高效开发对策与开发方法。

（3）加强气水复合驱油方式研究。利用气向上驱油、气向下驱油机理，协同驱油、最大化驱油。

（4）持续加强缝洞型油藏空间结构注采井网研究，优化注采量，实现均衡驱替。

（5）基于油藏数值模拟技术，实现油藏长期实时的最优化开发。生产历史拟合用来更新油藏模型，并以更新后的模型进行后期生产优化，油田实施后，再生产拟合，再生产优化，使油藏一直处于最优控制状态，实现油藏长期实时的最优化开发。

（6）推进碳酸盐岩塔河缝洞型油藏规范化、流程化的油藏管理方法体系，开发技术向集成化、有形化、软件化方向发展。

（7）大数据与人工智能目前应用广泛，在复杂油藏精细描述与生产优化方面有更广阔的应用前景。例如：基于人工智能的缝洞储集体地震识别技术以有利缝洞体的地震属性作为研究对象，利用大数据深度学习方法构建自适应预测模型，寻找串珠有利缝洞体，表征其形态与内幕，为部署高效井位提供研究基础。

油气田勘探开发向深层、超深层方向发展，塔里木盆地顺北油田为奥陶系碳酸盐岩断裂-洞穴型油藏，平均埋藏深度超 7300m，受深大断裂控制作用明显，具有高压、高温与高应力的特点，储集体描述和有效开发难度更大，需要进一步加强研究，持续推动超深层碳酸盐岩油气藏提高采收率理论和技术的持续发展。

参考文献

[1] Lee A S, Aronofsky J S. A Linear programming model for scheduling crude oil production[J]. Journal of petroleum technology, 1958, 10 (7): 51-54.

[2] 康玉柱. 塔里木盆地石油地质特征[J]. 石油与天然气地质, 1981 (04): 329-340.

[3] Hopfield J J. Neural networks and physical system with emergent collective computational abilities[J]. Proceedings of the national academy of sciences, 1982, 79 (8): 2554-2558.

[4] 康玉柱. 西北地区石油地质特征及油气前景[J]. 石油实验地质, 1984 (03): 229-240.

[5] 孙宏权. 地质统计学及其应用[M]. 北京: 中国矿业大学出版社, 1997.

[6] 裘怪楠, 贾爱林. 储层地质模型10年[J]. 石油学报, 2000 (4): 101-104.

[7] 康玉柱. 塔里木盆地大气田形成的地质条件[J]. 石油与天然气地质, 2001 (01): 21-25.

[8] Brouwer D R, Jansen J D. Dynamic optimization of waterflooding with smart wells using optimal control theory[C]. SPE 78278, 2002.

[9] 康玉柱. 塔里木盆地塔河大油田形成的地质条件及前景展望[J]. 中国地质, 2003 (03): 315-319.

[10] Naevdal G, Brouwer D R, Jansen J D. Waterflooding using closed-loop control[J]. Computational geosciences, July 2005.

[11] 康志江, 李江龙, 张冬丽, 等. 塔河缝洞型碳酸盐岩油藏渗流特征[J]. 石油与天然气地质, 2005, 26 (5): 634-640.

[12] Kang Z J, Wu Y S. Modeling multiphase flow in naturally fractured vuggy petroleum reservoirs[C] // The 2006 SPE Annual Technical Conference and Exhibition. Texas, USA: SPE 102356, 2006: 1-10.

[13] Li X, Liu B. Hybrid Logic and Uncertain Logic[J]. Journal of Uncertain Systems, 2009, 3 (2): 83-94.

[14] Liu B. A Survey of Credibility Theory[J]. Fuzzy Optimization and Decision Making, 2006, 5 (4): 387-408.

[15] 康玉柱. 塔里木盆地古生代海相碳酸盐岩储集岩特征[J]. 石油实验地质, 2007 (03): 217-223.

[16] Ibrahim H A, Saad M A, Rashad M A. Production engineering experience with the first i-field implementation in saudi aramco at Haradh-Ⅲ: Transforming vision to reality[C]. SPE 112216, 2008.

[17] 康玉柱. 我国古生代海相碳酸盐岩成藏理论的新进展[J]. 海相油气地质, 2008 (04): 8-11.

[18] 康玉柱. 中国古生代碳酸盐岩古岩溶储集特征与油气分布[J]. 天然气工业, 2008, 28 (6):

1－12.

[19] 康玉柱. 中国西北地区古生代油气前景分析[J]. 天然气工业, 2009, 29 (04): 1－8, 129.

[20] 刘中春, 李江龙, 吕成远, 等. 缝洞型油藏储集空间类型对油井含水率影响的实验研究[J]. 石油学报, 2009, 30 (2): 271－274.

[21] Chen C, Wang Y, Li G, et al. Closed-loop reservoir management on the brugge test case[J]. Computational geosciences, 2010, 14: 691－703.

[22] 康玉柱. 中国油气地质新理论的建立[J]. 地质学报, 2010, 84 (09): 1231－1274.

[23] 康志江, 张杰. 缝洞型碳酸盐岩油藏三维三相数值模拟新方法[J]. 特种油气藏, 2010, 17 (3): 77－79.

[24] 康志江. 缝洞型碳酸盐岩油藏耦合数值模拟新方法[J]. 新疆石油地质, 2010, 31 (05): 514－516.

[25] 漆立新, 云露. 塔河油田奥陶系碳酸盐岩岩溶发育特征与主控因素[J]. 石油与天然气地质, 2010, 31 (1): 1－12.

[26] 赵艳艳, 袁向春, 康志江. 缝洞型碳酸盐岩油藏油井产量及压力变化模型[J]. 石油与天然气地质, 2010, 31 (01): 54－56, 62.

[27] Rong L. Two New Uncertainty Programming Models of Inventory with Uncertain Costs[J]. Journal of Information and Computational Science, 2011, 8 (2): 280－288.

[28] Wu Y S, Di Y, Kang Z J, et al. A multiple-continuum model for simulating single-phase and multiphase flow in naturally fractured vuggy reservoirs[J]. Journal of Petroleum Science and Engineering, 2011, 78 (1): 13－22.

[29] 李阳, 范智慧. 塔河奥陶系碳酸盐岩油藏缝洞系统发育模式与分布规律[J]. 石油学报, 2011, 32 (2): 101－107.

[30] 任爱军. 塔河油田托甫台区块缝洞型碳酸盐岩油藏开发技术研究[J]. 石油天然气学报, 2011, 33 (6): 304－306.

[31] 康玉柱, 孙红军. 中国古生代海相油气地质学[M]. 北京: 地质出版社, 2012.

[32] 康志江, 邸元, 赵艳艳, 等. 一种分析缝洞型油藏剩余油分布的方法: CN201010234800 [P]. 20120201.

[33] 康志江, 袁向春, 赵艳艳, 等. 一种分析模拟缝洞型油藏流体流动的方法: CN201010228296 [P]. 20120201.

[34] 李阳. 塔河油田奥陶系碳酸盐岩溶洞型储集体识别及定量表征[J]. 中国石油大学学报 (自然科学版), 2012, 36 (01): 1－7.

[35] 李阳. 碳酸盐岩缝洞型油藏开发理论与方法[M]. 北京: 中国石化出版社, 2012.

[36] 刘中春. 塔河油田缝洞型碳酸盐岩油藏提高采收率技术途径[J]. 油气地质与采收率, 2012, 19 (6): 66－69.

[37] 鲁新便, 赵敏, 胡向阳, 等. 碳酸盐岩缝洞型油藏三维建模方法技术研究: 以塔河奥陶系缝洞

型油藏为例[J]. 石油实验地质, 2012, 34 (2): 193-198.

[38] 罗红霞, 王顺玉, 李国会, 等. 塔里木盆地英买2区块奥陶系裂缝型储层特征及形成机理[J]. 重庆科技学院学报（自然科学版）, 2012, 14 (03): 5-7, 11.

[39] 田飞, 金强, 李阳, 等. 塔河油田奥陶系缝洞型储层小型缝洞及其充填物测井识别[J]. 石油与天然气地质, 2012, 33 (06): 900-908.

[40] 杨坚, 程倩, 李江龙, 等. 塔里木盆地塔河4区缝洞型油藏井间连通程度[J]. 石油与天然气地质, 2012, 33 (3): 484-489.

[41] 钟建华, 毛毳, 李勇, 等. 塔北硫磺沟奥陶系含油古溶洞的发现及意义[J]. 中国科学: 地球科学, 2012, 42 (11): 1660-1680.

[42] 邸元, 彭浪, WU Yushu, 等. 缝洞型多孔介质中多相流的有限体积法数值模拟[J]. 计算力学学报, 2013, 30 (S1): 144-149.

[43] 胡向阳, 李阳, 权莲顺, 等. 碳酸盐岩缝洞型油藏三维地质建模方法: 以塔河油田四区奥陶系油藏为例[J]. 石油与天然气地质, 2013, 34 (3): 383-387.

[44] 康玉柱, 凌翔, 陈新华. 构造体系控油方式[J]. 新疆石油地质, 2013, 34 (04): 375-377, 373.

[45] 康志江. 缝洞型复杂介质油藏数值模拟方法[J]. 大庆石油地质与开发, 2013, 32 (2): 55-59.

[46] 李红凯, 袁向春, 康志江. 缝洞型碳酸盐岩油藏储集体组合对注水开发效果的影响研究[J]. 科学技术与工程, 2013, 13 (29): 8605-8611.

[47] 李红凯, 袁向春, 康志江. 塔河油田六七区碳酸盐岩储层类型及分布规律[J]. 特种油气藏, 2013, 20 (06): 20-24, 141-142.

[48] 李阳. 塔河油田碳酸盐岩缝洞型油藏开发理论及方法[J]. 石油学报, 2013, 34 (01): 115-121.

[49] 毛毳, 钟建华, 李阳, 等. 沉积环境对塔河油田六区奥陶系碳酸盐岩储集空间的影响[J]. 海相油气地质, 2013, 18 (04): 15-22.

[50] 赵辉, 李阳, 康志江. 油藏开发生产鲁棒优化方法[J]. 石油学报, 2013, 34 (05): 947-953.

[51] 赵艳艳, 康志江, 张宏方. 单缝单洞缝洞型碳酸盐岩底水油藏弹性开采机理研究[J]. 西安石油大学学报（自然科学版）, 2013, 28 (04): 51-54, 8-9.

[52] 康玉柱, 陈新华. 中国石炭—二叠系致密岩油气资源潜力分析[J]. 新疆石油地质, 2014, 35 (04): 375-379.

[53] 康志江, 邸元, 赵艳艳, 等. 缝洞型油藏洞穴内流体流动特征[J]. 大庆石油地质与开发, 2014, 33 (03): 82-85.

[54] 康志江, 李红凯. 塔河油田奥陶系碳酸盐岩储集体特征[J]. 大庆石油地质与开发, 2014, 33 (2): 21-24.

[55] 康志江, 张冬丽, 崔书岳, 等. 一种缝洞野外露头水驱油数值模拟方法: CN201310201289 [P]. 20141203.

[56] 康志江, 张杰, 李红凯, 等. 一种大规模油藏数值模拟计算的方法: CN201310228377 [P].

20141224.

[57] 康志江, 赵艳艳, 张允, 等. 缝洞型碳酸盐岩油藏数值模拟技术与应用[J]. 石油与天然气地质, 2014, 35 (06): 944–949.

[58] 朱桂良, 刘中春, 康志江. 缝洞型碳酸盐岩油藏大尺度试井新方法[J]. 科学技术与工程, 2014, 14 (13): 172–175.

[59] 邸元, 康志江, 代亚非, 等. 复杂多孔介质多重介质模型的表征单元体[J]. 工程力学, 2015, 32 (12): 33–39.

[60] 康志江, 张冬丽, 张允, 等. 一种不同尺度裂缝油藏数值模拟综合处理方法: CN201410059141 [P]. 20150923.

[61] 康志江, 赵辉, 张冬丽, 等. 缝洞油藏井间连通关系的建立方法: CN201410086429 [P]. 20150916.

[62] 康志江, 赵辉, 张允, 等. 一种井间连通性模型建立方法: CN201410156033 [P]. 20151125.

[63] 康志江, 赵艳艳, 张冬丽, 等. 一种缝洞型碳酸盐岩油藏数值模拟方法: CN201310750426 [P]. 20150701.

[64] 康志江, 赵艳艳, 张冬丽. 缝洞型碳酸盐岩油藏数值模拟理论与方法[M]. 北京: 地质出版社, 2015.

[65] 李红凯, 康志江. 碳酸盐岩缝洞型油藏溶蚀孔洞分类建模[J]. 特种油气藏, 2015, 22 (05): 50–54, 153.

[66] 李颖, 赵辉, 康志江, 等. 考虑关停井情况的井间动态连通性反演方法[J]. 天然气与石油, 2015, 33 (05): 46–51, 58, 10.

[67] 鲁新便, 胡文革, 汪彦, 等. 塔河地区碳酸盐岩断溶体油藏特征与开发实践[J]. 石油与天然气地质, 2015, 36 (3): 347–355.

[68] 郑松青, 刘东, 刘中春, 等. 塔河油田碳酸盐岩缝洞型油藏井控储量计算[J]. 新疆石油地质, 2015, 36 (01): 78–81.

[69] 康志江, 张冬丽, 崔书岳, 等. 一种基于非结构网格的水平井分段压裂数值模拟方法: CN201410837286 [P]. 20160727.

[70] 康志江, 张允, 崔书岳. 喀斯特中油水流动模拟技术研究[J]. 科学, 2016, 68 (05): 34–38, 4.

[71] 李阳, 侯加根, 李永强. 碳酸盐岩缝洞型储集体特征及分类分级地质建模[J]. 石油勘探与开发, 2016, 43 (04): 600–606.

[72] 李阳, 金强, 钟建华, 等. 塔河油田奥陶系岩溶分带及缝洞结构特征[J]. 石油学报, 2016, 37 (03): 289–298.

[73] 夏振, 张冬梅, 康志江, 等. 基于LMD和高斯估值MLR模型的注采动态连通性评价[J]. 地质科技情报, 2016, 35 (06): 230–234.

[74] 康志宏, 康志江. 中国古生界海相碳酸盐岩岩溶储集体地质特征[M]. 北京: 地质出版社, 2017.

[75] 康志江, 赵艳艳, 张允, 等. 用于缝洞油藏的模拟试验的方法: CN201510435126［P］. 20170201.

[76] 李阳, 康志江, 郑松青, 等. 缝洞型油藏暗河型岩溶储集体空间结构井网的构建方法: CN201610861752［P］. 20170510.

[77] 李阳, 吴胜和, 侯加根, 等. 油气藏开发地质研究进展与展望［J］. 石油勘探与开发, 2017, 44 (4): 569-579.

[78] 吕心瑞, 李红凯, 魏荷花, 等. 碳酸盐岩储层多尺度缝洞体分类表征——以塔河油田S80单元奥陶系油藏为例［J］. 石油与天然气地质, 2017, 38 (04): 813-821.

[79] 王鸣川, 段太忠, 计秉玉. 多点统计地质建模技术研究进展与应用［J］. 古地理学报, 2017, 19 (3): 557-566.

[80] 康志江, 邸元, 崔书岳. 缝洞型碳酸盐岩油藏数值模拟技术与应用［M］. 青岛: 中国石油大学出版社, 2018.

[81] 李阳, 康志江, 薛兆杰, 等. 中国碳酸盐岩油气藏开发理论与实践［J］. 石油勘探与开发, 2018, 45 (04): 669-678.

[82] 李毅, 张可霓, 胡立堂, 等. 缝洞型碳酸盐岩油藏并行模拟器及其应用研究［J］. 地质科技情报, 2018, 37 (01): 223-230.

[83] 王敬, 刘慧卿, 张景, 等. 井网对溶蚀孔洞型储集层水驱开发特征的影响实验［J］. 石油勘探与开发, 2018, 45 (06): 1035-1042.

[84] 邵仁杰, 邸元, 崔书岳, 等. 油藏数值模拟的裂缝/溶洞嵌入式计算模型［J］. 东北石油大学学报, 2019, 43 (04): 99-106, 124, 11.

[85] 张冬梅, 林子航, 康志江, 等. 基于EEMD高斯过程自回归模型的缝洞型油藏开发动态指标预测［J］. 地质科技情报, 2019, 38 (03): 256-263.

[86] 郑松青, 杨敏, 康志江, 等. 塔河油田缝洞型碳酸盐岩油藏水驱后剩余油分布主控因素与提高采收率途径［J］. 石油勘探与开发, 2019, 46 (04): 746-754.

[87] 康志江, 李阳, 计秉玉, 等. 碳酸盐岩缝洞型油藏提高采收率关键技术［J］. 石油与天然气地质, 2020, 41 (02): 434-441.

[88] 李阳, 薛兆杰, 程喆, 等. 中国深层油气勘探开发进展与发展方向［J］. 中国石油勘探, 2020 (1): 45-49.